完全版　チェルノブイリの祈り

スヴェトラーナ・
アレクシエーヴィチ
松本妙子 訳

完全版

チェルノブイリの祈り

未来の物語

岩波書店

ЧЕРНОБЫЛЬСКАЯ МОЛИТВА
(ХРОНИКА БУДУЩЕГО)
Светлана Алексиевич

CHERNOBYL PRAYER
A Chronicle of the Future
by Svetlana Alexievich

First Japanese edition published 1998,
Second Japanese edition published 2011,
this edition published 2021
by Iwanami Shoten, Publishers, Tokyo
by arrangement with the author
c/o Literary Agency Galina Dursthoff, Köln.

目次

われらは大気なり、大地にあらず……

M・ママルダシヴィリ

孤独な人間の声

リュドミーラ・イグナチェンコ
消防士、故ワシーリィ・イグナチェンコの妻

なにをお話しすればいいのかわかりません……。死について？　それとも愛について？　それとも、これはおなじことなんでしょうか……。なんについて？

……わたしたちは結婚したばかりでした。手をつないで道を歩いていたんです、お店に行くときにもそう。いつもいっしょ。「愛してる」っていってた。でも、どんなに愛していたか、まだわかっていなかった。想像したこともありませんでした……。わたしたちは夫が勤めている消防署の寮に住んでいました。二階に。そこにはほかに若い三家族がいて、台所は共用でした。一階には車が止まっていた。赤い消防車。これが夫の仕事。あのひとがどこにいて、なにをしているか、いつもわかっていました。ま夜なかに外がなんだかざわついている。大声がする。窓からのぞいてみたんです。夫はわたしに気づいた。「換気窓を閉めておやすみ。発電所が火事なんだ。すぐにもどるよ」

わたしは爆発そのものは見ていません。炎を見ただけ。すべてが光っているようでした……。空全体が……。高く燃えあがる炎。すす。ひどい熱気。夫はいつまでたっても帰ってこない。すすはアスファルトが燃えていたためで、発電所の屋根にはアスファルトが敷かれていたんです。あとで思い出していました、タールのなかを歩いているようだったと。炎をたたき消そうとしても、それは這いす

すんでまた燃えあがっていた。燃えている黒鉛を足でけりおとしていた、と……。夫たちは防水服を着ずにでたのです。シャツのままいっちゃいました。警告はありませんでした。ふつうの火事だと呼びだされたんです……。

四時……五時……六時。わたしたちは六時に夫の両親のところにいく予定でした。ジャガイモの植えつけに。両親はスペリジエ村に住んでいて、プリピャチから四〇キロのところです。種をまいたり耕したりが……あのひとは好きなんです……。彼の母親は「あたしたち、あの子を町にだしたくなかったんだよ。新しい家だって建てちゃったのに」と思い出していました。あのひとは徴兵されてモスクワの消防部隊で兵役につき、帰ってきたときには消防士になることだけを考えていた。ほかの仕事は頭になかったんです。（沈黙）

ときどき声が聞こえるような気がするんです……。生きている声が……。声がするとハッとする、写真を見るよりもずっと。でも、あのひとは一度もわたしを呼んでくれない。夢のなかでも……。呼ぶのはわたしのほう……。

七時……。七時になって伝えられました、夫が病院にいるって。病院へ走りましたが、まわりはすでに警官にかこまれていて、だれも通してもらえません。救急車だけがはいっていきます。警官たちがどなっていた。「車に近よらないでくれ、計器がふりきれるほど汚染されてるんだ！」。わたしだけではありません。その夜、自分の夫が発電所にいた妻たち全員がかけつけていました。わたしは知人をさがそうとかけだしました。この病院の女医なんです。車からおりている彼女の白衣にしがみつきました。「なかに入れて！」「だめよ！　容体が悪いの。彼ら全員が悪いの」。わたしはつかんではなさない。「ひと目でいいの」「しょうがないわね、一五分か二〇分よ。さ、急ごう」。夫にあいました……。全身がむくみ、腫れていた……。目がほとんどない……。「牛乳がいるわ。たくさん！　全員が三リットルずつ飲めるくらいたくさん」と彼女がいう。「でも、夫は牛乳を飲まない人よ」「いまは飲むわ」。時がたちやがて、この病院の多くのお医者さん、看護師さん、とくに看護助手さんたちは病気になって亡くなります。でも、そのときはだれもそんなことは知りませんでした……。

一〇時、運転員のシシェノークが死亡。一人目の死者でした……。一日目に……。わたしたちはもう一人ワレーラ・ホデムチュクが瓦礫のしたにとりのこされているのを知っていました。彼は結局救いだされなかった。コンクリートで固められちゃったんです。でも、まだ知りませんでした、夫たち全員が最初の死者になるなんて……。

「ワーセンカ、わたしはなにをすればいい？」とたずねます。「町をはなれろ！　でていくんだ！　子どもが生まれるんだから」。わたしは妊娠していました。でも、どうして夫をおいていけますか。夫は「でていけ、子どもを救え」と頼みます。「まずあなたに牛乳を持ってくるわ。そのあとで決めましょう」

わたしの友人のターニャ・キベノークがかけつけます……。ターニャのだんなさんもこの病室です。彼女はおとうさんの運転する車できていました。わたしたちはその車で、いちばん近い村に牛乳を買いにいきました。町から三キロほどのところ……。三リットルびんの牛乳をたくさん買いました、みんなが飲めるように六びん……。でも、彼らは牛乳を飲むとひどく吐いた……。意識が絶えずもうろうとしていて、点滴をされていた。お医者さんたちはどういうわけか、ガス中毒だとくりかえすばかりで、放射能のことをくちにする人はいませんでした。町は軍用車で埋まり、すべての道路が閉鎖されました。いたるところに兵士の姿。電車も列車も止まっていた。道路はなにか白い粉で洗われていた……。明日どうやってしぼりたての牛乳を買いに村までいけばいいんだろ、それが心配でした。放射能のことはだれもいわなかった。ガスマスクをつけていたのは軍人だけ……。市民はお店で買ったパンを持ち歩き、お菓子のはいった紙包みのくちはあけっぱなし。街頭売りのケーキ……。ふだんの生活……ただ……道路がなにか白い粉で洗われていた……。

夕方には病院に入れてもらえませんでした。まわりは人の海……。わたしは夫の窓の真向かいに立ちました。あのひとが窓のそばによってわたしになにかさけんでいる。必死になって！　人だかりのなかでだれかが聞き取ってくれた。彼らは今夜モスクワにつれていかれるんだと。妻たちはひとかたまりになりました。ついていこう、そう決めました。夫のところへいかせてよ！　あんたたちにとめる権利はないわ！　わたしたちは、ぶったり、ひっかいたりした。兵士たちはすでに二重の輪になって立っていて、わたしたちを押しもどす。そのときひとりのお医者さんがでてきてはっきりいったんです。ご主人たちは飛行機でモスクワへ発ちます。おくさんたちはご主人の洋服を持ってきてください。発電所で着ていた服は焼け焦げていますから。バスはとっくに止まっていて、わたしたちは走った、町の端から端まで……。手さげ袋を手に走ってもどると、飛行機はもう飛びたったあと。わざとうそをついたのです、わたしたちが泣きわめいたりしないように……。

夜中……。道路の片側には数百台のバス(町はすでに疎開の準備にはいっていた)、反対側には数百台の消防車。方々からかけつけていました。道路は白い泡まみれ。そこをわたしたちが歩く……。悪態をつき、泣きながら……。

ラジオで告げられました。町は三日から五日の予定で疎開する。森でテント生活をするので暖かい衣類と運動着を持っていくように。住民はよろこんだほどです。自然のなかへいこう！　メーデーはそこで迎えよう。めったにないことです。道中のバーベキューの用意をしたりワインを買ったりしていた。ギターやテープレコーダーを持参していた。大好きな五月の祝日です。泣いていたのは夫が被災した者だけ。

覚えていません、どこをどういったのか……。気がつくと目の前に夫の母親がいました。「おかあさん、ワーシャはモスクワなの！　特別機でつれていかれちゃった！」。それでも、わたしたちはジャガイモとキャベツを植え終えたんです（一週間後にはこの村も疎開させられるのに！）。だれにわかるっていうの？　あのとき、だれにそんなことがわかるっていうの？　夕方、わたしは吐きはじめました。妊娠六か月。とても気分が悪かった……。夜、夢をみました、夫がわたしを呼んでいる。生きているあいだは、夢のなかで「リューシャ、リューセンカ！」と呼んでくれた。死んでからは一度も呼んでくれない。一度も……。（泣く）ひとりでモスクワへいこう……朝、そう考えながら起きました。「そんなからだでどこへ？」母が泣く。父の旅支度もされました。「おとうさんに送ってもらいなさい」。家の通帳からお金をおろしてくれました。全額です。

どうやってモスクワまでいったのか……道中はまた記憶から抜けおちています……。モスクワで最初にであった警官にたずねました、チェルノブイリの消防士はどこの病院に入院していますかって。おしえてくれたのでびっくりしました。だって、わたしたち、国家機密で極秘だとおどかされていましたから。

シューキン通りの第六病院……。

この病院、放射線医学専門病院には通行証がないとはいれません。守衛に現金をわたすと「通って」と、何階かおしえてくれました。またまだれかに頼んだり、懇願したり……。そしてついに放射線医学科部長のアンゲリーナ・ワシーリエヴナ・グシコーワの執務室にたどりつきました。あのときはまだ先生の名前を知らなかった、なにも記憶に残っていません。夫にあわなくちゃ、その一心だけ。みつけなくちゃって。

先生はいきなりわたしに質問しました。

「かわいそうなおくさん！　お子さんはいるの？」

ほんとのことなんていえっこないでしょ?!　それに、妊娠してることもかくさなくちゃいけないって、すでに理解していました。あわせてくれないに決まってるわ。やせてておなかが目立たないので助かりました。

「います」

「何人？」

考える。ふたりっていわなくちゃ……。ひとりだと、やっぱりあわせてくれないつもりだ。

「息子と娘がいます」

「ふたりなら、もう生まなくてもよさそうね。じゃあ、よく聞いて。中枢神経系が完全にやられています。骨髄もすべておかされています」

まあいっか、夫はちょっぴり神経質になるんだわ。

「まだ聞いて。もし泣きだしたらすぐに帰ってもらいますよ。抱擁もキスもいけません。そばにいくのもだめ。三〇分だけですよ」

わたしのほうはもうここからでるつもりはありませんでした。でるときは夫もいっしょ。そう心に誓ったのです。

病室にはいってみると……。夫たちはベッドにすわってトランプをしながらわらっています。

「ワーシャ!」大声で彼が呼ばれる。

あのひとがふりむく。

「おっと兄弟たち、やばいぞ! ここにいてもみつけられちゃったよ!」

へんてこなかっこう、四八号のパジャマを着ているんです。夫のサイズは五二号ですから、袖はみじかいし、ズボンも寸たらず。でも、顔の腫れはもうひいていました……。なにか点滴をうけたんです……。

「やばいぞって、なんなの」とたずねます。

夫がわたしを抱こうとする。

「すわって、すわって」とお医者さんがあのひとをさえぎる。「ここで抱き合うのはやめてちょうだいな」

わたしたちはなんとなく冗談っぽくしてしまいました。もうここにはほかの病室からもかけつけていました。みんな仲間。プリピャチの。二八人が飛行機に乗せられてきたんです。あっちはどう? わたしたちの町はどうなってる? わたしは答える。疎開がはじまったわ、町ぐるみ三日から五日間の避難よ。みんなは黙っている……。女性もふたりいたんです。ひとりは事故の日に当直の守衛でしたが、泣きだした。

「ああ、どうしよう! あそこに子どもたちがいるのよ。どうしてるんだろ?」

わたしは、ほんの一分でもいいから夫とふたりきりになりたかった。みんなは察して、それぞれなにか口実をもうけて廊下にでていった。あのひとを抱いてキスした。彼は身をかわすのです。

「となりにすわっちゃだめだよ。椅子を持っておいで」

「こんなのぜんぶばかげてるわ」。平気よ、気にしてないから。「で、爆発が起きた場所を見たの？どうなってた？　だってあなたたちがまっさきにかけつけたんだもの」

「これって破壊活動だよ、きっと。わざと仕掛けたやつがいるんだ。仲間はみんなそう考えてるよ」

当時はそういわれていたんです。考えられていたんです。

つぎの日にいってみると、夫たちはすでにひとりずつ寝ていました、ひと部屋にひとりです。廊下にでたり、おたがいにいききしたりすることはかたく禁じられていました。壁をたたきあっていました。トン・ツー・トン・ツー……。トン……。お医者さんの説明はこうです。一人ひとりのからだは被曝線量に対して異なった反応を示す。ある者には耐えられることが、べつの者には耐えられないんだ、と。彼らが寝ていた部屋は壁でさえも針がふりきれるほどの放射能でした。左右、そして下の階……そこの患者さんは全員移されていて、だれもいません……。上の階にも下の階にもだれも……。

三日間、モスクワの知人たちの家に泊めてもらいました。おなべでもおさらでも、必要なものはなんでも使ってね、気がねしないで、といわれた。すごくいい人たちだった……すっごく！　わたしは七面鳥でブイヨンを作っていました、六人分です……。仲間たち、おなじ班の六人の消防士のために……。あの夜、彼ら全員が当直だったんです。ワシューク、キベノーク、チチェノーク、プラーヴィク、チシューラ。みんなのためにお店で歯みがき粉、歯ブラシ、せっけんを買いました。病院にはこういうものがありませんでしたから。小さなタオルも買った……。いまになって知人たちにはほんとうに驚いています。彼らは、もちろん、おそれていた。おそれずにはいられなかったんです。すでにありとあらゆるうわさが広まっていましたから。それなのにいってくれた。必要なものはなんでも使ってね。使ってちょうだい！　だんなさんはどう？　あの人たちはどう？　助かりそう？　助かる……。（沈黙）　あのころ、親切な人にたくさんであったんです、でも、全員が記憶にのこってるわけじゃない……。世界が豆粒ほどに小さくなっていた。夫……夫のことだけ……。年配の看護助手さんを覚えています。おしえられたんです。「なおらない病気があるの。そばにすわって手をなでてあげるといいわ」って。

朝早く市場へでかけ、そこから知人の家へむかい、ブイヨンを作ります。すべて裏ごししたり、みじん切りにしたり、びんに一人分ずついれる。「リンゴを持ってきて」と頼む人もいます。半リットルびんを六個もって……。いつも六人分。病院へ……。夕方まで病室ですごし、またモスクワの反対側のはしっこにもどります。どのくらい身がもつんだろ？　でも三日後にいわれたんです、病院の敷地内にある医療職員用の宿舎に泊まってもいいと。ああ助かった、なんという幸運！

「でも、あそこには台所がないわ。どうやって食事を用意してあげようかな？」

「もう用意しなくてもいいですよ。彼らの胃はたべものを受けつけなくなっています」

夫は変わりはじめた。わたしは毎日ちがう人間にあっていました……。やけどが表面にでてきて……。くちのなか、舌、ほほに。はじめに小さな潰瘍ができて、それから広がるんです。粘膜がぼろぼろと層になってはがれ落ちる、白い薄い膜になって。顔の色……からだの色は……青色、赤色、灰色がかった褐色……。でも、これはぜんぶわたしのもの、わたしの大好きなもの。ことばでは説明できません。書けません、耐えることだって……。救いとなったのは、すべてが一瞬のうちに起きて、考えるひまも、泣くひまもなかったことです。

あのひとを愛していたんです。どんなに愛しているか、まだわかっていなかった。結婚したばかりで、いっしょにいることがうれしくてうれしくてたまらなかった……。道を歩きながら、あのひとがわたしを腕に抱えてくるくるまわりだす。そしてキスの雨。そばを通る人たちがみんなにこにこしてた。

急性放射線症病院に一四日……。一四日で人が死ぬんです……。

宿舎に移ったその日、放射線測定員に測定されました。洋服、バッグ、財布、靴、すべてが「光って」いました。その場ですっかり取りあげられた。下着まで。のこしてくれたのはお金だけ。かわりに支給されたのは病院の部屋着で五六号サイズ、わたしは四四号なのに。室内履きは四三号で、わたしは三七号。衣服は返してあげるかどうかわからない、おそらく「きれい」にならないだろうから、ということでした。だぶだぶの服と室内履きで彼の前にでると、目をまん丸くしていました。「げげっ、どうしちゃったの」って。それでもわたしは工夫してブイヨンを作っていたんです。ガラスびんに水を入れ電気湯沸かし棒を沈めて……細切れのトリ肉を入れる……小さな小さなお肉……。あとになって、宿舎の掃除係だったか宿泊係の女性だったか、自分のおなべをくれました。小さなまな板もだれかがくれて、パセリをきざみました。病院の部屋着では市場にいけませんから、このパセリもだれかが持ってきてくれたんです。でも、すべてはむだ……。夫はもう飲むこともできなかった……。生卵がのどを通らない……。わたしはなにかおいしいものを手に入れたかったんです。食べればよくなるかのように。郵便局に走りました。「すみません、イワノ・フランコフスクの両親に大至急電話をお願いします。夫がモスクワで死にそうなんです」。わたしがどこからきたのか、夫が何者なのか、彼らはなぜかすぐに察して、瞬時に電話をつないでくれました。その日のうちに父、姉、兄がモスクワのわたしのもとに飛びたったのです。わたしの身の回り品を持ってきてくれました。お金も。

五月九日〔対独戦勝記念日〕……。夫は日頃からいっていたんです。「モスクワはきれいだぞ、とくに戦勝記念日に花火が打ち上げられるときが。見せてやりたいなあ」って。病室でそばにすわっていると、夫が目を開けました。

「いま昼？　それとも夜？」

「夜の九時よ」

「窓を開けて！　花火がはじまるよ」

窓を開ける。八階で、目の前にモスクワの街が広がっています。空に花火のブーケがいきおいよく舞いあがる。

「わあ、すごーい！」

「モスクワを見せてあげるって約束しただろ。そして、祝日には一生きみに花を贈るって約束もしたよ」

ふりむくと、枕のしたから三本のカーネーションを取りだしている。看護師さんにお金をわたして買ってきてもらったんです。

かけよってキスをしました。

「わたしのかけがえのない人！　だいすきよ！」

彼はぶつぶついいだす。

「お医者さんにいわれてるだろ？　抱きついちゃいけないよ。キスもだめだってば！」

あのひとを抱いてはいけないといわれていました。なでてはいけないと……。でも、わたしは……抱き起こしてベッドにすわらせたりしていました。シーツを取り替えたり、体温計を入れたり、おまるを運んだり……ふいてあげたり……。ひと晩じゅうつきそっていました。ひとつひとつの動きを見守っていたんです。息をすったり、はいたりしているのを。

わたしはめまいを起こしたんですが、幸いなことに、病室ではなく廊下でした……。窓枠につかまりました……。お医者さんが通りかかって、手を取ってくれました。そして不意に、

「妊娠していますね？」

「ちがいます、ちがいます」

だれかに聞かれはしないかと、すごくびっくりしました。

「うそはやめなさい」先生はため息をついた。

わたしはおろおろしちゃって、先生になにも頼むことができなかったんです。

つぎの日、放射線医学科部長のグシコーワ先生に呼びだされました。

「どうしてわたしにうそをついたの？」きつい口調できかれました。

「しかたなかったんです。ほんとうのことをいえば家に帰されたでしょうから。許されるうそです」

「とんでもないことをしでかしたのよ！」

「でも、いっしょにいたいんです……」

「かわいそうなおくさん。ほんとに……」

グシコーワ先生には一生感謝します。一生です！

ほかのおくさんたちもやってきましたが、もう入れてもらえなかったんです。わたしといたのは彼らのおかあさんたち。おかあさんたちは入れてもらえました……。ヴォロージャ・プラーヴィクのおかあさんはいつも神さまにお願いしてた。「いっそわたしのほうをお召しください」と。

アメリカの教授、ゲイル博士……。骨髄移植手術をしてくれた人です。慰められたんです。希望はある、小さいけれども、あるんだ。からだは頑丈だし、たくましい若者じゃないか、と。夫の肉親が全員呼ばれました。ベラルーシからおねえさんと妹さん、レニングラードで兵役についていた弟さんがやってきました。妹のナターシャは一四歳で、泣きじゃくり、おびえていました。けれど、彼女の骨髄が最適だったんです……。（黙りこむ）わたしは、もうこのことを話せるようになった……。以前はできなかった……。一〇年間くちを閉ざしていたんです。一〇年間……。（黙りこむ）

夫は、骨髄が妹から取られることを知ると、きっぱりとことわりました。「死んだほうがました。妹にふれないでください、子どもなんです」。おねえさんのリューダは二八歳で看護師でしたから、どういう結果になるか知っていました。「生きててほしいの」と提供に同意したんです。わたしは手術を見守っていました。並んだ手術台に寝ていた……。手術室に大きな窓があるんです。手術は二時間……。終わったときにはおねえさんのほうが夫よりも容体が悪くて、胸に一八本の穿刺、麻酔からなかなか醒めませんでした。いまも病弱で身体障害者です……。うつくしくて元気な娘さんだったのに。結婚していません……。当時、わたしは夫の病室とおねえさんの病室をいったりきたり。夫はもう一般病室ではなく特別な無菌室で寝ていて、透明シートのなかに立ち入ることは許されていませんでした。特殊装置があって、シートをめくらずに注射をしたりカテーテルを挿入したりできるんです……。すべてマジックテープと留め具でとめられていて、使い方を覚えました……。シートをそっとわきに寄せて、もぐりこんでいたんです……。結局、わたし用の小さな椅子がベッドのそばにおかれました。容体がとても悪くて、一分たりともそばをはなれることができなかった。ひっきりなしにわたしを呼ぶのです……。「リューシャ、どこ？　リューセンカ！」。呼んで、呼んで……。ほかの無菌室には夫の仲間たちが寝ていましたが、看護しているのは兵士でした。病院の看護助手たちが拒否し、防護服を要求したからです。兵士たちはおまるを運び、床を洗い、シーツを取り替え……最後まで世話をしていた。どこから兵士たちがあらわれたんでしょ。たずねませんでした……。夫だけ、夫のことだけ……。毎日耳にするんです。死んだ、死んだって……。チシューラが死んだ、チチェノークが死んだ。死んだ……。頭のてっぺんを金槌でガツンとやられるようでした……。

一昼夜で二五回から三〇回ものお通じがあって、血と粘液が混じっていました。手足の皮膚がひび割れはじめた……。全身が水泡におおわれた。頭を動かすと髪の毛がごっそり枕にのこった……。でもこれはすべていとしいもの。愛するもの……。わたしはちゃかそうとつとめていました。「このほうが便利よ。くしを持ち歩かなくてもいいわ」。まもなく全員が髪を刈られました。夫の髪はわたしが刈ってあげた。なんでも自分でしてあげたかったんです。身がもつなら二四時間つきっきりでいたかった。一分一秒が惜しかった……。ほんの一分でも惜しかった……。（両手で顔をおおって沈黙）兄がやってきてびっくりしたんです。「おまえをあそこへいかせるもんか！」って。父が兄にいう。「こんな娘をとめようたってそりゃ無理だ。この娘は窓からだって忍びこむよ、非常階段を通ってな」

ちょっと部屋をあけて……もどってみると……夫のそばのテーブルにオレンジがある……。大きい、でも黄色じゃなくてピンク色なんです。あのひとはほほえんでる。「もらったんだよ。もってって」。透明シートのむこうで看護師さんが手をふってる。ダメダメ、食べちゃダメって。オレンジは夫のそばに少しのあいだおかれていて、食べるなんてとんでもない、ふれるのさえこわいものです。「さあ、お食べ」とすすめてくれる。「きみってオレンジが好きだよね」。わたしはオレンジを手にとる。夫はこのとき目を閉じて眠りかけていた。眠るようにいつも注射をされていたんです。麻酔剤を。看護師さんがぎょっとした顔でこっちを見てる……。わたし？　わたしはなんでもする覚悟でした。あのひとが死のことを考えないように……自分の病気がおそろしいものだと思わないように、わたしがあのひとをこわがってると思わないように……。会話の一部が浮かびます……。だれかにさとされたんです。「わすれてはいけませんよ。あなたの前にいるのはもうご主人じゃない、愛する人じゃないんです。汚染濃度の高い放射性物体なんですよ。あなた、自殺したいわけじゃないでしょ！　しゃんとしなさい！」。わたしは気がふれたようになっていました。「愛してるわ、愛してるわ」。あのひとが眠ってる、わたしはささやく「愛してるわ」。病院の中庭を歩きながら「愛してるわ」。おまるを運びながら「愛してるわ」。以前のふたりのくらしを思いだしていました。消防署の寮での……。夜、わたしの手をにぎらないと寝つかなかった。そんなくせがあったんです。寝ながらわたしの手をにぎってるんです。朝までずっと。

病院であのひとの手をにぎるのはわたし、はなしません……。

夜中。しーんとしている。ふたりきり。じーっとわたしを見ていて、不意にいう。

「ぼくらの子どもが見たいなあ、どんな子だろう」

「名前はどうする？」

「自分で決めるといいよ」

「なんでわたしひとりで？　あなたとわたしの子どもよ」

「じゃあ、男の子だったらワーシャにしよう。女の子ならナターシャだ」

「ワーシャってなによ？　わたしのワーシャはひとりいるわ、あなたよ。ほかのワーシャはいらない」

わたしはまだ知りませんでした、どんなに夫を愛していたか。夫……夫だけ……。なにも見えていないかのように！　胎動だって感じていませんでした……。もう六か月だったのに……。この子は、わたしの小さなあかちゃんは、おなかのなかで守られていると思ってたんです。わたしの小さなあかちゃんは……。

わたしが夫の無菌室で夜をすごしていることは、お医者さんはだれも知りませんでした。気づいていませんでした。看護師さんたちが入れてくれたんです。最初はやっぱり説得しようとしてた。あなた若いのよ、ばかな考えを起こさないで。あれはもう人間じゃなくて、原子炉よ。いっしょに燃えつきちゃうわよって。わたしは小犬のように看護師さんたちのあとをつきまとい……ドアのまえに何時間も立っていました。どうかお願い、お願いって。そしたら、もうあきれた、正気の沙汰じゃないわって。朝、お医者さんの回診がはじまる八時前にシートのむこうで「いって！」と合図をしてくれる。宿舎に走って一時間すごす。朝の九時から夜の九時までは通行証がありました。わたしの足はひざからしたが青くなってむくみ、くたくたに疲れていました。心のほうがからだよりも強かったんです。わたしの愛のほうが……。

わたしが夫といるあいだは……やらないんです……。けれど、わたしがでていくと、写真を撮っていた……。夫はなにも着ていない、裸。薄いシーツを一枚かけていただけ。わたしはそのシーツを毎日取り替えていましたが、夕方には血でべっとり。抱き起こしてあげるとわたしの両手に皮膚がくっついてのこる。夫にいいます。「ねえあなた、お願い。ちょっと協力して。片手とひじでできるだけささえてからだを浮かしてみて。シーツを伸ばして縫い目やしわがないようにしたいの」。どんな小さな縫い目でもからだに傷がつくのです。わたしは、夫のからだをひっかいたりしないように、血がでるほど深く自分のつめを切りこんでいました。どの看護師さんも夫のそばにいって触れる勇気がありません。なにか必要があればわたしが呼ばれるんです。そして、あの人たちは……あの人たちは写真を撮っていた……。科学のためだといって。みんなを病室から追いだしたい。さけびたい！　なぐってやりたい！　あんたたち、こんなことをして平気なの！　彼らをここに入れないでおけたらいいのに……いいのに……。

病室から廊下にでると……。壁にごつん、ソファーにごつん、なにも見えていないんです。当直の看護師さんをよびとめる。「夫が死にそうなの」。彼女は答える。「ほかにどうにかなると思ってるの？　ご主人は一六〇〇レントゲンもあびてるのよ。致死量が四〇〇レントゲンだというのに」。かわいそうに思ってくれてる、でもべつの形で。これはぜんぶわたしのもの。わたしの愛するもの。

夫たち全員が死んだあと、病院では改修工事がおこなわれました……。壁がはがされ、寄木細工の床がこわされ、運びだされた……窓枠やドアが。

そのあとの、最後のことは……。きれぎれにしか覚えていません。すべてが流れ去っていきます……。

夜は夫のそばの小さな椅子にすわっています……。朝八時。「ワーセンカ、いくね。ちょっと休んでくるわ」。あのひとは、目を開けて閉じる——いっていいよ。宿舎の自分の部屋にたどりつく、全身が痛くてベッドに横になることができず、床のうえに横たわる。するともう看護助手さんがドアをどんどん。「きて。ご主人のとこへいそいで！　なにがなんでも呼んでこいだって！」。あの朝は、ターニャ・キベノークにどうしてもって頼まれていた、呼ばれていたんです。「墓地についてって」。あなたがいなくちゃわたし無理」って。あの朝、ご主人のヴィーチャ・キベノークとヴォロージャ・プラーヴィクが埋葬されたんです。夫とヴィーチャは仲がよくて、家族ぐるみのつきあいでした。爆発の前日、寮でいっしょに写真を撮ったんです。写真のなかの夫たちはすごくハンサムで、陽気です。チェルノブイリ前の……わたしたちの生活の最後の日……。わたしたち、とてもしあわせでした。

墓地からもどって大急ぎで詰め所の看護師さんに電話します。「夫はどうしていますか？」「一五分前に亡くなりました」。そんな……。わたしは一晩じゅうつきそってたのよ。はなれていたのはたった三時間。窓際に立ち、さけぶ。「どうしてなの？　なんで？」。空にむかってさけびました……。宿舎じゅうに聞こえるほどの大声で……。みんながこわがって、わたしのそばにこない……。はっとした。そうよ、最後の最後にもう一度夫にあえるんだわ！　あえるんだわ！　階段をころげるようにかけおりた……。まだ無菌室にいた、運びだされていませんでした。最後のことばは「リューシャ！リューセンカ！」。「ちょっとでてるわ、すぐにすっとんできますよ」と看護師さんが安心させた。夫は息をはいて、静かになった。

もう夫のそばをはなれなかった……。棺までつきそっていく……。覚えているのは棺そのものではなくて、大きなポリ袋……あの袋です……。遺体安置所でたずねられました。「ご主人の着衣姿をごらんになりますか」。見せて！　あのひとは礼装用の軍服を着て、胸のうえに制帽がのっかっていた。靴はサイズがなかった。足が腫れあがっていたんです。足ではなくて爆弾みたいな形。制服も切られていた。着せることができなかったんです、完全なからだがもうなかったから。全身が血のついた傷。病院での最後の二日間は……手を持ちあげると骨がぐらぐら、ぶらぶらしてた。からだの組織が骨からはなれたんです。肺のかけら、肝臓のかけらがくちからでてきた……。自分の内臓で窒息しそうになっていた……。包帯を手にぐるぐる巻いて、くちに突っ込んでぜんぶかきだしてあげる……。こんなこと、とてもことばではいえません。書けません！　耐えることだって……。ぜんぶわたしのいとしいもの……。こんなに……。はかせてあげるサイズの靴がなかった……。素足で棺に納められたんです……。

わたしの目の前で……。礼装用軍服の夫がポリ袋に押しこまれ、くちが結ばれました。この袋が木の棺のなかに入れられて……棺はさらにもうひとつの袋でくるまれた……。ポリ袋は透明ですが、防水布みたいにぶ厚かった。そしてこれがぜんぶ亜鉛の棺に押しこむように納められたんです。うえに制帽がぽつんとのこっていました。

全員がそろいました……。夫の両親、わたしの両親……。黒いスカーフはモスクワで買いました……。わたしたちの応対をしたのは非常事態委員会で、だれに対してもおなじことをいうのでした。ご主人、あるいはご子息の遺体はおわたしできない。遺体は放射能が強いので特殊な方法でモスクワの墓地に埋葬されます。亜鉛の棺に納め、ハンダ付けをし、うえにコンクリート板がのせられます。ついてはこの書類にご署名願いたい。ご家族の承諾が必要なんです、と。憤慨して棺を故郷に持ち帰るといいだす人がいても、説きふせられてしまうんです。あなたのご主人は英雄であって、いまはもう家族のものではない。国家的な人物で……国家のものなんです、と。

霊柩車に乗りました……。親族と軍人たち。無線機をもった大佐がいる……。無線機が伝える。「こちらからの指示を待て。待機せよ！」。二時間か三時間モスクワの環状道路を走りまわって、またモスクワにもどる……。無線機がいう。「墓地への乗り入れは許可しない。外国の特派員が墓地に押しよせている。さらに待て」。両親はだまっている……。母の黒いスカーフ……。ふうっと意識が遠のく感じ。ヒステリーの発作です。「どうしてわたしの夫をかくさなきゃいけないの？　夫が何者だっていうの？　殺人犯？　犯罪者？　刑事犯？　わたしたちがだれを埋葬するっていうのよ？」。母がいう。「いい子にしてて、しずかにね」。頭をなでながら手をにぎってくれる。大佐が伝えている。「墓地へむかう許可をください。おくさんがヒステリーを起こしています」。墓地では兵士たちにがっちりかこまれました。護衛つきで歩きました。棺も護衛つきで運ばれたんです。お別れをしたいという人がいても墓地に入れてもらえませんでした。親族だけ……。埋葬はあっというまに終わりました。「急げ、急げ」。将校が指揮をとっていた。棺を抱かせてもくれなかった。

すぐにバスに乗せられた……。

瞬時に帰りの航空券が買われ、届けられました。翌日の便です……。平服ですが、軍人らしい挙動の男性がいつもわたしたちにつきまとっていて、部屋からでることも道中の食べ物を買うこともさせませんでした。わたしたち、とくにわたしが、だれかと話をするとこまるから。まるでわたしがあのとき話すことができたみたいですが、泣くこともできなかったんです。宿舎をでるとき、宿泊係の女性がタオルとシーツを一枚一枚かぞえて……すぐにポリ袋につっこんでいました。焼いたんです、きっと……。宿泊費は自分たちで支払いました。一四日分……。

放射線症病院に一四日。一四日で人が死ぬんです……。

家でわたしは眠りに落ちました。家にはいって、ベッドにばたんとたおれこんだのです。三日三晩眠りつづけました。起こそうにも起こせなかった……。救急車がきて、お医者さんがいったそうです。「いいえ。おじょうさんは死んでいません。目を覚まします。非常におそろしい眠りです」

わたしは二三歳でした……。

こんな夢をおぼえています……。死んだ祖母がわたしのところにくるんです、埋葬したときの服をきて。そしてツリーを飾りつけています。「おばあちゃん、なんでうちにツリーがあるの？　いまって夏じゃない？」「こうしておかなくちゃね。じきにおまえのワーシャがあたしんとこにくるんだよ」。夫は森にかこまれて育ったんです。おぼえています……。もうひとつの夢……。白い服のワーシャがやってきて、ナターシャを呼んでいる。まだ生まれていないわたしたちのナターシャを。あの子はもう大きくて、わたしはびっくりした。いつのまにこんなに大きくなっちゃったんだろ。夫は娘を天井にむけて高い高いをしながら、いっしょにわらってる……。わたしはふたりを見ながら思う、しあわせってこんなに単純なんだなって。こんなに単純！　そのあと、こんな夢もみた……。わたしと夫が水面をゆっくり歩いている。長く長く歩いている。きっと頼んでたのよ、泣くなって。あの世から合図してくれたんです。空のうえから……。（長い沈黙）

二か月後にモスクワにいきました。駅から墓地へ、夫のもとへ！　そして墓地で陣痛がはじまったんです。夫と話しはじめたとたん……。救急車が呼ばれた。住所をつげた。お産はおなじところ……。あのグシコーワ先生のところで……。あのときから先生にいわれていたんです。「この病院にきて生むのよ」って。ほかにこのようなわたしがいくところがありますか？　予定日より二週間早く生みました……。

見せてくれた……。女の子……。「ナターシャちゃん」と声をかけた。「パパがナターシャって名前をつけてくれたのよ」。外見は健康なあかちゃんでした。小さなおてて、あんよ……。でもこの子には肝硬変があって……。肝臓に二八レントゲン……。先天性心臓欠陥……。四時間後に告げられたんです、あの子が死んだと。そしてまた……娘をわたさないという。わたさないってどういうこと？　わたしのほうこそ、この子をあんたたちにわたすもんですか！　科学のために娘を取りあげるつもりね！　あんたたちの科学なんか大きらいよ。にくんでるわ！　科学は最初に夫をうばい、こんどは娘まで……。わたすもんですか！　自分で埋葬してやります。夫のとなりに……。（ささやき声に変わる）

あなたに話しているのはずっとちがうことば……あのときのことばじゃない……。脳卒中のあとで、さけんじゃいけないんです。泣くのもいけない。でも、さけびたい、泣きたい。知ってもらいたいの……まだだれにも打ちあけたことがないんです……。わたしが小さな娘を、わたしたちの娘をわたさないといったら……木の小箱を持ってきてくれた。「お子さんはこのなかです」。見ると、あの子がおくるみに包まれているんです。おくるみに包まれてはいってた。それで、泣きだしちゃったんです。「この子を夫の足もとに埋葬してください。わたしたちのナターシャちゃんだと伝えてください」

あそこ、お墓には書かれていません。ナターシャ・イグナチェンコと……。夫の名前だけ……。あの子には名前がまだなかった、なにもなかった……。魂だけ……魂をあそこに埋葬してやったんです……。

いつも花束をふたつ持っていきます。ひとつは夫に、もうひとつは娘のために隅に置きます。お墓のまえではいつもひざをついて歩きます。いつもひざをついて……。（脈絡なく）あの子を殺したのはわたし……わたし……あの子が……救ってくれた。わたしは娘に救われた、あの子は放射線の衝撃をすべて自分で受けとめた、衝撃の受け皿みたいになって。あんなに小さな子。おチビちゃんが。（息苦しそうに）あの子がわたしを守ってくれた。でも、わたしはふたりを愛してる……ほんとうに、ほんとうにできるの？　愛で殺すなんてことが。こんなに愛してるのに！　どうしてとなりあってるの？　愛と死。これはいつもいっしょにある。だれが説明してくれるの？　だれがヒントをくれるの？　お墓のまえではひざをついて歩くんです……。（長い沈黙）

キエフに部屋をもらったんです。大きなアパートで、いまは、原発をでた人たちが全員住んでいます。みんな顔見知りです。部屋は広くて、2DK。わたしとワーシャはこんな部屋にあこがれていたんです。でも、部屋にいると気がくるいそうだった！　どの隅にも、どこを見ても、そこかしこに夫がいる。あのひとの目……。改装をはじめたんです。じっとしていないで、気をまぎらわすために。そうやって二年間……。夢をみるんです……。夫と歩いている、でもあのひとははだし。「どうしていつも靴をはいてないの？」「それはね、なにももってないからだよ」。教会にいったんです……。神父さまにおそわった。「大きなサイズの布靴を買って、だれかの棺に入れさせてもらいなさい。ご主人のためのものだと、手紙に書きなさい」。その通りにしたんです。モスクワにつくとその足で教会へいった。モスクワのほうが夫に近い……。あそこに眠っているんです、ミチノ墓地に……。教会の人に、布靴をわたさなくてはならないわけを話しました。「やりかたをごぞんじかな」ときかれる。もう一度説明してもらった……。ちょうど葬礼のために老人が運びこまれたところでした。棺に近よって覆いをめくり、布靴を入れました。「手紙は書きましたか？」「はい、書きました。でも、どこの墓地に眠っているか書いていません」「あの世はひとつです。ご主人はみつかりますよ」

わたしには生きたいという願望は少しもありませんでした。夜中、窓辺に立ち、空を見あげます。「ワーセンカ、どうしたらいいの？　あなたなしで生きていたくないわ」。昼間、幼稚園のそばを通りかかると、足がとまって、棒立ちになってしまう……。このままずーっと子どもたちをながめていたい……。頭がどうかなっちゃいそう。それで夜、頼みはじめたんです。「ワーセンカ、わたしね、あかちゃんを生むわ。ひとりでいるのがこわいの。もう限界。ワーセンカ！」。またべつの日にはこんなふうに頼みます。「ワーセンカ、わたしね、男の人はいらないの。あなたよりすてきな人なんていないもの。欲しいのは子ども」

わたしは二五歳でした……。

ひとりの男性をみつけました……。すべてを話しました……。ほんとうのことをぜんぶ。わたしの愛はひとつだけで、一生の愛なのよって。すっかり打ちあけたんです……。お付き合いしましたが、自宅に呼んだことは一度もありません、家には呼べなかった。ワーシャがいますから……。

わたしは菓子職人でした。ケーキを作っていても、涙がこぼれるんです。泣いてなんかいない、でもぽろぽろこぼれる。職場の女の子たちに頼んだのはひとつだけ。「かわいそうって思わないでね。思われたら、わたしやめちゃうから」。思わなくてもいい……かつてしあわせだったんだもの……。

ワーシャの勲章が届けられました。赤い色の……。長くはながめていられません。涙がこぼれます……。

男の子を生みました。アンドレイ……。アンドレイちゃん……。友人たちが止めにかかったんです。「生むなんてムチャよ」。お医者さんたちにもおどかされた。「あなたのからだがもちませんよ」。あとになって……。あとになってこういわれた。あかんぼうの手が片方ない……右手が……。機器が示していたと。「それがなんなの？」と考えた。「左手で書けるようにしてやるわ」。でも、生まれたのは正常で……かわいい男の子……。もう学校に通っていて、成績は優ばかりです。わたしの命、わたしのすべて、いまはそういえる人がわたしにはいる。わたしの人生の光よ。息子はとてもものわかりがいい子です。「ママ、もしぼくがおばあちゃんちに二日間いっちゃったら、ママは息ができる？」。そんなのむりよ。一日だってあの子とはなれるのはこわい。わたしたちは道を歩いていて……あ、たおれちゃう、と感じた……。そのとき、最初の脳卒中を起こしたんです……。外で……。「ママ、お水をあげようか」「ううん、ママのそばにいて。どこにもいかないで」。とっさにあの子の手をつかんだ。そこで記憶がとぎれた……。目をあけたのは病院で……。アンドレイの手をぎゅうっとつかんでいたので、お医者さんがわたしの指を広げるのに苦労したそうです。息子の手には長いあいだ青あざがのこっていました。いまではでかけるときにいつもいう。「ママ、ぼくの手をにぎらないでね。ぼく、ママからはなれたりしないよ」。息子も病気がちです。二週間学校にいくと、二週間家にいてお医者さんのお世話になります。こんなくらし。おたがいを気づかいながら。家にはどの隅にもワーシャがいます……。彼の写真……。夜、わたしは夫とひたすら語ります……。夢のなかで頼まれたりする。「ぼくたちの子どもを見せてくれ」って。わたしはアンドレイをつれていく……。あのひとは娘の手をひいてくる。いつも娘をつれている。遊ぶのも娘とだけ……。

わたしのくらしはこんなふう……。現実と非現実の世界を同時に生きているんです。どっちのほうがいいのか、わからない……。（立って窓のほうへいく）ここにはわたしのような人間がおおぜいいます。通りひとつ分、名前だって「チェルノブイリ通り」。この人たちは原発で一生働いてきたんです。いま原発は当直方式で運転されていて、多くの人はいまでもあそこに当直で通っている（二〇〇〇年一二月チェルノブイリ原子力発電所はすべて運転停止された）。あそこには人はもう住んでいないし、これからも住むことはありません。彼ら全員が重い病気や障害をかかえていますが、自分の仕事をやめない、それを考えるのも、おそれている。原子炉のない人生なんて彼らにはない、原子炉は彼らの人生そのものなんです。いまどきあそこ以外のどこでだれが彼らを必要としますか。亡くなる人がしょっちゅうです。あっという間に亡くなるんです。なにかの途中で死んでいく。歩いていて、たおれる。眠ったまま、目を覚まさない。看護師さんに花束を届ける途中で心臓が止まる。バス停に立っていて……。

彼らは死んでいきますが、だれも彼らの話を真剣に聞いた人はいない。わたしたちが経験したことや……見たことについて……。死について、人びとは耳を傾けるのをいやがる。おそろしいことについて……。

でも、あなたにお話ししたのは愛についてです……。わたしがどんなふうに愛していたかということです……。

見落とされた歴史、そしてなぜチェルノブイリはわたしたちの世界像に疑いをおこさせるのか——自分自身へのインタビュー

——わたしはチェルノブイリの目撃者です……このさき記憶にのこる二〇世紀最大の出来事は恐ろしい戦争や革命ではなく、チェルノブイリです。あの大惨事から二〇年以上たちましたが、いまもわたしには疑問なのです——わたしはなにを証言しているのだろうか。過去のこと？ それとも未来のこと？ 月並みな話に……恐怖の月並みな話におちいるのはじつにたやすい……。しかし、わたしはチェルノブイリをあたらしい歴史のはじまりとして見ています。チェルノブイリは知識であるだけでなく、予備知識でもあるのです。なぜなら、人は、自分や世界についてのこれまでの概念と議論をはじめたのだから。わたしたちは過去や未来について語るとき、これらのことばに時間についての自分たちの概念をこめるものですが、チェルノブイリ——これは第一に時間の大惨事なのです。わたしたちの大地にまきちらされた放射性物質は、五万年、一〇万年、二〇万年……それ以上も……生きます。人間の命という観点からすれば、それらは永遠です。わたしたちになにを理解する能力があるのだろうか。この、わたしたちがまだ知らない恐怖のなかに、意味をさがしだして見抜く力が、わたしたちにあるのだろうか。

この本はなんについてですか。なぜわたしはこの本を書いたのですか。

——これはチェルノブイリについてではなく、チェルノブイリという世界についての本です。出来

事そのものについてはすでに数千ページが書かれ、数十万メートルの映画フィルムが撮られている。でもわたしが取り組んでいるのは、いわば見落とされた歴史、わたしたちがこの大地と時代に存在したという痕跡のない痕跡です。書きながら、感情、思考、ことばの日常性を集めています。心の生活をとらえようとしているのです。ふつうの人びとのふつうの日のくらしを。だって、ここではすべてがふつうではないのですから、出来事も、あたらしい空間に住みなれようとしていた人びとも。彼らにとってチェルノブイリはメタファーでもシンボルでもなく、自分たちの家です。芸術は黙示録のリハーサルをなんどもくりかえし、科学技術がもたらす終末の諸説を提供してきました。しかしいま、現実の方がはるかにファンタスティックであることを、わたしたちははっきり知っている。大惨事の一年後、きかれたことがあります。「みんな書いていますよ。あなたはここにお住まいなのに、書いておられない。なぜ?」。わたしにはわからなかったのです、これをどう書けばよいのか、どんな道具をもってどこから近づけばよいのか。かつて自分の本を書いていたとき、わたしは他者の苦悩をのぞきこんだものですが、こんどは自分と自分の生活が出来事の一部になったのです。ひとつにくっついて、距離をおくことができない。わたしの小さな国はヨーロッパに埋もれていて、ほとんど世界に知られていませんでしたが、国の名があらゆる言語で響きはじめ、わたしの国は悪魔のチェルノブイリ実験室と化し、わたしたちベラルーシ人はチェルノブイリ人になりました。いまではどこに顔をだしても、みなが興味津々でわたしをふりむきます。「ああ、あそこのかたですか。どうですか、あそこは」。もちろん、すばやく本を書くことは可能でしたし、あとになってその類の本がつぎつぎにあらわれました――あの夜発電所でなにが起きたのか、悪いのはだれか、いかにして世界と自国民に事故を隠していたか、死の息を吐く原子炉のうえに石棺を築くのに何トンの砂とコンクリートが必要だったか――、けれど、なにかがわたしを引きとめていた。手を押さえていたのです。なんだろう。謎があるという感覚。わたしたちの心にあまりにも急に住みついたこの感覚は、当時、わたしたちの会話、行動、恐怖、あらゆるもののうえをただよいながら、出来事のすぐあとをつけていました。化け物のような出来事のあとを。未知のものにふれたという感じ、それはくちにしたりしなかったりですが、わたしたち全員が抱いていたのです。チェルノブイリ、これはわたしたちがこれから解くべき謎です。読み解かれていない記号です。二一世紀への謎、二一世紀への挑戦かもしれない。明らかになったのは、共産主義的、民族的、そしてあたらしい宗教的挑戦のなかでわたしたちは生きて生きのころうとしているけれど、そのほかにもっと冷酷で全体的なべつの挑戦が将来わたしたちを待ちうけているということ。いまそれはまだ目から隠されています。しかし、チェルノブイリのあと、少しだけなにかが見えるようになりました……。

一九八六年四月二六日の夜……。わたしたちは一夜にして歴史のべつの場所に移りました。あたらしい現実にとびこんだのですが、あらわれた現実はわたしたちの知識だけでなく想像をも超えるものでした。時のつなぎ目が切れてしまった……。過去が無力だということがとつぜんわかり、そこに頼るべきものはなく、偏在する(とわたしたちが信じていた)人類のアーカイブのなかに、この扉をあけるカギはみあたりませんでした。あのころわたしは一度ならず耳にしました。「わたしが見て体験したことを伝えることばがみつからない」「このようなことは以前だれも語ってくれなかった」「どの本でも読んだことがない、映画でも見たことがない」。大惨事が起きた時とそれを語りはじめた時とのあいだに間(ま)がありました。ことばを失っていた時期が……。そのことがみなの記憶にのこっている……。上の方でなにかを決定し、極秘の指令書を作り、空にヘリコプターを飛ばし、道路に大量の大型車両を走らせていた。下では発表を待ち、不安にかられ、うわさによって生きていましたが、肝心な点——それにしてもいったいなにが起きたのか——については、みなが沈黙していました。あたらしい感覚のためのことばも、あたらしいことばのための感覚もみつかっておらず、心のうちをまだのべることはできませんでしたが、あたらしい考え方をするという雰囲気に徐々にひたりつつありました。いまからみると、あのころのわたしたちの状態はそうだったといえます。事実だけではもうたりなかった、事実の裏側をのぞいてみたかった、起こっていることの意味を理解したかった。衝撃の効果！　そして、わたしがさがしていたのは衝撃を受けた人……。その人がくちにしていたのはあたらしいテキスト……。声は時として、夢やうわ言をかきわけて、パラレルワールドから届くかのようでした。チェルノブイリのそばではみなが哲学的思索をはじめたものです。哲学者になっていた。教会はふたたび人で埋まりました……。信仰者とつい最近まで無神論者だった人で……。物理学と数学が与えられなかった答えをさがしもとめていたのです。三次元世界が広がった、そしてわたしは、唯物論のバイブルにふたたび誓ってもいいという勇敢な人に出会うことはありませんでした。永遠性がぱっとまぶしく輝きだしたのです。哲学者と作家は、文化と伝統のなじんだ調子をくるわせられて黙りこんでしまいました。あの最初の日々、なによりも興味深かったのは、科学者や役人、高い地位の肩章をつけた軍人ではなく、老いた農民たちと話をすることでした。彼らはトルストイもドストエフスキイもインターネットもなしでくらしていますが、彼らの意識はなんらかの方法であたらしい世界像を自分のうちにいれることができたのです。崩壊することはありませんでした。ヒロシマやナガサキのような軍事的な核の状況なら、おそらくわたしたち全員がのりきれたでしょう、もともとその準備をしていましたから。しかし、大惨事は非軍事的な核施設で起きました。わたしたちは自分たちの時代を生きた人間で、ソ連の原子力発電所は世界でいちばん信頼できる、赤の広場に建設することも可能だと教えられ、それを信じていました。軍事的な核、それはヒロシマとナガサキのことで、平和的な核、それは各家庭の電球のことだと。軍事的な核と平和的な核が双生児で共謀者だとは、まだだれも気づいていなかったのです。わたしたちは賢くなりました、世界じゅうが賢くなったのですが、それはチェルノブイリのあとでした。今日ベラルーシ人は生きた「ブラックボックス」として情報を記録しています。未来のために。みんなのために。

わたしは長いあいだこの本を書いていました……。ほぼ二〇年間……。会って話をしたのは、原発の元労働者、科学者、医学者、兵士、移住者、サマショール〔強制疎開をさせられた村に自分の意志でもどって住んでいる人〕……。チェルノブイリが自分の世界の大半を占めている人たちで、大地と水だけでなく、内も外もすべてがチェルノブイリに毒されています。彼らは語り、答えをさがしていた……。わたしたちは共に考えたのです。彼らは先を急ぎたがることがよくあって、間に合うかどうか心配していましたが、彼らの証言の価値が命であることを、わたしはまだ知りませんでした。「記録してください」と彼らはくりかえしたものです。「わたしたちは目にしたすべてを理解できているわけじゃないが、のこしておきたい。あとになって……読んで理解できる人がでてくるはずです。わたしたちがいなくなったあとで……」。彼らが急いでいたのにはわけがあったのです、多くの人がすでにこの世にいません。しかし、彼らはシグナルを発することができました……。

――わたしたちが戦慄や恐怖について知るすべては、なによりもまず戦争と結びついています。スターリンの強制収容所やオシフィエンチム〔アウシュヴィッツ〕はつい最近獲得した悪です。歴史というのはいつも戦争と軍司令官の歴史であり、戦争は、いわば、恐怖のものさしでした。ですから、人びとは戦争と大惨事の概念をとりちがえている……。わたしたちは、チェルノブイリで戦争のすべての兆候を見ているといってもいい。おおぜいの兵士、疎開、のこされた住居。生活の歩みが乱される……。新聞のチェルノブイリ情報は戦争用語の連続です、原子、爆発、英雄……。このことが、わたしたちがあたらしい歴史にいるという理解を困難にしている……。大惨事の歴史がはじまったのです……。しかし、人はこのことを考えたがらない、なぜなら、このことをじっくり考えたことがなく、既知のもののかげにかくれているからです。過去のかげに。チェルノブイリの英雄記念碑ですら、戦争の英雄記念碑に似ています……。

——わたしがはじめて立入禁止区域を訪れたとき……。

果樹園の花が咲き、若草が陽光に喜々とかがやいていました。鳥たちのさえずり。まえから知っている……なじんだ……世界。最初に考えたのは、すべてがあるべき場所にある、以前のように、ということ。大地も水も木々も、変わっていない。それらの形も色もにおいも永遠であり、ここでなにかを変えることはだれにもできないのだと。しかし、一日目にして説明されたのです。花を摘んではいけない、地面にすわらないほうがいい。泉の水は飲めない。夕方、こんな光景にでくわしました。牧夫たちが疲れた牛のむれを川に追い込もうとするのですが、牛は水辺に近づくとすぐにひきかえそうとする。なぜか危険を察したのです。ネコが死んだネズミを、それは畑や庭、どこにでもころがっていましたが、食べなくなった話も聞きました。死がそこかしこに身をひそめていましたが、なにかべつの死でした。あたらしい仮面の、見たこともない風貌の死。人は虚を突かれた、準備ができていなかったのです。生物学的種としての準備ができていない、人が天から授かった道具は、どれも見るため、聞くため、触れるためにできているのですが、それが作動しませんでした。もはや不可能でした、目も耳も指も使いものにならず、役にたちませんでした。なぜなら、放射能は目に見えず、においも音もない。形がないのですから。わたしたちはこれまでずっと戦争をするか戦争の準備をするかどちらかで、戦争のことなら多くを知っています——それが突然！　敵の姿が一変した。べつの敵があらわれたのです。敵たち……刈りとった草、釣った魚、つかまえた小動物が人を殺していました。リンゴが……。わたしたちのまわりの世界は、以前は従順で友好的でしたが、こんどは恐怖を起こさせるものでした。老人たちは疎開するとき、永遠に去ることがまだのみこめず、空をあおいでいました。「日が照っている……煙もない、ガスもない。銃撃もない。これが戦争なわけがないだろ。それなのに難民にならなくちゃならんとは……」。知っていて……知らない……世界。

どうやって理解すればいいのだろうか、わたしたちがどこにいるのか。いま……ここで……わたしたちになにが起きているのか。それをたずねる相手がいません……。

立入禁止区域のなかとまわりで……。おどろいたのは、膨大な数の軍用車両です。兵士たちが行進している、新品の自動小銃をもって。完全装備で。なによりもわたしの記憶にのこっているのはヘリコプターでも装甲車でもなく、なぜかこの自動小銃……武器です……。立入禁止区域で銃をもつ人間……。そこでだれを撃つことができ、だれから身を守れるというのだろう。物理学から？　目に見えない粒子から？　汚染された大地や木を撃ち殺せるというのだろうか。発電所そのものではKGBが活動し、スパイや破壊分子をさがしていた。この事故は、社会主義陣営を破壊するために西側の秘密諜報班が仕組んだといううわさが流れていたのです。警戒を怠ってはなりません。

戦争のこの図……戦争のこの文化は、わたしの眼前でくずれおちました。わたしたちは不透明な世界に足をふみいれ、そこでは悪はいっさいの説明をせず、自分をあかさず、法則を知らない。

わたしは、チェルノブイリ前の人間がチェルノブイリ人に変わっていくのを見ていました。

――一度ならず……そして、ここに考えさせられることがあるのですが、こんな考えを耳にしました。一日目の夜、原発で消火にあたった消防士たちの行動、そして、事故処理作業員たちの行動が自殺を思わせると。集団自殺を。事故処理作業員たちは防護服なしで働くことがよくあって、ロボットが「死んでいた」場所へ、文句をいわずにでていった。高線量被曝の真実は彼らにかくされていて、彼らはそれに妥協し、その後、死のまえに政府の表彰状や記章が授与されたことをよろこびさえした……。多くの人には授与も間にあわなかった……。では結局、彼らは何者なのだろう。英雄？　自殺者？　ソヴィエト的理念と教育の犠牲者？　彼らが自国を救った、ヨーロッパを救ったということは、時がたつにつれなぜか忘れられている。のこる三基の原子炉が爆発したらどうなっていたか……一瞬だけでも想像してみれば……。

――彼らは英雄。あたらしい歴史の英雄です。彼らは、スターリングラード攻防戦やワーテルローの戦いの英雄たちと比較されていますが、彼らが救ったのは祖国よりもっと大きなもの、生命そのもの。生命の時間。命ある時間です。人間はあらゆるもの、神の全世界にむかってチェルノブイリを振りあげた、人間だけでなくほかの数千の生きもの、動植物がくらす世界にむかって。わたしは事故処理作業員たちの話を聞きに何度も彼らをたずねました……。彼らは、土のなかに土を葬るという、人間がする非人間的なあたらしい仕事をだれよりも先に、最初にやりました。つまり、汚染された地層を、そこに住む甲虫、クモ、幼虫ごとコンクリート製の特殊貯蔵庫に埋めたのです。名前すら知らない、覚えていない多種多様の昆虫ごと。彼らは死というものを、小鳥からチョウチョまであらゆるものに広げて、まったく違ったふうにとらえていました。彼らの世界はもはやべつの世界で、そこには生命のあたらしい権利、あたらしい責任、あたらしい罪悪感がありました。彼らの話には時間というテーマがつねにあって、「はじめて」「もう二度と」「永久に」ということばをくちにしていました。人のいない村々を車で走っていると、たまに孤独な老人たちにあうことがあったと思い出していました。老人たちは、村人といっしょに村を去るのがいやでのこったり、あとで異郷からもどってきたりしたのです。夜は木切れに火をつけた明かりのもとにすわり、大鎌で草を刈り、鎌で収穫し、斧で木を切りたおし、森の動物や精霊たちに祈って願いごとをしていました。神に。なにもかも二〇〇年前とおなじようですが、上空のどこかでは宇宙船が飛んでいました。時間が自分の尻尾にかみつき、はじめとおわりがつながったのです。チェルノブイリは、そこに行ってきた人たちにとって、チェルノブイリのなかだけで終わりませんでした。彼らは戦場からではなく、べつの世界からもどってきたかのようです。わたしにはわかりました、彼らは自分たちの苦悩をまったく意識的にあたらしい知識に変えて、わたしたちに贈ろうとしていたのです。よく見てください、あなた方はこの知識でなにかを作って、なんとか利用してくださいよ、と。

チェルノブイリの英雄記念碑……。それは人間の手になる石棺、そのなかに彼らが納めたのは核の火。二〇世紀のピラミッドです。

——チェルノブイリの大地では人がかわいそうです。しかし、それ以上にかわいそうなのが動物たち……。いいまちがいではありません。いま説明します……。住民が立ち去ったあと、荒涼たる立入禁止区域にのこっていたのはなんですか。村の古い墓地、そして生物系汚染廃棄物捨て場、つまり動物のための墓地です。人が救ったのは自分たちだけで、自分以外のすべてのものを裏切ってしまった。人が立ち去ったあと、村に兵士や猟師の部隊がのりこんで動物を撃ち殺したのです。ところが、イヌたちは人の声をめがけて走った……ネコたちも……。ウマもなにも理解することができなかった……。彼ら、動物たち小鳥たちには、なんの罪もない。なのに、ものいわず死んでいった、これはもっとおそろしいことです。その昔、メキシコのインディオたちは、キリスト教以前のルーシ〔ロシアの古名〕のわたしたちの先祖もそうでしたが、食用に殺す動物や小鳥に許しを請うたものです。また、古代エジプトの動物たちは人間を訴える権利をもっていました。ピラミッドのなかにのこっていたパピルスのひとつにこう書かれています。「N氏にたいする雄牛の訴えはなにもみつかっていない」。エジプト人は死者の国に旅立つまえに祈りをとなえていて、そこにこんなことばがありました。「わたしはどんな生き物もしいたげなかった。わたしは動物から穀物も草もうばいとらなかった」

チェルノブイリの経験はなにを与えたのだろうか。「わたしたち以外」のものいわぬ神秘的なこの世界にわたしたちの目をむけさせたのだろうか。

——一度目にしたことがあります。住民がでていった村に兵士たちがはいって、撃ちはじめたのを……。

動物たちのあきらめのさけび声……自分たちのいろいろなことばでさけんでいた……。このことはすでに新約聖書に書かれています。エルサレム神殿にやってきたイエス・キリストが、そこで見たのは、儀式用供物に用意された家畜たち。のどを切られ、血をながしている。イエスはどなりはじめた。「あなたがたは祈りの家を盗賊の巣窟にかえてしまった」。殺戮の場に……とつけくわえてもよかったでしょう。わたしにとって、立入禁止区域にのこされた数百の生物系汚染廃棄物捨て場は、古代異教の礼拝の場とおなじです。ただ、どんな神が祀られているのだろうか。学問と知の神さま？　それとも火の神さま？　この意味でチェルノブイリはオシフィエンチムやコルィマを超えています。ホロコーストを。チェルノブイリが提示しているのは有限性。無につきあたっているのです。

わたしは、これまでとはちがう目でまわりの世界を見まわしています……。一匹の小さなアリが地面をはっている、いまではアリがずっといとしく感じられる。小鳥が空を飛んでいる、小鳥もずっといとしい。わたしと彼らとのあいだの距離がちぢまっている。以前の深いミゾがない。すべて——生命。

こんなことも記憶にのこっています……。老いた養蜂家が語ってくれました(のちにおなじ話をほかの人たちからも聞きました)。「朝、果樹園にでるとなにかたりない、聞きなれた音がしないんだよ。ミツバチが一匹もいない……。ミツバチの羽音がしない。一匹も。なに? どうなってんだ? 二日目もミツバチは巣からでなかった。三日目も……。わしらはあとになって知らされた、原発で事故があったと。原発はとなりだよ。だが、わしらは長いあいだなにも知らなかった。ミツバチは知っていたが、わしらは知らなかった。こんどなにかあったら、ミツバチを見ることにするよ。あいつらのくらしを」。ほかにこんな例も……。川で釣り人たちと話しはじめたとき、思い出してくれた。「ぼくらは、テレビで説明してくれるのを待っていたんだ……。どうやって自分の身を救えばいいか、話してくれるのを。でも、ミミズは、ただのミミズは地中深くもぐってしまった、たぶん、五〇センチか一メートルほど。ぼくらはわけがわからなかった。いくら掘っても、エサのミミズが一匹もみつからなかったんだ……」

わたしたちのうち、どちらが進んでいて、丈夫で、地上に長く存在するのだろうか。わたしたち? それとも彼ら? わたしたちは彼らに学べばいいのです、どうやって生きのこるか。そして、どうやって生きるかを。

――ふたつの大惨事が同時に起きました。ひとつは社会的大惨事――わたしたちの目のまえでソ連邦が崩壊し、巨大な社会主義大陸が水中に没してしまった。もうひとつは宇宙的大惨事――チェルノブイリです。地球規模のふたつの爆発。そして、身近でわかりやすいのは最初のほう。人びとはその日一日や日常生活のことで気苦労が多い。買物のお金をどう工面する？　どこへいく？　なにを信じる？　どの旗のもとでふたたび立ちあがる？　それとも、自分のために生きること、自分の人生を生きることを学ぶ必要がある？　最後のはわたしたちにはなじみがなく、やろうとしてもできない、なぜならまだそんなふうに生きたことがないから。みなが、一人ひとりがそういう悩みをかかえている。でも、チェルノブイリのことは忘れたがっている、意識がチェルノブイリに屈服したから。意識の大惨事です。わたしたちの認識と価値の世界が爆破されたのです。もしわたしたちがチェルノブイリに勝っていたなら、あるいは、完全に理解できていたなら、チェルノブイリについてもっと考えたり書いたりしたことでしょう。ところが、わたしたちが住む世界と、意識が存在する世界はべつなのです。現実はするりと逃げていて、人のなかにおさまろうとしない。

――そう……現実にうまくついていけない……。

――その一例……。わたしたちはいまだに古い概念を用いています。「遠いか近いか」、「味方か敵か」……。しかし「遠いか近いか」、チェルノブイリのあとそのことになんの意味がありますか、四昼夜にしてアフリカや中国の上空にチェルノブイリの雲が流れていたなら。地球がとても小さいことがとつぜんわかったのです、コロンブス時代の無限の地球ではありません。いま、わたしたちにはべつの空間感覚が生まれました。わたしたちは破綻した空間のなかで生きている。ほかにも……。人の寿命はこの一〇〇年でのびましたが、それでもわたしたちの大地に定着した放射性物質の命にくらべると、取るにたらぬ微々たるものです。そのなかの多くは何千年も生きつづけます。わたしたちにはそんな遠い先までのぞくことすら不可能です！　それらのそばではべつの時間感覚を体験します。そして、このすべてがチェルノブイリ。チェルノブイリの痕跡です。過去やファンタジー、知識とのかかわりにも同様のことが起きている……。過去が無力だということがわかり、知識のうち無事にのこったのは、わたしたちが無知だという知識だけ。感覚の変革が起きている……。死にゆく夫をもつ妻に医者がかけるのはいつもの慰めのことばではありません。「そばによってはいけない！　キスをしてはいけない！　愛撫しないで！　これはもう愛する人ではない、除染対象物です」。ここではシェイクスピアもたじたじです。偉大なダンテも。そばによるか、よらないか、という問い。キスをするか、しないか。ある女性証言者は、当時ちょうど妊娠していましたが、そばによってキスをしていました。夫の最期までそばをはなれませんでした。そのために彼女がはらった犠牲は、自らの健康と小さなあかちゃんの命。だって、愛か死か、どうやって選択ができたというのですか。過去か未知なる現在か。それに、瀕死の夫や息子に、放射性物体に、付き添わなかった妻や母親をあえて責めるなんて、だれにできますか……。彼らの世界では愛も変わってしまったのです。そして死も。

なにもかもが変化しました、わたしたち以外の。

——出来事が歴史になるには少なくとも五〇年が必要です。ところがこの場合、まあたらしい足跡を追わざるをえないのです。

——ゾーン……立入禁止の世界です……。最初にそれを考えだしたのはＳＦ作家たちでしたが、文学は現実にひるみました。チェーホフの主人公たちは、一〇〇年後に人間はすばらしくなる、生活はすばらしくなると信じていましたが、わたしたちはもう信じることができない。その未来をわたしたちは失ってしまったのです。一〇〇年後にあったのは、スターリンの強制収容所、オシフィエンチム……チェルノブイリ……。そして、ニューヨークの九月……。理解に苦しむほどです、どうやってこれが一世代の人生におさまったのか。たとえば、いま八三歳のわたしの父の人生に。人はよくも生きのこれたものです。

――チェルノブイリでなによりも印象にのこっているのは、「すべてが終わったあと」の現実です。物はあっても持ち主はいない、風景はあってもそこに人はいない。行きつくあてのない道、電線。たまに考えるのです、なんなのこれは――過去なの？　それとも未来なの？

――時々こんな気がしていました、わたしは未来のことを記録している……。

第一章　死せるものたちの大地

人はなんのために思い出すのか

ピョートル・S
心理学者

ぼくにも質問があるんです。自分ではそれに答えることができないでいる……。

しかし、あなたはこのことを書くことになさった……。このこと？　ぼくは、自分のことは知られたくないんです。あそこでなにを体験したか……。一方では、打ちあけたい、すべてぶちまけたいという願望があり、他方では、自分が裸にされるような感じがする、それがいやなんです。

トルストイの本を覚えておられますか？　ピエール・ベズーホフ〔『戦争と平和』の登場人物〕は戦後あまりにも感激して、自分と全世界が永遠に変わってしまったかのような気がするんです。しかし、ある時間がすぎると、自分が相も変わらず御者をののしり、相も変わらずグチをこぼしているのに気づく。それなら、人びとはなんのために思い出すのですか。真実を回復するためですか。正義を。解放されて、忘れるためですか。彼らは、自分たちが壮大なできごとの参加者だということがわかっているのだろうか。それとも、自分を守ってくれるものを過去にさがしているのだろうか。しかも、思い出というのはもろくはかないもので、これは正確な知識ではなく、人が自分自身についてめぐらす憶測なんです。これはまだ知識ではない、感情にすぎないんです。

ぼくは苦しみながら、記憶の糸をたぐりたぐり、思い出した……。

ぼくにとってもっとも恐ろしいことが起きたのは子ども時代……。それは、戦争です。

ぼくら、ガキのころ「パパママごっこ」をしたのを覚えている。チビたちを裸にして、一人のうえにもう一人を重ねて寝かせたりした……。この子らは戦後生まれの最初の子どもたちだった。どんなことばをしゃべるようになったか、だれが歩きはじめたか、村じゅうが知っていました。なぜなら、子どもたちが戦時中ほったらかしにされていたから。ぼくらは命の誕生を待っていた。ぼくらの遊びは「パパママごっこ」という名前だった。ぼくらは命の誕生を見たかったんです……。ぼくら自身は八歳か一〇歳そこらだった……。

ひとりの女性が自分で自分を殺そうとしているのを見たことがある。川べりの茂みのなかで。レンガをひろって自分の頭をがんがんやっていた。彼女は、村じゅうに憎まれていたポリツァイ〔独ソ戦の際ナチスが被占領地の住民から徴募した警官〕の子を身ごもっていたのです。まだ小さかったころ、子ネコが生まれるところを見たことがある。母を手伝って、母牛から子牛をひっぱりだしたことも、家の豚を交尾させにオス豚のところへつれていったこともある……。覚えているんです……。殺された父が運ばれてきたときのことを、覚えている。母の手編みのセーターを着ていた。機関銃か自動小銃で撃たれたようで、なにか血でべとべとのかたまりがいくつかセーターからじかにはみだしていた。父はわが家にひとつしかないベッドに横たわっていた。ほかに寝かせる場所がなかったのです。それから、家のまえに埋葬されました。しかし、大地は羽毛ではなく、重い粘土。ビーツ畑の畝からとってきた土だった。あたりでは戦闘がくり広げられていた。道には殺された馬や人がころがっていた……。

ぼくにとってこれは禁断の思い出で、声にだして話したことはなかった……。

あのころ、ぼくは死を誕生とおなじように受けとめていたのです。母牛から子牛が生まれたときも……子ネコが生まれたときも、そして、女性が茂みのなかで自分を殺そうとしていたときも、ほぼおなじ気持ちだった……。なぜかおなじことのように思えたんです。誕生と死が……。

豚をつぶすとき、家のなかにどんなにおいがただようか、子どものころから覚えている……。あなたにつつかれただけで、ぼくはもう落ちていく、あそこへ落ちていく。悪夢のなかへ……恐怖のなかへ……飛んでいく……。

ほかにこんなことも。ぼくら子どもは村の女たちにつれられて公衆浴場にいったものです。多くの女性は、ぼくの母もそうでしたが、子宮(ぼくらはもう理解していた)が外にでていて、ぼろ布でささえて縛っていました。ぼくはそれを見ていた……。重労働がたたって子宮脱になるのです。男たちは前線やゲリラ戦でつぎつぎに殺され、男手がなく、馬もいなかった。女たちは鋤を背負ってひっぱっていた。自分たちの畑や集団農場の畑を耕したのです。ぼくは大きくなって女性と親密な関係になることがあったとき、そのことを思いだしていた……公衆浴場で目にしたことを……。

忘れてしまいたかった。なにもかも忘れたかった……。忘れかけていたのですよ……。ぼくに起こったもっとも恐ろしいことはもう過去のことだと思っていた。戦争だと。で、ぼくは守られている、いまでは守られているのだと。自分の知識と、あそこで……あのとき経験したことによって。しかし……。

ぼくはチェルノブイリの立入禁止区域にでかけた……。すでに何度もいってきた……。で、あそこで、自分が無力だということがわかったのです。そして、ぼくは崩壊しつつある、自分のこの無力さのせいで。すっかり変わってしまった世界を見てもわからないせいで。悪だっていままでとはちがっている。過去はもはやぼくを守ってくれない。安心させてくれない……。そこに答えがないのです。以前ならあったのに……。(考えこむ)

なんのために人びとは思い出すのですか。しかし、あなたとしばらく話をして、ことばにしてなにかをいうことができた……。そして、なにかが理解できた。いまはそれほど孤独じゃない。ほかの人はどうなんだろうか。

話はできるよ、生きてる者とも死んだ者とも

ジナイーダ・エヴドキモヴナ・コワレンコ
サマショール

夜中に、オオカミが庭にはいってきたのよ……。窓からのぞくと、立ってて目が光ってた。ヘッドライトみたいに。

なにがあっても慣れっこになったよ。村の衆がでてって七年、七年間ひとりでくらしとります。夜中にすわって、空が白んでくるまで、考えに考えることがあるんだよ。昨日も夜通しベッドのうえに背を丸めてすわっておった。それから、おひさまがどんなだか、見にでたんです。なんといえばいいのかな。この世でいちばん公平なものは死ですよ。まだお金でのがれた者はおりません。大地はみんなを受け入れてくれる。善人も、悪人も、罪深い人間も。これ以上公平なものはこの世にありません。あたしゃ身を粉にして正直に一生働きづめだった。まっとうに生きてきた。ところがこの公平なものにありつけなかった。神さまがどっかで分け与えられて、あたしの番がくるまえにあたしの分がなくなっちまったんですよ。若いもんも死ぬかもしれんが、老いぼれは死ななきゃならん……。みんな死

ぬもんです、皇帝も、商人も……。はじめのうちは村の衆を待っとりました、みんな帰ってくるだろうと思って。二度と帰らないつもりででていった者はおりません。ほんのいっときのつもりだった。いまじゃあたしゃ死を待っとります。死ぬのはむずかしくないが、おっかない。教会がないし、神父さまもきなさらん。あたしの罪を許してくださる人がおりません。

この村に放射能があるとはじめていわれたとき、あたしらは思ったもんです。かかったらころっと死んじまう、そんな病気のことだと。そうじゃない、といわれたよ。それは地面につもったり、土のなかにもぐったりしてて、目に見えないんだと。動物は見たり嗅いだりできるかもしれんが、人間にはできないんだと。そんなの、うそっぱちですよ！　あたしゃ見たんだから……。そのセシウムとやらはうちの畑にころがってて、雨が降ったら流れちまいました。インクみたいな色で……かけらがキラキラしとりました……。集団農場の畑からとんで帰ってうちの畑へいった。そしたら、こんな青いかけらがひとつ……二〇〇メートル先にもうひとつ。大きさは、あたしが頭にかぶってるスカーフくらいだったよ。となりのおくさんとほかの女たちを大声で呼んで、あちこち走りまわった。ぜんぶの畑と、あたりの牧草地を……二ヘクタールほど……。大きなかけらを四つ見つけたかね。ひとつは赤色だった……。あくる日は雨が降りだした。朝っぱらから。昼ごろにはかけらは消えちまいました。警察がきたときにはなにも見せるもんがなかった。話しただけですよ……。ほらこんな（と両手で示す）かけらだったよ……。あたしのスカーフほどの大きさで、青いやつと赤いやつ。

あたしら、この放射能はそれほどこわくはなかった……。見たことがなくて、知らなかったら、こわかったかもしれんがな。見てしまえば、もうそんなにおっかなくない。警察と兵隊が立て札をたてた。だれかの家のそばや道路に書かれたんです、七〇キュリーだの、六〇キュリーだの……。これまでずっと畑のジャガイモで生きてきたのに、こんどは食っちゃならんだと！　タマネギも、ニンジンもだめだと。悲しいやら、ばかくさいやら……。畑仕事をするときにはガーゼのマスクをしろ、ゴム手袋をはめろ。ペチカの灰は埋めろ、埋葬しろ、だと。やれやれだ……。あんとき、ほかにもえらい学者さんがきなさって、集会所で演説しなさったよ。薪を洗って使えと……。へーんなの！　耳をふさぎたいぐらいだ！　ふとんカバー、シーツ、カーテンを洗いなおせというんですよ……。家のなかにあるのに！　タンスや長持のなかだよ。家のなかに放射能があってたまるかね。窓ガラスも戸もある。へーんなの！　放射能なら森でさがしなってんだ、牧草地で……。井戸には錠がかけられ、シートがかぶせられちまった。水が「汚れとる」んだと……。なにが汚れとるもんかね、あんなに澄んでるじゃないか！　ごちゃごちゃと山ほどいわれましたよ。あんたがたみんな死んじまうよ……。村をはなれなくちゃならん……。疎開しろ……。

村の衆はおったまげたよ。恐怖にかられちまった。ある人はさっそく毎晩、大事なもんを土のなかに埋めはじめた。あたしも自分の服をまとめたの……。正直に働いてもらった表彰状、もしものためにとってあったお金を。悲しいったらありゃしない！　悲しくて心がどうかなりそうだったよ。命かけて、ほんとうのことを話してんだからね。また、こんな話も耳にしたよ。ある村で兵隊さんが村の衆を疎開させたんだけど、じいさんとばあさんがあとに残ったんだと。村の衆をたちあがらせて、数台のバスを走らせた日のまえに、雌牛を一頭つれて森へはいってしまった。そこでおわるのを待ってたんだ。戦時中、懲罰隊に村を焼かれたときみたいに……。この不幸はどっからでてくるのかねえ。（泣く）あたしらの人生ってあてにならないもんだよ。泣きたくなくても、涙がこぼれるよ。

あれまあ！　窓の外を見なされ。カササギがとんできたよ。あたしゃ追っぱらったりしないよ。あいつらは納屋の卵をかっぱらったりするんだよ。でも、やっぱり追いはらわない。いまじゃあたしらの不幸はみんなおなじだもの。なにも追いはらわないよ！　昨日はウサギがとんできた……。

毎日家にだれかがきてくれるといいんだがなあ。ここの近くに村があって、そこにもばあさんがひとりでくらしとるから、あたしゃいったの、こっちへ引っ越しておいでよって。なにか手伝えるだろうし、そうじゃなくとも、話し相手ぐらいにはなる。お客に呼べるしな……。夜になると身体のあちこちが痛むんですよ。足にちくちく痛みが走る。神経のせいですよ。そんなときはなにかを……穀粒をひとつかみ手にとって……ギュッギュ。そうすると神経がやすまるの。これまでうんと働いてきた、つらい思いをさんざんしてきた。もう十分だよ。なんにもいらない。死んだら楽になるんだろね。あの世で魂はどうだか知らないが……身は休めるだろうから。娘たちもいるし、息子たちもいる。みんな町におります。でも、あたしゃぜったいにここをはなれたくないよ。神さまは長生きさせてくださったが、幸運はくださらなかった。としよりはやっかい者なんですよ。子どもらはしばらくがまんしておるが、いやな気持にさせるんですよ。いまじゃ子どもがいてうれしいのは、小さいあいだだけ。町へでてった村の女衆たちはみんな泣いとります。嫁さんにいじめられたり、娘にいじめられたり。帰りたがっておる。あたしの亭主はここ……。墓地で眠ってんの……。もしここに横たわっていなかったら、ほかの場所でくらしてただろね。あたしもいっしょに。（とつぜん明るく）いくこともないか！　ここはいいとこだもの。なんでも育っていろんな花が咲いとります。ブヨから動物まで、なんでも生きとります。

すっかり思い出してあげるよ……。くる日もくる日も飛行機が飛んでおった。頭上すれすれのところを。発電所の原子炉へむかって。あとからあとから。そして、あたしらの村は疎開、移住ですよ。

家に押しかけてくるんだよ。村の衆は錠をかけて閉じこもった、かくれたんですよ。家畜は吠える、子どもらは泣く。戦争だよ。でも、おひさまは照ってる……。あたしゃすわって、家からでなかった。ただ、鍵はかけなかった。兵隊さんたちが戸をどんどんたたく。「おくさん、したくはできたかい」。あたしゃきいてやったの。「手足をむりやり縛ろうっていうのかい」。あの人らはちょっと黙って、でていった。まだ若くて、ほんの子どもなんだよ！　あちこちの家のまえでは女たちがひざをついてはいまわってた。祈ってたよ。兵隊さんたちがひとりふたりと腕をとって車にのせた。あたしゃおどしてやったの。このあたしにふれてみな、ひどいことをしたら杖でぶったたくよって。ののしってやったの、思いっきり。泣きゃしませんでした。あの日は一粒の涙もこぼさなかった。

家でじっとしとりました。どなり声がしたり、しーんとなったり……。そのうち騒ぎがすっかりおさまった。あの日は……一日目は家からでなかったよ……。

人の行列がぞろぞろ……家畜の行列もぞろぞろすすんだと聞いとります。戦争だよ！

亭主がよくいっとりました。銃を撃つのは人間で、弾をはこぶのは神さまのお仕事なんだと。運命は人それぞれだよ。村をでていった若い衆が、もうなん人か死にました。あたらしい場所で。あたしゃ杖をついて歩いておる。よろよろと。さびしくなったら、ちょっと泣く。村はからっぽ……。でも、ここにはいろんな鳥がとんでる……。ヘラジカもへいきで歩いとります。（泣く）

すっかり思いだしますよ……。村の衆はでてって、イヌやネコがおきざりにされた。最初のうち、あたしゃ歩きまわってみんなに牛乳をやり、一匹一匹のイヌにパンを食わせてやった。あの子らは自分の家のそばにいて、飼い主を待っとりました。長いこと待っとりましたよ。腹をすかせたネコがキュウリを食ってた……トマトを食ってた。あたしゃ秋になるまでとなりの木戸のまえの草を刈ったもんだ。塀がたおれたので、木戸に打ちつけた。村の衆を待っとりました。となりのおくさんはイヌを飼ってた、ジュチョークという名前だった。「ジュチョークや、おまえさんが先にだれかに会ったら、吠えてあたしに知らせておくれ」と頼んでおります。

夜には夢をみる、あたしが疎開してんの……。将校がどなる。「おくさん、われわれはもうすぐぜんぶ燃やして埋めてしまうんだ。でてこい！」。そして、あたしをどっかへつれてくんだよ、どこか知らないところへ。わからないところへ。そこは町でもない、村でもない。そして、地球でもないのよ……。

そうそう、こんなことがあった……。うちにはお利口なネコがおったんです。名前はワーシカ。冬になると飢えたクマネズミが襲ってきて、お手あげだった。ふとんにもぐりこんだりするの。穀類は樽のなか、そいつをかじって穴をあけちゃったんだよ。そのときにワーシカが救ってくれた。ワーシカがいなかったら、あたしゃ死んでたかもな……。あたしとワーシカはおしゃべりをし、いっしょに食事をした。でも、あるとき、ワーシカがいなくなった……。どっかで飢えたイヌらに襲われて食われちまったのかな。イヌらはくたばっちまうまえは飢えて走りまわっておったから。ネコもよほどひもじかったんだろ、子ネコを食ってたよ。夏は食わなかったが、冬にな。神さま、お許しを！　クマネズミに食い殺されたばあさんがいるんだとよ……。自宅で。赤茶色のクマネズミに……。ほんとだかどうだか、でも、そういう話だよ。宿無しの男らがここらへんをうろついてんの……。最初の何年かはけっこうモノがあったからな。刺繍入りのブラウス、カーディガン、毛皮のコート。盗んではボロ市に運び放題。そうして酔っぱらっては、歌をうたってた。ひどいもんだよ。ひとりの男が自転車からころげおちて道路で寝こんじまったんだと。朝になって見つかったのは骨が二本と自転車だけ。

ほんとだかどうだか。まゆつばもんだが、そういう話だよ。

ここにはなんでもおるよ。なんでもなんでも。トカゲがおる、カエルがケロケロ。ミミズもにょろにょろ。ネズミだっておるよ！　なんでもおるんです。春はとくにいいもんだよ。ライラックの花が咲くころが好きなんだよ。ウワミズザクラがにおうころが。足腰がたっしゃだったときは自分で歩いてパンを買いにいったもんです。片道だけでも一五キロ。若いころならひとっ走りなんだがね。なんでもないこったよ。戦後、あたしらはウクライナまで歩いて種子を買いにいってたんだから。三〇キロも五〇キロも歩いて。みんなは一プード〔約一六キロ〕ずつ運んだが、あたしゃ三プードだよ。いまじゃ、家のなかを歩くのも難儀なこった。老いぼれには夏にペチカのうえにいても冷えがこたえるよ。

警官が村へやってきては、調べとります。あたしにパンを持ってきてくれる。ただ、ここでなにを調べとるのかねえ。住んでるのはあたしとネコだけ。この子はね、さっき話したのとはべつのネコよ。警察が合図してくれると、あたしとネコは大よろこびで、すっとんでくの。ネコには骨を持ってきてくれる。あたしゃこうきかれる。「強盗に襲われたらどうするんだ？」「あたしからなにを手に入れるっていうんだい。なにをとってくんだい。魂かな。あたしにあるのは魂だけだよ」。いい子たちだ。けらけらわらっとる。ラジオの電池を持ってきてくれたから、いまじゃラジオを聞いとります。リュドミーラ・ズィキナが好きなんだが、近ごろじゃあまりうたってないようだね。あたしみたいに、ばあさんになっちまったらしいな。亭主がよくいっとりました……こうもいっとりましたよ。「舞踏会が終わったら、バイオリンは袋にしまえ！」

どうやってあたらしいネコを見つけたか話してあげるよ。うちのワーシカがいなくなっちまった……。一日待ち、二日待ち……そしてひと月……。あたしゃもうちょっとでひとりぼっちになるとこだったよ。話し相手がいなくなるとこだった。村を歩いて、ひとさまの庭で呼んでみた。ワーシカ、ムールカ……ワーシカや！　ムールカや！　最初のころはネコがたくさんおったんだが、あとになるとどっかへ消えちまった。一匹もいなくなっちまった。死は選り好みをしないもんだ……。大地はすべてのものを受け入れてくれる……。あたしゃ歩きに歩いた。二日間呼びつづけた。三日目に、店の近くにすわってるんだよ。あたしらは顔と顔を見あわせた……。ネコもうれしそうだったが、あたしもうれしかった。ネコはことばがしゃべれないだけよ。「さあ、おいでよ、うちへいこう」。すわったまま……ニャー……。あたしゃいってきかせはじめた。「こんなとこにひとりでいてどうすんだい？　オオカミに食われちまうよ。ずたずたにされちまうよ。さ、いこう。あたしんちには卵やサーロ（豚脂身の塩漬け）があるよ」。どう説明してやればいいもんかな。ネコは人のことばがわからない、じゃあ、どうやってあたしのいうことが理解できたんだろ。あたしが先にたって歩くと、ネコがあとからついてくる。ニャー……。「サーロを切ってあげるよ」。ニャー……。「ふたりでくらそうね」。ニャー……。「おまえさんの名前はワーシカだよ」。ニャー……。そうやって、あたしらもうふた冬もいっしょに越したんだ……。

夜には夢をみる。だれかがあたしを呼んでんの……。となりのおくさんの声よ。「ジーナ！」。ちょっと黙って……そして、また「ジーナ！」

さびしくなると、ちょっと泣く……。

墓地へいくんです。あそこにはおっかさんが眠ってる……。あたしの小さな娘っ子も……。戦時中チフスにやられてぽっくりよ。娘を墓地に運んでって埋めおわったら、そのとたんおひさまが雲から顔をだした。あかるい、あかるい陽射し。ひきかえして、掘りおこしてやりたいほどだった。亭主のフェージャも……あそこ……。みんなのそばにしばらく腰をおろしてんの。ため息をつくんだよ。話はできるよ、生きている者とも、死んでいる者とも。あたしにとっちゃおなじことよ。どっちの声も聞こえるもんだよ。ひとりでいるとき……。そして悲しいとき……すごーく悲しいときには……。

墓地のすぐわきにすんでたのは、イワン・プロホロヴィチ・ガヴリレンコ先生で、クリミアの息子のもとへいっちまった。そのむこうが、ピョートル・イワノヴィチ・ミウスキイ。トラクターの運転手で、スタハーノフ運動〔一九三〇—四〇年代の労働生産向上運動〕をやってた。あのころは、みんながスタハーノフ運動をやってたからね。手先の器用な男でな。自宅の窓枠や軒下を透かし彫りでかざりつけていて、村いちばんの家だった。おもちゃのようにきれいだった！　その家がとりこわされて埋められたとき、あたしゃ残念で残念で、血がのぼっちゃったよ。将校がどなってた。「おっかさん、なげくなよ。この家は「しみ」のうえにたってるんだ」。自分は酔ってんの。そばによってみると、泣いてんのはその人のほうじゃないか。「おっかさん、あっちへいけ、いけったら」。追いはらわれた。で、そのさきがミーシャ・ミハリョフの屋敷。ミーシャは農場のボイラー焚きだった。ころっと死んじまった。疎開してすぐに死んじまった。そのむこうに畜産技術者のステパン・ブィホフの家があった……焼けちまったよ！　夜、ワルどもが火をつけたんだ。よそもんだよ。ステパンも長生きできなかった。モギリョフの近くに子どもらが住んでおって、そこに葬られた。第二次大戦で……どれほど多くの人を亡くしたことやら。コワリョフ・ワシーリイ・マカロヴィチ、アンナ・コツラ、マクシム・ニキフォレンコ……。むかしはたのしくくらしたもんだ。祝日には、歌と踊りとアコーディオン。いまは監獄のなかにいるみたいだね。あたしゃね、目をつむって村のなかを歩いたりするの……。彼らに話しかけるの。ねえ、ここに放射能があってたまるかね。チョウチョがとんでるし、マルハナバチ

もぶんぶんいっとるよ。うちのワーシカもネズミをつかまえとるよ。（泣く）

ねえ、あんた、あたしの悲しみがわかってくれた？　あんたがこの話をみんなにするころには、あたしゃもうこの世にいないかもしれないね。土のなか、木の根っこのそばにおりますよ……。

ドアに記された人生まるごと

ニコライ・フォーミチ・カルーギン
父親

ぼくは証言したい……。

それが起きたのはあのとき、一〇年前で、いま毎日ぼくの身に起きている。いまでは……それはいつもぼくとともにある。

ぼくたちはプリピャチ市に住んでいたんです。いまでは世界じゅうが知っている、あの町に。ぼくは作家じゃない。しかし、目撃者だ。それはこんなふうだった……。最初から……。

ひとりの人間がくらしている……。どうってことのない、小さな人間。まわりのみんなとおなじ人間で、仕事にいき、仕事からもどる。そこそこの給料をもらっている。年に一度休暇をすごしにでかける。妻がいる。子どもたちがいる。ごくふつうの人間だ！　ところが、ある日とつぜん、チェルノブイリ人に変わるんですよ。世にも珍しいものに！　みなが興味津々なのに、だれにも知られていない、なにかそういうものに。みんなとおなじでいたいのに、もうだめ。できないんです、以前の世界にはもうもどれない。ちがう目で見られている。こんな質問をされる。あっちはこわかったかい？　発電所の火事はどうだった？　きみはなにを見たの？　で、要するに、きみには子どもができるの？

おくさんに逃げられなかったかい？　はじめのうちは、ぼくたち全員が珍らしい展示品に変わってしまったんです。「チェルノブイリ人」ということば自体が、いまだに音響信号のようだ。みんなが頭をこっちへ向けるんです……。あそこからだよ！

これは最初の数日に感じたことです。ぼくたちが失ったのは町じゃない、人生まるごとなんだと。

家を出たのは三日目でした……。原子炉が燃えていた……。知人のだれかが「原子炉のにおいがする」といったのが記憶に残っている。ことばでは表現できないにおい。でも、これはもう新聞にでていましたよね。チェルノブイリは恐怖の工場に変えられてしまった。実際にはアニメですがね。チェルノブイリは理解する必要があるんです、ぼくたちはそれと生きなくちゃならないんだから。ぼくは、自分のことだけを話しましょう……。

こうでした……。ラジオで放送されたんです、ネコはつれていくな、と。娘は涙をこぼし、自分の大好きなネコを失うかもしれないという恐怖でどもりだした。スーツケースに入れていこうよ！　ネコはいやがってあばれる。みんながひっかかれました。荷物を持っていくな、とも。ぼくはなにも持っていかない。持っていくのはひとつだけ。たったひとつ！　家のドアをはずして持っていかねばならない。このドアは残しておけない。玄関には板を何枚か打ちつけることにしよう。

わが家のドアは……ぼくたちのお守りなんです。家族の思い出の品。このドアのうえにはぼくの父が横たわっていた。どういう風習によるものか知らないし、どこでもそうするわけじゃないが、母が話してくれた。ここじゃ亡くなった人はその家のドアに寝かせるのだと。父は、棺が運ばれてくるまでドアのうえに横たわっていた。ぼくは朝までずっと父のそばにいた。父が寝ていたのがこのドアなんです……。玄関はあけっぱなしだった。一晩じゅう。そして、このドアにはてっぺんまで刻み目がついている……。ぼくの背丈がのびた……しるし。一年生、二年生、七年生、入隊まえ……。そのとなりには、こんどは息子の背丈……娘の……。このドアにはぼくたちの人生すべてが記されているんです、古代パピルスのように。置いていけるわけがないでしょ？

近所の男が車を持っていたから、頼んだんです。手をかしてくれ！　そいつは頭を指さした。おい友人、気は確かか。しかし、ぼくは運びだした。ドアを。夜中に。バイクに乗っけて。森の道を通って……。運びだしたのは二年後なんです。ぼくたちの家が略奪されて、すっからかんになったあと。警官に追いかけられた。待て！　撃つぞ！　もちろん、汚染地泥棒にまちがえられたんです。自宅のドアを、盗むようにして持ってきた……。

妻と娘を病院にやったんです。ふたりのからだには黒い斑点が広がっていた。でたり、消えたり。大きさは五コペイカ玉くらい……。痛くもかゆくもないという……。検査をうけた。「結果はどうですか、おしえてください」と頼んだら、「あなたがたのための検査じゃない」と。「じゃあ、いったいだれのための検査ですか？」

あのころ、まわりではみんながいっていました。死んでしまう、死んでしまう……。二〇〇〇年までにベラルーシ人はいなくなってしまうと。娘は六歳になった。ちょうど事故が起きたあの日に。ベッドに入れて寝かせるとき、ぼくの耳元でこそっというんです。「パパ、あたしね、生きてたい。まだちっちゃいんだもん」。この子はなにもわかっちゃいないだろうと思っていた……。それなのに、幼稚園で白衣の保母さんを見たり、食堂でコックを見たりすると、わーわー泣きさけぶ。「病院にいきたくない！　死にたくない！」。白色がだいきらいだった。ぼくたちは新居の白いカーテンを取りかえたほどです。

あなたは、頭がつるつるの女の子をいっぺんに七人、想像できますか。病室にはそんな子が七人いた……。いや、もうたくさんだ！　おしまいにします！　話していると、ぼくの心がささやいているような気がするんです……おまえは背信行為をやってんだぞ、と。なぜなら、娘を他人のように描写しなくちゃなりませんから……。あの子の苦しみを……。妻が病院からもどってきた。こらえきれずにいった。「あの子は死んじゃったほうがいいのかもね、あんなに苦しむよりは。あるいは、わたしが死ねばいいのよ。これ以上見なくてすむもの」。だめだ、たくさんだ！　おしまいにします！　とても話せない。だめだ。

あの子はドアのうえに横たえられた……。かつて、ぼくの父が横たわっていたあのドアに。小さな棺が届けられるまで……。棺は小さくて、大きな人形の空き箱みたいだった。箱みたい……。

ぼくは証言したい。ぼくの娘が死んだのは、チェルノブイリのせいなんだと。ところが、ぼくたちに望まれているのは、黙っていることなんです。科学ではまだ証明されていない、データバンクがない、数百年待たなくちゃならない、といって。しかし、ぼくの、人間の命は……もっと短い……そんな先までもたない。記録してください。せめてあなただけでも記録してください。娘の名前は、カチューシャ……。カチューシャちゃん……。七歳で死んだと……。

共に泣き、共に食事をするために、どうやってあの世から魂を呼ぶか

――ある村でのモノローグ

ゴメリ州ナロヴリャ地区ベールィ・ベレグ村。

語り手は、アンナ・パヴロヴナ・アルチュシェンコ、エヴァ・アダモヴナ・アルチ

ユシェンコ、ワシーリイ・ニコラエヴィチ・アルチュシェンコ、ソフィア・ニコラエヴナ・モロス、ナジェージダ・ボリソヴナ・ニコラエンコ、アレクサンドル・フョドロヴィチ・ニコラエンコ、ミハイル・マルティノヴィチ・リス。

——これはこれは、みなさん……ようおいでなさった……。出会いの前ぶれはなかった、なんのしるしもなかった。手のひらがかゆいとお客がくることがある。でも、きょうはなんの前ぶれもなかった。ただ、ヨナキウグイスが夜通しうたい、晴れた日になると告げてた。あれまあ、ここの女たちがあっというまに集まってくるよ。ほら、ナージャがもうすっとんできとる……。

——でね、いろんな目にあって、耐えぬいた……。

——あれまあ、思い出したくないよ。おっかない。あたしらは追いだされていた、兵隊たちが追いだそうとした。軍用車がつぎつぎとやってきた。自走砲よ。年とったじいさんがいて……すでに寝たきりだった。死にかけてた。どこへ行けってんだい？ 泣いてたよ。「じゃあ、わしは起きあがって墓地へ行くよ。自分の足で」と。家に対してどんな補償をしてくれたと思う？ 見てください、こんなにうつくしい場所なんですよ。このうつくしさが補償できる人なんていないよ。保養地ですよ！

——飛行機やヘリコプターが、ごうごう、ばたばた。連結車付きの大型トラック……。兵士たち。こりゃ戦争がはじまったんだ、と思ったよ。中国人か、アメリカ人と。

——亭主が集団農場の集会からもどってきていうの。「明日わしらは疎開させられる」と。あたしゃいったんだよ。「ジャガイモはどうすんだい？ 掘りだしてないんだよ」。となりのダンナが戸をたたいて、うちの亭主とすわって一杯やりだした。酔っぱらうと農場長の悪口がはじまった。「行かないったら行くもんか。わしらは戦争を生きのびたんだ、放射能くらい」。そしたら土のなかにかくれるしかないよ。行くもんかだって！

――はじめは思ってたよ、二、三か月後には全員が死んでしまうんだと。あたしら、そういっておどかされた。引っ越すように説得されたんだ。おかげさまで、生きてるよ。

――ほんにまあ、ありがたいことだ。

――あの世がどうなってるか、だれも知らない。こっちのほうがいい……。なじんでるもの。母がよくいってた、いいかっこして楽しめる、よろこべる、自分の好きにふるまえる。

――教会へ行けば、お祈りもできるし。

――村をでるとき……小袋に母のお墓の土を入れて持ってでた。「おっかさん、残して行くけど、ゆるしてね」とひざをついた。お墓に行ったのは夜だが、こわくなかったよ。村の衆は自分の姓を家に書いたもんだ。丸太や塀、アスファルトのうえに。

――兵隊さんたちが犬を殺してた。銃で撃ってた。バン、バーン！ それ以来、生き物のさけび声なんか耳にするのもいやだよ。

――わしはここで班長をやっておった。四五年間……。みんなをたいせつにしていた。わしらはモスクワの展覧会に自分たちの亜麻を持っていった。集団農場に派遣されたんです。記念バッジと表彰状を持ちかえった。わしはここじゃ「ワシーリイ・ニコラエヴィチさん」と呼ばれ一目置かれておる。だが、新しい土地じゃそうはいかん。老いぼれじじいだ……。ここなら死ぬときに女たちが水を持ってきて、家のなかをあたためてくれるだろう。わしはみんなをたいせつにしていたんだ……。夕方になると、女たちが畑仕事からもどりながら、歌をうたっておる。だが、女たちがなにももらえないのを、わしは知っておる。労働日が帳面につけられるだけ。なのに、うたっておる。

――この村ではみんないっしょにくらしています。ひとつの世界のように。

――夢をみたもんだよ、町の息子のとこでくらしてたときのことだけどね。夢のなかであたしは死を待ってる……お迎えがくるのを。そして息子たちにいいつけてんの。「あたしを村のお墓に運んどくれ。五分でいいからあたしといっしょに故郷の家のそばに立っておくれ」と。そして、うえからながめてんの、息子たちがあたしをあそこに運んでくのを……。

――毒があっても放射能があっても、ここはあたしの故郷よ。あたしら、よそじゃよけいもの。鳥だって自分の巣が恋しいもんですよ。

――さっきの話のつづきだけど……。あたしゃ七階の息子のとこに住んでたんだよ。窓のそばによってはしたをながめて十字をきるの。馬のいななきが聞こえるような気がする。オンドリの声が……。すごくさびしい……。わが家の夢もみたりした。雌牛をつないで乳をしぼるの、ひたすら……。目が覚める……。起きあがる気にもなれん。心はまだあっちだもの。あたしゃこっちにいたり、あっちにいたりだった。

――あたしらは、昼はあたらしい場所、夜は故郷でくらしてた。夢のなかで。

――冬の夜は長い、だれがもう死んだか、かぞえることがある。町じゃストレスやら心の不調やらでおおぜい死んだ。四〇や五〇そこらで。まだ死ぬような年でもないだろ？　でも、あたしらは生きてる。毎日神さまにお願いしてる。願いごとはひとつだけ、どうか元気でいられますように。

――いわゆる「人は生まれた場所で自分を活かせる」というやつだ。

――うちのひとはふた月寝たきりだった……。黙りこくって、返事もしちゃくれなかった。なんかね、ムスッとしてたよ。庭を歩きまわって、もどって「とうちゃん、どうだね？」。声がすると目をあけてくれた、それだけで心がかるくなった。寝たきりでも、ものをいわなくてもいいよ、それでも家にいた。人が死にかけてるときは、泣くもんじゃない。死の流れをじゃますることになる、苦しみが長引くからね。あたしゃ戸棚のろうそくをとって、亭主の手ににぎらせた。亭主は持って、息をしてる……。目はどんより……。あたしゃ泣きゃしなかった……。ひとつだけ頼みごとをした。「あっちへ行ったら、あたしらの娘っこと愛するおっかさんによろしく伝えておくれ」。神さまにお願いしてたんだよ、どうぞ夫婦いっしょに、と……。願いごとをきいてもらえる人もおるが、あたしには死をくださらなかった。生きております。

——わしは死ぬのは恐ろしくない。二度生きるものはいない。木の葉もちるし、木もたおれる。

——ねえ、みんな、泣きなさんな。あたしらは長年模範労働者だった。スタハーノフ運動をやった。スターリン時代を生きぬいた。戦争だって！　冗談をいって楽しまなかったら、とっくのむかしに首をつってただろうよ。じゃ聞いとくれ。チェルノブイリの女がふたり話していましたとさ。「聞いたかね？　いまじゃあたしらみんな白血病だってよ」「ふん、ばかくさ。あたしゃ昨日指を切ったけど、赤い血がでたよ」

——故郷にいると天国にいるよう。よそじゃおひさまの光だってちがう。

——むかしね、母に教わったの。イコン〔聖像画〕をとって、ひっくりかえして、三日間そうやってかけておけって。そうすりゃどこへいってもかならず家にもどってこれるからって。うちには雌牛が二頭、子牛が二頭、豚が五頭、ガチョウとニワトリがいた。イヌも一匹。両手で頭を抱えこんで果樹園を歩きまわる。リンゴだってそりゃあもうどっさり。ぜんぶむだになった、チッ、むだになっちゃったよ！

——家を洗った、ペチカを白くぬった……。食卓にパンと塩、お皿、スプーンを三本おいとくの。スプーンは家族の人数分。もどってこられるように、そうするの。

——ニワトリのとさかが黒かった。赤じゃなかった。放射能のせいだよ。チーズもうまくできなかった。凝乳もチーズもなしでひと月すごした。牛乳がなかなか発酵しなかった、ぼろぼろ固まって粉になっちゃうんだよ。白い粉に。放射能のせいだ……。

——その放射能があたしんちの畑にあったの。畑じゅうが白くなってた、なにかをまいたみたいに真っ白。ちっちゃなかけらみたいなもんを……。あたしゃ思った、ひょっとしたら、森からなにかが飛ばされてきたのかな。風がばらまいたのかなって。

——あたしらは村をでていきたくなかった。ほんとにいやだったよ。男らは酔っぱらって……車に飛びこんだりしてた。おえらがたが一軒一軒まわって、一人ひとり説得にかかってた。「家財道具は持っていくな」という命令でした。

——家畜に三日間水をやらない。餌をやらない。そうやって死なせるんですよ！　新聞記者がひとりやってきた。「ごきげんいかがですか。どうしていますか」。酔った搾乳婦たちにあやうく殺されるところでしたよ。

——あたしんちのまわりを農場長と兵隊さんがうろちょろしてた。おどかすんですよ。「でてこい、でないと火をつけるぞ！　おい、こっちへガソリンの缶を持ってこい！」。あたしゃおろおろしはじめた。てぬぐいをつかんでみたり、枕をつかんでみたり……。

——科学的に教えてくださいよ、この放射能はどんな影響があるんですか。ほんとうのことをいってください、わしらはどうせじきに死ぬんだから。

——ミンスクには放射能がないといっとるが、あんたはどう思いなさるかな？　放射能は目に見えないんだろ？

——まごがイヌをつれてきてくれたんだよ……ラージイという名前、あたしらが放射能（ラジアーツィヤ）のなかでくらしてるからだと。あれれ、あたしのラージイはどこへいっちゃったの。いつも足元におるのに……心配だよ、村のそとへ走りでて、オオカミに食われでもしたら、あたしゃひとりぼっちになっちゃうよ。

——戦時中は一晩じゅう大砲がドーンドーン。弾丸がビュンビュン。あたしらは森のなかを掘って土小屋をつくった。爆弾がひっきりなしに落とされた。まる焼けだよ。家はもちろんのこと、畑もさくらんぼの木も焼けてしまった。

戦争だけはまっぴらごめんだよ……。おっかないったらありゃしない！

——アルメニア・ラジオに質問がきました〔小話の典型的な出だし〕。「チェルノブイリのリンゴは食べられますか」「食べられます。ただし、食べ残しは地中深く埋めてください」。つぎの質問「七かける七はいくつですか」「そんなのチェルノブイリ人ならだれでも指を使って数えてくれます」。あはは……。

——あたしらは新しい家をもらった。石造りの。でもねえ、七年間クギ一本も打てなかった。だって異郷じゃないか！　なにもかもよそのもの。亭主は泣いてばかりだった。一週間、集団農場でトラクターにのって働きながら、日曜日を待ってた。日曜日になると、壁をむいて寝ころがって泣いたもんです。

——もうだれにもだまされませんよ。もう自分の土地からどこにも動いたりするもんか。店はない、病院はない。電気はない。灯油ランプや木切れに火をつけた明かりでくらしてる。でも、あたしらはたのしい。自分の家だから。

——町じゃ嫁がぞうきんを持って家じゅうあたしのあとをつけまわし、ドアの取っ手やら椅子やらふいてたよ……。家具も車の「ジグリ」も、ぜんぶあたしのお金で買ったくせに。お金がつきたら、母親は用なしだよ。

——お金は子どもらが持ってってしまった。のこってたお金はインフレに食われちまったよ。家財道具や家の補償金。リンゴの木の。

——アルメニア・ラジオに質問がきました。「ラジオニャーニャ（ベビーモニターのこと。ラジオは無線のことだが放射能も意味する。ニャーニャは乳母）というのはなんですか」「それはですね、チェルノブイリのおばあさんのことです」。あはは……。

——あたしゃ二週間歩いたんだよ……。うちの雌牛もひいてきた……。だれも家に入れてくれなかった。森で野宿した。

——わしらは恐れられているんだよ。放射能をまきちらしているといって。なんの罪で神さまは罰をくだされたのか。お怒りになったのか。わしらのくらしは人間らしくなく、神の掟を守っていない。おたがいに苦しめあっとる。だからなんだよ。

——夏にまごたちがやってきたの……。最初の何年かはよりつきもしなかった。やっぱり恐れていたんだよ。いまじゃ顔を見せてくれるし、食料品だって持ってく、やればなんでも詰めてるよ。「ばあちゃん、ロビンソン・クルーソーの本を読んだことがある?」ときかれたよ。あたしらみたいに、ひとりでくらしていたんだと。人がいないとこで。あたしゃマッチを半袋持ってきた。斧とシャベルも。いまじゃサーロも卵も牛乳も、ぜんぶ自家製だよ。砂糖だけは種をまくことができん。土地はすきなだけある。一〇〇ヘクタールも耕せるほどだ。お上はいない。ここじゃだれもじゃまをする者がいない。おえらがたがいないんだ。あたしらは自由な人間よ。

——ネコたちもいっしょに帰ってきた。イヌたちも。いっしょに帰ってるとき、兵隊たちが通してくれなかった。特殊部隊のやつらよ。だから、あたしらは夜中に……森の小道をぬけてきた。パルチザンの道を。

——国をあてにしちゃいない。ぜんぶ自分たちで作ってる。ただ、あたしらをほっといてください！　店もいらない、バスもいらない。パンや塩は二〇キロ歩いて買いに行く。自分のことは自分でやってる。

——群れになってもどってきた。三家族……。ここはすっかり略奪されたあとだった。ペチカがこわされ、窓やドアがとられてた。床板が。電球、スイッチ、コンセント、なにもかもはずされてた。無事なものはありゃしない。この手でいちからすべてやり直しだ。この手で。ほかにないだろ！

——雁が鳴いてる。春がきたんだよ。種まきの時期。でも、家のなかはからっぽ……。まともなのは屋根だけ……。

——警察がどなったもんだ。あいつらが車でやってくると、わしらは森へ。ドイツ兵から逃げたように。あるときなど検事をつれておそってきおった。裁判にかけるぞとおどすもんだから、いってやったよ。「わしに一年の刑をいいわたしてみろ、でたらまたここへもどってくるぞ」。どなるのはやつらの仕事で、わしらの仕事は黙っとることだ。わしは模範的コンバイン運転手の勲章を持っておる。

そのわしを検事はおどかすんだよ、刑法一〇条に該当するぞ……。まるで犯罪者あつかいだ。

——毎晩自宅の夢をみたもんだよ。帰って畑をたがやしたり、寝床をかたづけたりしてんの……。するといつもなにかしらみつける。靴がかたっぽうだったり、数羽のヒヨコだったり……。これはみんなお告げよ、いいこと、うれしいことがあるというお告げ。帰れるという。

——あたしらは夜は神さまにたのみ、昼は警官にたのむんです。「なぜ泣いてるのか」ときかれても、わからない。なんで涙がでるんだろ。うれしいんですよ、自分の家に住んでるんだもの。

——すべてを体験し、耐えたんです。

——小話をきいとくれ……。チェルノブイリ被災者の特典に関する政令……。発電所から二〇キロ圏内に住む者は、姓のまえに「貴族（フォン）」をつけること。一〇キロ圏内に住む者はすでに「殿下さま（スヴェートロスチ）」で、発電所のすぐそばで生きのこっている者は「閣下さま（シャーチェリストヴォ）」（ロシア語ではいずれも「光」「輝」など放射能を連想させる）。まあね、こうやって生きとるんです、殿下さまだよ……。あはは……。

——やっとのことで医者へいった。「先生、足がいうことをきいちゃくれんのです。節々が痛むんです」「おばあちゃん、雌牛をひきわたさなくちゃ。牛乳に毒があるんですよ」「いんや、そりゃできん。足が痛んでもひざが痛んでも、雌牛は手放さないよ。あたしを養ってくれてるんでな」。あたしゃ泣いたよ。

——あたしには子どもが七人。みんな町に住んでおります。ここにはあたしひとり。寂しくなると子どもらの写真のしたにすわって、おしゃべりをするの。どこでもひとり。ひとりで家を塗った。ペンキを六缶使ったよ。そうやって生きております。息子四人と娘三人を育てあげた。亭主は早くに死んだ。ひとりです。

――わしはオオカミにでくわしたことがあった。やつは立っとる、わしも立っとる。ちょっとのあいだおたがいを見ておった。で、やつはわきへ飛びのいて、まっしぐらにかけだした。恐怖で髪の毛がさかだったよ。

――動物はみな人間をこわがるもんだ。手をださなきゃ、よけてってくれるよ。以前は森を歩いていて人の声がすると、そっちへ走って行ったもんだが、いまじゃ人間が人間からかくれとる。森のなかで人にでくわしたら、おおごとだよ！

――聖書に書かれとるすべてが起こりつつあるんだよ。そこにはわしらの集団農場のことも書かれとる……ゴルバチョフのことも……。額に印がおされた大指導者があらわれて、偉大な国家がばらばらになるだろう。そのあと神の裁きのときがやってくる。町に住むすべての者がほろび、いなかではひとりの者が生きのこるだろう。その者は人の痕跡を見てよろこぶのだと。人ではなく、人の痕跡だけを……。

――わしらのとこじゃ灯りはランプだ。灯油ランプ。ああ……女たちがさっき話しましたな。豚をつぶしたら、穴蔵にいれるか、土のなかに埋めるかだ。土のなかだと肉が三日もつ。自家製の酒は、畑のライ麦とワレーニエ〔果実の砂糖煮〕で作る。

――わしは塩を二袋持っとる。国がなくともへたばりはせん。まわりは森ですからな、薪はうんとある。家はあたたかい。ランプがともっておる。いうことなしだよ！　つがいのヤギと三頭の豚、ニワトリを一四羽かっとる。土地はどっさり、牧草もどっさり。水は井戸にある。自由なんだ！　いうことなしだよ！　わしらのとこにあるのは集団農場じゃない、生活共同体（コミューン）。共産主義（コミュニズム）ですよ！　馬をもう一頭買うよ。そしたらわしらにはもう家畜はいらん。あと馬一頭だけだ……。

――あたしらがもどってきたところは家じゃないんです。ある記者がここへきてびっくりしてたよ
うに、一〇〇年前の時代なんですよ。大鎌で草を刈り、鎌で収穫する。アスファルトのうえでじかに
からさおで脱穀する。亭主はかごを編んどります。あたしゃ冬に刺繍したり、布を織ったり。

――戦時中あたしの一族では一七人が命を落とした。あたしは兄ふたりを殺された。おっかさんは泣きくれていた。村から村をまわって物乞いをしてるおばあさんがいた。「悲嘆してるのかい？」とおっかさんにいったんだ。「悲嘆するでない。ひとさまのために命をささげた者は聖人なんだよ」。あたしも国のためならなんでもできる……。殺すのだけはできないけど……。あたしは教師で、人を愛せよと教えていた。善はつねに勝つのだと。子どもというのは、幼くて、心がきれいなんですよ。

――チェルノブイリ……。戦争に輪をかけた戦争よ。人にはどこにも救いがない。大地のうえにも、水のなかにも、空のうえにも。

――ラジオはすぐに聞けなくなった。世間のできごとはいっさいわからないが、そのぶんおだやかにくらせる。くよくよせんですむ。人びとがやってきては、話してくれる。あちこちで戦争なんだとか。社会主義の時代が終わって、資本主義の時代にくらしてるんだとか。皇帝がもどってくるんだとか。ほんとうなのかね!?

――森のイノシシが庭にはいりこんできたり、ヘラジカだったり……人がくることはめったにない。警官ばっかりで……。

――ねえ、あたしの家にもよってってくださいよ。

――うちにも。久しくお客さんがないんですよ。

――十字もきる、お祈りもする……。神さま！　うちのペチカは二度も警察にこわされた。あたし

ゃトラクターでつれていかれた。でも、帰ってきたよ。入れてもらえるものなら、村の衆はみんなひざをついて家へはってくよ。あたしらの悲しみが世の中にばらまかれてしまった。帰るのが許されるのは死者だけ。彼らはつれてこられる。生きてる者は、夜中に帰ってくる。森をぬけて……。

――招魂祭にはみんながここへとんでくる。ひとり残らず。だれだって身内の供養をしたいからね。警察は名簿を見て通してくれるが、一八にならない子どもは入れてもらえん。ここへきて自宅のそばに立つのは、なんとうれしいことか……。自分の果樹園のリンゴの木のそばに……。最初に墓地で泣き、そのあと自分の家へいく。そこでも泣きながらお祈りする。ろうそくを立てる。家の塀に抱きつく、墓地の柵に抱きつくようにして。家のそばに小さな花輪を置くこともある。木戸に白い飾り布をかけることも……。神父さまがお祈りをとなえる。「兄弟姉妹のみなさん、忍耐強くあってください！」

――墓地へは卵も白パンも持っていく……。多くの人はパンのかわりにブリヌィ。自分の家にあるものを……。身内のそばに腰をおろして、呼ぶんだよ。「おねえさん、あいにきたよ。でておいで、いっしょに食べよう」とか「あたしらのおかあさん……あたしらのおとうさん……とうちゃん」。魂を天国から呼びもどすんです……。その年にだれかを亡くした者は泣くが、以前に亡くした者は泣かない。ちょっと話をして、思い出すんですよ。お祈りはみんながする。やり方を知らない人も、やっぱり祈る。

――夜は死者をしのんで泣くもんじゃない。日が落ちたら、もう泣いちゃいけないんだよ。神さま、彼らの魂をなぐさめたまえ。天国に安らぎあれ！

――ぴょんぴょん跳ばないやつは泣くもんだ……。じゃあ話すよ。市場でウクライナのおばさんがでっかくて赤いリンゴを売ってたとさ。「さあ、いらっしゃい、いらっしゃい。リンゴを買っとくれ。チェルノブイリのリンゴだよ」。だれかが助言する。「おばさん、チェルノブイリっていっちゃだめだよ、だれも買っちゃくれないよ」「とんでもない、買ってくんだよ。姑にやら、上司にやらって！」

――ここに刑務所帰りの男がいるんだよ。恩赦で。となり村に住んでおった。おふくろさんが死に、家は埋められた。あたしらんとこへいついた。「おばさん、パンとサーロをおくれ、薪をわってあげるよ」。物乞いをして歩いておる。

――国のなかがめちゃくちゃで、ここにも人が逃げてきておる。人間から逃げておるんだ。法律から。よそ者は……よそ者だけでくらしとる。陰気で、目に愛想がない。酔っぱらっては火をつける。わしらは夜寝るとき、ベッドのしたに熊手や斧を置いとくんですよ。台所の戸口のわきにはハンマーを。

――春には狂犬病のキツネが走りまわってた。狂犬病にかかると、ほんとかわいらしくなるの。水を見るとこわがる。庭にバケツいっぱいの水を置いとけば、おそれることはない。逃げてくから。

――ここへやってきては……わしらの映画を撮っておるが、わしらはそれを見ることができん。ここにはテレビもない、電気もない。できるのは、窓の外を見ることだけだ。そりゃあまあ、お祈りもできるが。以前は神さまのかわりに共産主義者がいたが、いまじゃ神さまだけになった。

――わしらは功労者なんだ。わしはパルチザンで、一年間パルチザン部隊におった。わが軍がドイツ兵を撃退したあと、わしは前線にでた。ドイツの国会議事堂に自分の名前を書いたよ、アルチュシエンコと。軍人外套を脱いでからは、共産主義を建設した。その共産主義はどこにあるのか。

――ここにあるよ、共産主義は。兄弟姉妹としてくらしておる。

――戦争がはじまった年は、キノコやキイチゴ類が生えなかった。信じられますか。大地そのものが不幸を感じとっていた……。一九四一年……。あらやだ、思い出すよ。戦争のことは忘れられない。うわさが広まったの、捕虜が追いたてられてきた、身内の者がいたらひきとってもいいと。村の女たちは立ちあがって、かけだした。夕方、ある者は身内を、ある者は他人をつれてもどった。ところが、虫ケラ野郎がいたんですよ……。みなとおなじようにくらし、おくさんがいて、子どもがふたりいた。そいつが警備司令部にたれこんだの、あたしらがウクライナ人をひきとったことを。ワシコやサシコを……。つぎの日、ドイツ兵がオートバイでやってきた……。あたしらはひざまずいて頼んだ……。やつらはウクライナ人を村のそとへつれだして、自動小銃でやっちまった。九人。まだほんの子どもで、いい子たちだった。ワシコ、サシコ……。

戦争だけはまっぴらごめんだよ。おっかないったらありゃしない。

――おえらがたがやってきては、ちょっとのあいださわぐ。わしらは聞こえぬふり、だんまりを決めこむ。いろんな目にあい、耐えてきたんだ。

――あたしゃ自分のことを……自分のことを考えに考える……。墓地では……大声で弔いのことばをとなえる人も、静かにとなえる人も。また、「黄色い砂よ、大きく開け。暗い夜よ、大きく開け」とつけたす人もいる。森へ行った人はもどってくるが、砂のなかからは二度ともどれん。「イワン……イワン、あたしゃどうやって生きてけばいいんだね?」。やさしく話しかけたとしても、うちのひとはなんにも答えちゃくれないだろう、いいことも、いやなことも。

――あたしゃ……だれもこわくないよ。死んだ人も動物も、だれも。町から息子がやってきては、くちうるさくいうんです。「なんでひとりでいるんだ? だれかに首を絞められたらどうすんだ?」。

あたしからなにをとるっていうの。枕だけ……粗末なわが家にあるのは、枕だけだよ。強盗が忍び込もうとして、頭を窓につっこんだら、すぐに小斧でガツンよ。このへんじゃ小斧のことは「セケルカ」というんだがね……。もしかして、神さまはいなさらんのかもしれん、ほかのだれかかもしれん。でも、あの高いところには、だれかがいなさるんだよ……。だから、あたしが生きております。

――冬、おじいさんが子牛の枝肉を庭にぶらさげた。おりしも外国人たちが案内されてきた。「おじいさん、なにをしてるんですか?」「放射能を追いだしてるんでさ」

――実際にあったことだと……人びとが話してた……。ある男がかみさんを亡くして、小さなぼうやが残された。男がひとり……やけ酒をのみだした……。濡れたものをこどもから脱がしては、枕のしたへ。するとかみさんが、ほんもののかみさんだか、魂だけだかわからんが、夜中にあらわれては、洗って、乾かして、たたんで一か所においとくんだと。あるとき男はかみさんをみつけて……声をかけた。かみさんはふっと消えちまった。空気になっちまった。そこで近所の連中が知恵をかした。影がちらっとでもしたら、すぐに戸口に鍵をかけろ。そうすりゃ、たぶん、すぐには逃げられん、と。かみさんのほうはそれっきりあらわれなくなった。いったいなにがあったんだろう? いったいだれがきてたんだろう?

信じなさらんのかね? なら答えてくださいよ。むかし話ってのはどっから生まれたのかね? それは、たぶん、むかしほんとにあったことだよな? あんたは学がありなさるんだから……。

――どうしてチェルノブイリの事故が起きたのかね? 科学者が悪いんだという者がおる。科学者は神さまのひげをつかんだりするが、神さまはわらっておられる。ところがワリを食ったのは、わしらなんだよ!

わしらはいいくらしをしたことがない。おだやかなくらしを。戦争の直前には人びとがしょっぴかれたもんだ。この村じゃ三人の男が……つかまった……。黒い車でやってきて、畑からつれていかれ、いまだに帰ってきとらんよ。わしらはいつもびくびくしてた。

——あたしゃ泣くのはきらいだよ……。あたらしい小話を聞くのが好きなんだ……。チェルノブイリの立入禁止区域でタバコの葉っぱが栽培されましたとさ。工場はこの葉っぱでタバコを作りました。ひとつひとつの箱に書かれていました。「保健省の最終警告——喫煙は健康に有害」。あはは……。このじいさんたちは吸ってるよ……。

——あたしのたったひとつの財産は雌牛よ。さしだしてもいいよ、戦争が起きないためだったら。戦争はほんとにおっかない。

——カッコウがなき、カササギがおしゃべりする。ノロジカが走りまわる。でも、このさき繁殖するのかどうか、だれにもわからない。朝、果樹園を見ると、ブタがほじくり返した跡があった。野ブタよ。人を移住させることはできても、ヘラジカや野ブタはできない。そして水は境界などおかまいなく気ままにすすむ、大地のうえ、大地のしたを……。

家には人が必要。動物だって人を必要としてる。みんなが人をさがしてる。コウノトリがとんできた。コガネムシが這いでてきた。あたしゃすべてがうれしい。

——ねえ、みんな、つらいよ……。あたしゃとてもつらい。棺はそっと……そっと運ぶもんだよ……用心しながら。戸口やベッドにぶつけちゃいかん、どこにもふれないように、ぶつけないようにしなくちゃ。でないと不幸がくる。つぎの死人がでることになるからね。神さま、彼らの魂をなぐさめたまえ。天国に安らぎあれ！　埋葬されてる場所じゃ、弔いのことばをとなえるもんです。ここじゃ村全体が墓地。あっちもこっちも墓地よ……。ダンプカーがうなる。ブルドーザーがうなる。家がたおれる……。埋葬係はひたすら仕事、仕事……。学校が埋められた、村役場が、公衆浴場が……。この世そのものが。人間も変わってしまった。ひとつわからんのですが、人間には魂があるの？　それはどんなの？　あの人たちみんなはあの世のどこにはいってるの？

じいさんは二日間危篤状態だった。あたしゃペチカのうしろにかくれて、魂がじいさんからとびだすのを、みはってた。牛の乳をしぼりにいって……家にとびこんだ。声をかける。目を開けたまま、横になってた……。魂がとんでいっちまった……。それとも、なんにもなかったの？　なら、あたしらはどうやってまたあえばいいんだろ……。

――神父さまがおっしゃるには、あたしらは不死なんだと。祈っています。神さま、あたしらの人生の労苦に耐えるだけの力をおさずけください……。

ミミズがいたらニワトリがよろこぶよ
鉄なべでぐつぐつ煮えてるものも、やっぱり永遠じゃない

アンナ・ペトローヴナ・バダーエワ
サマショール

最初の恐怖……。

最初の恐怖は空からおっこちてきた。水になって流れたよ。ある人びとは、そういう人が多かったんだが、静かにしてた、石みたいに。十字架にかけて誓うよ。ちょっと年のいった男らは酒を飲んでた。「おれたちゃベルリンまで行って勝利したんだ」。有無をいわさぬ口調でいっておった。戦勝者

だ！　記章を持ってるんだ、と。

最初の恐怖があった……。あたしらは、朝、庭や畑で死んだモグラをみつけたんです。だれが殺したのかね？　モグラってのは、ふつう土のなかから日なたにでてこないもんだよ。なにかに追われたんですよ。十字架にかけて誓うよ。

ゴメリの息子が電話をかけてきた。

「で、コガネムシはとんでるかい？」

「とんでないねえ、幼虫もどこにも見えないよ。かくれちまってる」

「なら、ミミズは？」

「ミミズがいたらニワトリがよろこぶよ。ミミズもいない」

「最初の兆候だよ。コガネムシやミミズがいないところは、放射能が強いんだ」

「なんだね、その放射能とやらは？」

「かあさん、これは死ぬってことらしいんだ。とうさんを説得して逃げてこいよ。ぼくらのとこにしばらくいるといい」

「だって畑の植えつけがまだすんでないんだよ」

みんなが利口だったら、だまされる者はいなかっただろうな。燃えてるって、うん、燃えてるよ。火事というのはいっときの現象で、あのころはおそろしいもんじゃなかった。原子なんて知らなかった。十字架にかけて誓うよ。あたしらは原発のすぐ近くに住んでた。最短距離で三〇キロ、街道を行くと四〇キロ。大満足だったよ。切符を買って行ったもんだ。あそこで売ってるもんはモスクワ製だからね。ソーセージは安いし、店にはいつでもお肉があった。よりどりみどりよ。ほんとにいい時代だったな。

いまじゃ恐怖だけ……。へんなことといってんだよ、カエルとブヨは生きのこるが、人間はのこれない。人間のいない世の中になるんだと。しゃれた前置きをくっつけたおとぎ話よ。そんな話が好きなやつはバカだ。けれど、作り話にはなにかしら真実があるもんだが……。もう聞きあきちゃった……。

ラジオをつける。おどかしてばかりだよ、放射能だ、放射能だといって。あたしらはね、放射能があるほうがくらしがよくなったのよ。十字架にかけて誓うよ。まあ、みてごらんよ。オレンジや三種類ものソーセージが運んでこられて、はいどうぞだって。この村にだよ。うちのまごたちは世界を半周してきた。末のまご娘はフランスから帰ってきた、ほら、むかしナポレオンが攻めてきた、あそこ……。「ばあちゃん、あたいパイナップルをみたよ！」。もうひとりのまご息子は……いま話した子の兄なんだが、治療のためにベルリンへつれてってもらった……。ヒトラーがあたしらんとこにどかどかやってきた、あそこ……。戦車で。いまじゃあたらしい世界なんだね……。すっかりかわっちゃったんだね……。悪いのはこの放射能なの？　それともだれ？　放射能はどんなの？　もしかしたら、いつかそんな映画があった？　あなたはみなさった？　白いの？　それともどんなの？　なに色？　色もない、においもないという人もいるし、黒いという人もいる。土みたいな色だと。もし色がないのなら、神さまみたいなもんだね。神さまはどこにでもいなさるが、だれにもみえない。おどかすんだよ。でも、庭にはリンゴがなってる。木には葉っぱ、畑にはジャガイモ……。思うんだけど、チェルノブイリなんてなかった、作り話だよ。住民はいっぱいくわされたんだ。あたしの妹は自分の亭主とでてった。こっから遠くない、二〇キロはなれたところ。二か月ばかりそこにおったが、となりのおくさんが走ってくるんだと。「あんたらの雌牛からうちの雌牛に放射能が移っちまった。倒れそうになってるよ」「どうやって移るんだい？」「空中をとんでさ、ちりみたいに。放射能はとべるんだよ」。よくもまあ、ありもしないことを！　しゃれた前置きをくっつけたおとぎ話よ……。でも、いまから話すのはほんとにあったことだよ……。うちのじいさんはミツバチを飼ってて、巣箱が五つあった。で、ミツバチは三日間巣箱からでなかった、いっぴきも。なかでじーっとしてた。待ってたんだ。じいさんは中庭を右往左往してた。どんな災いだ？　どんな厄災だ？　自然界になにかが起きたのよ。あとで近所の先生が説明してくれた、ハチは人間よりもつくりがよくて、利口なんだと。だって、すぐに感づいたんだからね。ラジオや新聞がまだだまってたときに、ミツバチはもう知ってたんだ。四日目になってようやくでてきた。スズメバチ……うちの玄関の屋根のうえにスズメバチの巣があったの。だれも手をだしちゃいないのに、あの朝いなくなったの、生きてるハチも、死んだハチも。もどってきたのは六年後だった。放射能……これは人間も動物もこわがらせるんだ……。小鳥も……。木だってこわがってるよ、木はくちがきけない。しゃべれないだけで。コロラドハムシだけはあいかわらず這ってて、畑のジャガイモを食っとる、葉っぱ一枚のこさずがつがつと。あいつらは毒に慣れっことみえる。あたしらのように。

でも、考えてみると、どの家でもだれかしら死んでるんだよねえ……。向こう岸にもうひとつ通りがあって……。あそこはいまじゃ後家さんばっかしよ、男がいないんだ、みんな死んじゃったからね。あたしらの通りじゃ、うちの亭主が生きてるし、ほかにもうひとり。神さまは男のほうを先にお召しになるもんだ。どういうわけだろね。あたしらにわかることばでだれも教えてくれない、この秘密を知る人はだれもいない。でも、女なしで男だけがのこることを考えると、そりゃあそれでよくないもんだ。なあ、おまえさん、酒を飲むんだよ、みんな飲んでるんだ。さみしさを紛らわすために飲む。

死にたい人がだれかいる？　人が死ぬときの、さみしさったらないよ。心の痛みをやわらげることはできない。だれにもできないし、人の慰めになるものがない。飲んで、しゃべって……ああだこうだとぺちゃくちゃ……。飲んで、わらって、ぽっくり！　で、あの世。だれだってすんなり死にたいよねえ。どうやったら楽に死ねるんだろ？　魂って、ただひとつの生きた存在よ。ねえ、あんた……。ここの女らはみんなからっぽなの、女の部分が手術でとられてる、だいたい三人に一人が。若い女もとしよりも……。子どもを生めたのはみんなじゃない……。考えてみると……なかったかのように過ぎてしまった。

で、なにかもっといいたすことがあるかね？　生きていかなくちゃ。それだけよ……。

ああ、そうそう……。むかしは自分らでバターやサワークリームを作ったし、凝乳やチーズもこしらえたよ。牛乳ザチルカを煮たもんだが、町でもこんなのを食べていなさるかね？　粉に水をいれてまぜ、ぽろぽろの生地にする、そしたらなべに湯をわかしてそこへおとすの。ちょっとゆがいたら牛乳をいれる。母親がやってみせながら、教えてくれた。「おまえたちも作り方をちゃんと覚えるんだよ。かあちゃんもばあちゃんに教わったんだからな」。あたしらはしらかばジュースもかえでジュースも飲んだ。しらかばの樹液、かえでの樹液よ。いんげんは鉄なべにいれて大きなペチカのなかで蒸し煮にした。ツルコケモモの実を煮てキセーリ〔ピュレ状の飲み物〕を作った……。戦時中はイラクサを摘んだもんだ、アカザやらほかの野草も。飢えてむくんでいたが、死にはしなかった。森にはキイチゴ類やキノコがあった……。いまじゃなにもかもなくなった、そんなくらし。このゆるぎないものはいつもあったし、これからもそうだという気がしてた。鉄なべでぐつぐつ煮えてるものは永遠のものだと。それが変わることがあるなんて、あたしゃどうにも信じられないよ。それがこんなことに……。

牛乳を飲んじゃいけない。豆もいけない。キノコもキイチゴ類も禁止されちまった。肉は三時間水につけておけ、ジャガイモは二度ゆでこぼせだって。けれども神さまにはたてつかないもんです……。生きなくちゃ……。

おどすんですよ、ここの水も飲んじゃならんと。だけど、水なしでどうしろというんだね？　水はどの人間のからだのなかにもある。水がはいっていない人間はいない。石のなかにだって水はみつかるんだよ。水は、もしかしたら、永遠のものかね？　水はすべての命のみなもとだよ……。だれにきけばいいんだろ？　だれも答えられないよ。神さまにはきかないもんだ、神さまにはお祈りするんだよ。生きなくちゃならんのでな。

ほら、ライ麦が芽をだした。いいライ麦だ。

マリヤ・ヴォルチョク
近所の女性

歌詞のない歌

ひざまずいてお頼みします……。どうかお願いです……。

アンナ・スシコをみつけてください。あたしたちの村に住んでいました。コジュシキ村です。名前はアンナ・スシコ……。特徴をすべて申しあげます、本に載せてください。せむし、生まれついての唖。ひとりぐらし。六〇歳……。村が移住するとき、アンナは救急車にのせられ、どこかへつれだされたきりです。アンナは読み書きをならっていないので、あたしたちに手紙を書くことができません。ひとり者や病人は施設につれていかれた。かくされたんです。だれも住所を知りません。本に載せてください……。

村の衆はアンナをいたわっていました。おさなごのように世話をしてやりました。薪をわったり、牛乳をとどけたり、夕方ちょっと家にいてやったり……。ペチカの火を焚きつけたり……だれかがしたもんです。あたしらがよその土地を転々としたすえに、故郷の家にかえってきて二年になります。アンナに伝えてください。おまえさんの家は無事だよ、屋根もある、窓もある。こわされたり盗られたりしたものは、いっしょにもとにもどそうねと。アンナがどこに住み、苦しんでいるのか、住所だけはおしえてください。迎えにいきます。さびしくて死んでしまわないように、村につれてかえります。ひざまずいてお頼みします。汚れのない魂がよその世界で苦しんでいるんです……。

ああ、そうそう、忘れていました……。もうひとつ特徴があるんです。どこかが痛いとき、アンナはゆっくりうたいます。歌詞のない歌を。声だけの。くちがきけないので……。痛いときにはゆっくりと声をのばします。「ア……ア……」と訴えます。

ア……ア……ア……。

古くからの恐怖
女たちが話していたとき、ひとりの男はなぜ沈黙していたのか――三人のモノローグ

Kさんの家族。母と娘。そしてひとことも発しなかった男性(娘の夫)。


(娘) 最初のうち、わたしは昼も夜も泣いていました。泣いたり話したりしたかった……。わたしたちタジキスタンからきたんです、ドゥシャンベから。あそこでは戦争……。

わたし、この話はだめなんです……。妊娠してて、おなかにあかちゃんがいるから。でも、お話し

します……。昼間、男たちがバスに乗り込んできて、身分証明手帳をチェックしていました。ふつうの人たちなんです、自動小銃をもっているほかは。身分証明書を見ては乗客の男たちをバスからつまみだす。そして、すぐに、ドアのそばで……撃ち殺す。わきへつれていこうともしない。自分ではぜったいに信じられなかったと思うの。でも、見たんです。二人の男性がおろされたのを、ひとりはすごく若くてハンサムな人で、やつらになにか大声でいってた。タジク語とロシア語で……。妻が最近あかんぼうを生んで、家には小さな子どもが三人いるんだ、と。でも、やつらはわらっていただけ。おなじように若いんです、とても若いの。ふつうの人たちなんです、自動小銃をもっているほかは。その人はひざをついて……やつらの運動靴にキスした……。みんな黙っていた、バスのみんなが。発車したとたん、ダダダ……。ふりむくのがこわかった……。（泣く）

わたし、この話はだめなんです……。おなかにあかちゃんがいるから。でも、お話しします……。お願いがひとつ。わたしの姓はださないでください。名前はスヴェトラーナです。あっちには親戚がのこっていて、彼らが殺されますから……。前は思ってたんです、わたしたちの国では戦争はもう二度と起きないって。わたしたちのくらしが貧しくて質素なのは、大きな戦争があって国民が被害をうけたから。愛する大きな国。最強の国よ。かつてソヴィエト連邦だったとき、こう聞かされていた。そのかわり、いまわが国には強大な軍隊がある、だれもわが国に手出しできない。勝てないんだと。ところが、わたしたちは自分たちどうしで撃ちあいをはじめた……。いまの戦争はこれまでの戦争とはちがいます。祖父が思い出していたような戦争ではありません。ドイツまで、ベルリンまでいった祖父が。いま隣人が隣人を撃ち、学校でいっしょに勉強した少年たちが殺しあい、机をならべて学んだ少女たちをレイプしてる。みんなくるってるわ……。

夫たちは沈黙しています。男たちは沈黙し、あなたになにも話さないでしょう。夫たちは背後から罵声をあびた。女のように逃げやがる、こしぬけめ！　祖国をうらぎりやがって、と。どこが悪いというの？　撃つことができないって、悪いことですか？　撃ちたくないってことが。夫はタジク人で、戦争にいって人を殺さなくてはならなかった。でも、こういった。「ここからでていこう。戦争にいきたくない。ぼくには自動小銃は必要ない」。夫が好きなのは、大工仕事や馬の世話。銃を撃つのはいやなんです。心がやさしいの……。狩猟もやっぱり好きじゃない。あそこは夫の国で、話されているのは夫の言語、でも、あの人は国をでた。自分とおなじほかのタジク人を殺したくなかったから。自分の知らない人間を、自分になにひとついやな思いをさせたことのない人間を……。夫はあそこでテレビの音も聞こうとしなかった。耳をふさいでいた……。でも、ここでは孤独です、あっちでは夫の兄弟たちが戦っている、すでにひとりが殺された。あっちには夫の母親がいる。姉妹もいるんです。わたしたちはドゥシャンベの列車でここへきました。窓ガラスがなくひどい寒さで、暖房はなかった。銃撃こそされませんでしたが、途中で窓に石が投げつけられ、ガラスが割れたんです。「ロシア人め、とっとと失せろっ！　占領者め！　おれたちを搾取するのはやめろ！」。でも夫はタジク人なんですよ、そしてすべて聞こえていたんです。子どもたちにも聞こえていました。娘は一年生でしたが、ある男の子が好きでした。タジク人が。学校から帰るときくんです。「ママ、わたしってなに人？　タジク人？　ロシア人？」。どう説明してやれば……。

わたし、この話はだめなんです……。でも、お話しします……。あそこで戦っているのは、パミールのタジク人とクリャーブのタジク人。どちらもタジク人で、おなじコーラン、おなじ信仰、なのに、クリャーブのタジク人がパミールのタジク人を殺し、パミールのタジク人がクリャーブのタジク人を殺している。最初のうち、彼らは広場に集まって大声をだしたり、お祈りをあげたりしていました。わたしは理解したくて、でかけたんです。おとしよりたちにたずねてみた。「だれに反対してるんですか」。答えた。「パルラメント〔議会〕にだよ。パルラメントはとんでもねえ悪人だという話だからな」。やがて、広場から人のすがたが消えて、銃撃がはじまったんです。なんだかあっという間にべつの見知らぬ国になりました。東洋の国に。それまでは、自分の土地に住んでいる気でいたんです。ソ連の法律にしたがって。あそこにはロシア人の墓がたくさんのこっているけれど、泣いてくれる人はいない……。家畜がロシア人墓地で放牧されているんです……ヤギが……。ロシア人のおとしよりはゴミ捨て場をほっついて、ゴミをあさっています。

わたしは産院で看護師をしていました。夜勤のとき。女性がお産のさなか、わめいている。難産です。看護助手がとびこんできた……。未消毒の手袋、未消毒の白衣……。なにごと？　どうしたの！そんなかっこうで分娩室にはいってくるなんて?!「たいへん、強盗！」。あいつらは黒い覆面をし、武器をもっていた。まっすぐこっちへむかってくる。「麻酔薬をだせ！　アルコールをだせ！」「麻酔薬もアルコールもないわ」。医者を壁に押しつけて「だせ！」。そのとき、産婦さんが安堵の声をあげたのです。うれしそうに。そして産声。たったいま生まれたばかり……。わたしは二人のうえにかがみこんでいたのですが、男の子だったのか女の子だったのか、それすら記憶にのこっていない。あかちゃんにはまだ名前もなにもなかった。やつらがわたしたちにきく。「こいつはクリャーブ人か、パミール人か？」。男の子か女の子かではなく、クリャーブ人かパミール人か。わたしたちは黙っている……。やつらはどなる。「どっちなんだ？」。わたしたちは黙っている。すると、やつらはあかんぼうをひったくって、窓から投げすてた……。あかちゃんはほんの五分か一〇分この世に生を受けただけ。わたしは看護師で、子どもの死には何度もたちあってきました。でも、あのときは……胸がはりさけそうだった……。わたし、こんなことを思い出しちゃいけないんです……。（また泣きはじめる）あのできごとのあと……両腕に湿疹がぶつぶつでてきた。静脈が浮きでた。すべてがどうでもよくなって、ベッドから起きあがる気になれなかった。病院のそばまでいってはひきかえしたものです。わたし自身もすでに妊娠していました……。どうやって生きればいいの。どうやってあそこで生めばいいの。ここへきたんです……ベラルーシに……。ナロヴリャは小さくて静かな町です。これ以上質問なさらないで……。そっとしといてください……。（沈黙）あ、そうだ……。わかっていただきたいんです……。わたしがこわいのは神さまじゃありません。人間がこわいんです……。最初のうち、わたしたちはここでたずねたものです。「放射能はどこにあるんですか」「あなたが立ってるところ、そこにあるよ」。じゃあ、この土地全体ってこと?!（なみだをぬぐう）住民はでていったんです。こわがって。

でも、わたしは、ここはあそこほどこわくない。わたしたちは祖国を失った、根なし草です。ドイツ人は全員がドイツに帰国できた、タタール人は許されてクリミアにもどれましたが、ロシア人はだれにも無用なのです。なにに望みをかければいいの。なにを期待したらいいの。ロシアはいちども自国の民を救ったことがない。広くてはてしない国だから。正直いって、ロシアはわたしの祖国だという気がしません。わたしたちが受けたのは「わたしたちの祖国はソヴィエト連邦」というべつの教育なんです。だからいま、どうやって心を救えばいいのか、まったくわからない。ここには銃の遊底をガチャッとならす人はいない。それだけでもましです。わたしたちはここに家をもらい、夫は仕事をもらった。知人たちに手紙を書いたら、彼らも昨日やってきたんです。ずっと住むつもりで。到着したのは夜で、駅舎からでるのをおそれ、子どもたちをそばからはなさず、トランクにすわって、朝を待ったそう。そして、人びとが通りを歩き、わらい、たばこを吸っているのを目にする……。わたしの住んでいる通りを教えられ、家のすぐそばまで案内されてきた。彼らは心をおちつかせることができないでいた。だって、あっちでは正常な生活、平和な生活と縁遠くなっていたから。夜道を歩ける、わらうことができるということと……。朝になると彼らは食料品店にいってきた。これはすべて彼らが話してくれたことですが、バターや生クリームがあるのを見て、生クリームを五びん買いその場で飲みほしたそうです。狂人を見るような目で見られたとか。彼らにしてみればバターや生クリームにお目にかかるのは二年ぶりだったんです。あそこではパンが買えない。戦争だから……。戦争を知らない人には説明のしようがありません……。映画でしか知らない人には……。

あっちでわたしは魂のぬけがらだった……。ぬけがらのままでどんな子どもが生めて？　ここは人が少ない……。空き家ばかり……。森のそばに住んでいます……。人がたくさんいるとこわいのです。駅とか……戦時中とか……。（泣きじゃくって黙る）

（母）　戦争のことだけ……。戦争のことだけなら話してもいいわ……。なぜここへきたのか、ですか。チェルノブイリの土地に。ここからはもう追いだされずにすむからよ。この土地からはね。この土地はだれのものでもない。神さまが取りあげられた。住民はでていったんです。

ドゥシャンベでわたしは駅の助役として働き、もうひとりタジク人の助役がいました。わたしたちの子どもはいっしょに育ち、学びました。新年、メーデー……戦勝記念日には、いっしょに祝日の食卓をかこんでいました。ワインをいっしょに飲み、プロフ〔羊肉と野菜を炊き込んだ中央アジアの米飯料理〕

を食べたものです。彼はわたしのことを「ねえさん、おれのロシアのねえさん」と呼んでいた。それがですよ、わたしたちはおなじ執務室にいたんですが、わたしの机にやってきては、立ちどまってどなるんです。

「いつになったらあんたのロシアにずらかるんだい？　ここはおれたちの土地だぜ！」

その瞬間、理性がぶっとぶんじゃないかと思いました。彼のほうへとんでいきました。

「あんたが着てるジャンパーはどこの？」

「レニングラードのだよ」。不意をつかれて答える。

「この悪党め、ロシアのジャンパーをおぬぎ！」。ジャンパーをひっぱがしてやる。「帽子はどこ製？」。シベリアから届いたと自慢していました。この悪党め、帽子をぬぐんだよ！　ワイシャツもよこすんだ！　ズボンもよ！　モスクワの工場で縫ったのよ！　ロシアのだからね！

パンツ一枚にしてやりたかったほどです。がっしりした男で、わたしはそいつの肩までしかなかったけれど、どこからあんな力がでたんだろ、できるならぜんぶはぎとってやりたかったんです。もう人だかりができていた。そいつがぎゃーぎゃーいう。

「きちがい女め、はなれやがれ！」

「いやよ、わたしのものをぜんぶかえしてよ、ロシアのものを！　ぜんぶ取りあげるわ！」。あやうく分別をなくすところでした。「靴下をぬいで！　靴もよ！」

わたしたちは夜昼なく仕事をしていました……。どの列車もぎゅうぎゅう詰めでした。住民が逃げだしていたんです……。おおぜいのロシア人が住んでいる場所からうごきだしていました。数千人！数万人！　数十万人が！　もうひとつのロシアです。夜中の二時、モスクワ行きの列車を発車させたあと、待合室にクルガン・チュベ市の子どもたちがのこっていました。モスクワ行きに乗り遅れたのです。その子たちをかくし、みつからないようにしました。二人の男がこっちへくる。自動小銃を持って。

「あら、おにいさんたち、ここでなにをしてるの」。心臓がばくばくしはじめた。

「あんたが悪いんじゃないか。どこもかしこもドアが開けっぱなしだぜ」

「列車を発車させてたのよ。閉めるひまがなかったわ」

「むこうにいるのはどこの子どもたちだい？」

「ここのよ、ドゥシャンベの」

「ひょっとして、クルガンの子どもたちか？　クリャーブ人か？」

「ないない、ここの子どもたちよ」

去っていった。もし、待合室が開けられていたら？　あいつらは全員を……。ついでにわたしにも、ひたいに一発！　あそこでは武器を持つ人間だけが権力なんです。朝になって、子どもたちをアストラハン行きに乗せて命じました、スイカのように運びなさい、ドアを開けないで、と。（沈黙し、そのあと長いこと泣く）人間よりもこわいものって、なにかありますか。（ふたたび沈黙）

ここへきて通りを歩いていても、一分おきにふりかえったものです。背後でだれかがねらってる……待ちかまえてるんじゃないかという気がして。あそこでは死を考えない日は一日たりともなかった。外出時はいつも身ぎれいにし、洗いたてのブラウスにスカート、清潔な下着を身につけました。だって殺されるかもしれないでしょ！　いまはひとりで森を歩いてもなにもこわくない。森にはひとけがない、だれもいません。歩きながら思い出してみるんです。これはすべてわたしに起きたことなのか、ちがうのか、どうなんだろうと。猟師たちにであうこともあります。銃を持ち、イヌをつれ、線量計を手にしている。彼らもまた武器を持つ人間ですが、あいつらとはちがって、人間を追いかけたりはしない。銃声が聞こえる——撃たれているのがカラス、追われているのがウサギだと知っている。(沈黙)だから、わたしはここがこわくないんです……。土地や水をおそれるなんてできない……。わたしがおそれているのは人間……。あそこでは、人間は一〇〇ドルだして市場で銃を買うんです……。

ひとりの若者を思い出します。タジク人……。べつの若者を追いかけていた……。人間を!! 走りかた、息づかい、すぐにわかりました。殺す気だ……。でも相手は身をかくし……逃げきった……。そして、若者はひきかえしてくる。わたしのそばを通りすぎるとき、いうのです。「おばさん、どこか水が飲めるところがないかい」。なにごともなかったかのように、ふつうに。駅には給水タンクがあるので教えました。そして、彼の目を見ながら、こんこんという。「あんたたち、なんのために追いかけあってるの? なんのために殺しあってるの?」。さすがに恥ずかしくなったらしい。「おばさん、そんなに大声をださないでくれよ」。でも、何人かいっしょだと、人が変わるんです。二人、あるいは三人だったら、わたしを銃殺したでしょう。一対一なら、まだことばが通じたのです。

ドゥシャンベからタシケントに着きました。その先まだいかなくちゃなりません、ミンスクに。「チケットはないわ」——なすすべなし。ずるいやり方がまかり通っていて、ワイロを渡さないうちは飛行機に乗ることができず、えんえんとケチをつけてくる。重量がどうの、容量がどうの、これはだめ、どかして、と。二度も計量に追いやられて、やっと思いあたったんです。現金をにぎらせた……。「もっと早くこうすればいいのに。文句ばかりいってないで」。なんとも簡単だこと! そのまえに……わたしたちのコンテナは二トン積みでしたが、むりやり荷をおろさせられたんです。「あなたがたは紛争地からきたのだから、武器を持ってるかもしれない。ハシシは？」。わたしは責任者のところへいき、待合室で親切な女性と知りあい、はじめて気づかされたんです。「ここにきてもらちはあきませんよ。公平さを主張すると、あなたのコンテナは原っぱにすてられて、運んできたものは略奪されてしまいますよ」。しかたありません。夜、寝ないで、コンテナの荷をおろしました。積み荷は、衣類、マットレス、古い家具、古い冷蔵庫、ふた袋の本。「なかは高価な本ですね？」。彼らが見たのは――チェルヌィシェフスキイの『何をなすべきか』、ショーロホフの『開かれた処女地』……。わらわれた。「冷蔵庫は何台ですか」「一台、でもこわされました」「なぜ税関申告書を持ってこなかったんですか？」「そんなこと知るよしもありませんでした。戦地からでるのははじめてなので」。わたしたちはふたつの国をいっぺんに失ったんです。自分たちの国タジキスタンとソ連邦と……。

森を散歩しながら考えます。ここの仲間はみなテレビの前にすわってる。むこうのようすは？　むこうはどう？　でも、わたしはいやなんです。

人生があった……。べつの人生が……。むこうでわたしは偉い人物とみなされていました。軍人の階級称をもち、鉄道部隊中佐でした。ここでは無職でしたが、市議会の掃除婦の職にありつきました。床掃除……。人生が過ぎちゃった……。第二の人生を生きる力はもうない……。ここでは同情してくれる人もいるし、不満をもらす人もいる。「難民はジャガイモどろぼうだ。毎晩ほりだしている」と。母がよく思い出していました、戦時中、人びとはもっといたわりあっていたと。先日、森の近くで野生化した馬がみつかりました。死んでいた。べつの場所ではウサギ。殺されたのではなく、病死です。

みんながこのことを不安に思いはじめた。亡くなったホームレスもみつかったのですが、なぜか話題にならなかった。

どこへいっても人びとは死んだ人間に慣れっこなんです……。

レーナ・M、キルギス出身。レーナのよこに五人の子ども、つれてきたネコのメチエーリツァ。写真を撮るときのように並んで家の戸口にすわっている。

わたしたち、戦争から逃げるようにしてきたんです……。

わたしたちが荷物をつかむと、ネコがすぐあとをくっついて駅まできたので、つれてきました。列車に一二日間ゆられ、最後の二日間はびんに入れた発酵キャベツとお湯がのこっていただけ。バールを持った人、斧を持った人、ハンマーを持った人が、ドアのそばで見張っていました。そうなの……。ある晩、強盗に襲われたんです。あやうく殺されるところでした。テレビや冷蔵庫があるばかりに、いまでは殺されることがあるんです。わたしたち、戦争から逃げるようにしてきたんです。キルギスのわたしたちが住んでいたところでは、そのころまだ銃声はしていませんでしたけど。オシ市で流血騒ぎがあったんです……キルギス人とウズベク人の……。それはなぜかすぐに静まった。潜んでしまった。でも、なにかが空気中にただよっているんです。あちこちの通りに……。そうなの……。わたしたちはロシア人だからしかたないとしても、キルギス人自身もおそれている……。彼らはパンを買う行列にならんで、どなる。「ロシア人はとっとと国へ帰れ。キルギスはキルギス人のためにあるんだ！」。そして、行列から押しだすんです。さらにキルギス語で「おれたちでさえパンが不足してんのに、こいつらにも食わせなくちゃならん」とかなんとか。わたしはキルギス語はよくわかりません。市場でちょっと値切るために、単語をいくつか覚えただけです。

わたしたちには母国がありましたが、いまはありません。わたしって何者なんだろ。母はウクライナ人で、父はロシア人。わたしはキルギスで生まれ、キルギスで育ち、タタール人と結婚した。わたしの子どもたちって何者なんだろ。何人なんだろ。わたしたちみんな混ざっている、血が混ざっているんです。わたしと子どもたちの身分証明手帳にはロシア人と書かれていますが、わたしたちはロシア人じゃない。ソ連人なんです。でも、わたしが生まれた国はもうない。わたしたちが母国と呼んでいたあの場所も、わたしたちの母国だったあの時代もありません。わたしたち、いまではコウモリみたいなもの。子どもは五人、長男は八年生、末の娘は幼稚園児です。この子たちをつれてきました。わたしたちの国はなくなったけれど、わたしたちはいるんです。

わたしはあそこで生まれ、育った。工場を建設し、工場で働いていた。「おまえの土地があるところへいけ、ここはぜんぶおれたちのもんだ」。子どもたちのほかになにも持ちださせてくれなかった。「ここはぜんぶおれたちのもんだ」と。じゃあ、わたしのものはどこにあるの。人びとは逃げている……。でていってる……。ロシア人全員が。ソヴィエト人が。彼らを必要とする場所はどこにもない、彼らを待つ人はだれもいない。

しあわせなときだってあったんですよ。この子たちはどの子も愛があって生まれた……。男、男、男、それから女、女と生みました。これ以上話さないことにするわ……。泣いちゃいそうだから……。（しかし、さらに少し話す）わたしたちはここに住みます。いまではここがわたしたちの家。チェルノブイリがわたしたちの家。わたしたちの母国……。（ふいにほほえんで）小鳥だってわたしたちのところとおなじよ。レーニン像だって立ってる……。(木戸のそばで別れをつげながら)朝早く近所の家で金槌でがんがんたたいて、窓の板をはがしているんです。女の人にあって、きいた。「どこからきたの」「チェチェンから」。その人はなにも話しません。黒いスカーフをかぶっています。

人びとはわたしにであうと……くびをかしげる……理解できないと。あなた、自分の子どもたちになんてことをしてるんですか、殺そうとしてるんですよ。あなた、死にたいんですか、って。殺そうとしてるんじゃない、わたしはこの子たちを救いたいの。ほら、四〇歳なのに髪の毛がまっしろ……。四〇歳なのよ！　あるときドイツのジャーナリストが家に案内されてきて、その人がきいたの。「ペストやコレラがはやっている土地でも子どもたちをつれていきますか？」。だって、そんな、ペストやコレラって……。でも、ここにあるような、こんな恐怖をわたしは知らない。見えない。わたしの記憶にはない……。

わたしがおそれているのは人間……。武器を持った人間です……。

人が鋭敏なのは悪のなかだけ——愛の飾らないことばのなかでは、気どらず、きさくである

ぼくは逃げていた……世間から逃げていたんです……。はじめのうちは、あちこちの駅で寝起きしていた、駅は性にあっていた。人がおおぜいいる、でも、自分はひとりだから。そのあと新聞記事を読んで、ここへきたんです。ここは自由気まま。天国といってもよい。人間がいない、歩いているのは動物だけ。ぼくは動物と小鳥にかこまれてくらしている。どうして孤独ですか。

自分の人生は忘れた……。あれこれたずねないでください……。本で読んだことは覚えている、人が語っていたことも覚えているが、自分の人生は忘れてしまった。若気のいたりで……罪を背負ってしまったんです……。心から悔い改めれば、神がお許しにならない罪はないだろう。うん、そう……。人はまちがいをするものです、だが神はおおいに辛抱強く、慈悲深くあられる。

どうしてなのか？　答えはない……。人は幸福でいることができない。なれるはずがない。神は孤独なアダムをごらんになり、イヴを与えたもうた。幸福のためで、罪を犯すためではない。だが、人はうまく幸福になることができないでいる。ぼくは、たとえばね、夕暮れがきらいなんです。ほら、いまのような……光から闇へうつるときが……。考えてもわからない、いままでぼくはどこにいたのか……。ぼくの人生はどこにあるのか。うん、そう……。ぼくにはどうでもいいんです、生きていてもいいし、生きていなくてもいい。人の一生は草のごとし、花が咲き、枯れ、火中に掃きこまれる。ぼくは思索することが好きになった……。ここでは動物にやられても、寒さにやられても、等しく命を落とすことができる。そして思索によっても。あたり数十キロには人っ子ひとりいない。悪魔を追いはらうのは精進とお祈りによって。精進は肉体のため、お祈りは魂のため。しかし、ぼくは孤独ではない、神を信じる者は孤独でありえない。うん、そう……。村から村をまわるんです……。以前はマカロニや小麦粉をみつけたものだ。植物油やかんづめを。いまでは墓地で物乞いぐらしです。死者のために食べ物や飲み物がのこされている。彼らには無用のものだ……。死者だってぼくをうらみはしないだろう……。野には野生のライ麦。森にはキノコやキイチゴ類。ここは自由気まま。ぼくはたくさん本を読んでいる。

聖書のページを開いてみましょう……。神学者聖イオアンの黙示録を。「……松明のように燃えている大きな星が空から落ちてきた。そしてそれは川の三分の一とその水源のうえに落ちた。この星の名は「にがよもぎ」といい、水の三分の一がにがよもぎのようににがくなった。水がにがくなったのでそのために多くの人が死んだ……」

ぼくはこの預言を学んでいるところ……。聖書にはすべてが預言され、記されている。しかしぼくらには読み解く力がない。理解力がない。にがよもぎはウクライナ語では「チェルノブイリ」。ことばのなかにぼくたちへの合図があった。しかし、人間はあくせくしていて、虚栄心がつよい。そしてちっぽけ。

ブルガーコフ神父さま〔セルゲイ・ブルガーコフ、一八七一―一九四四〕の本でみつけたんです……「神はこの世界を正しく創りたもうたのだから、世界がうまくいかないことは絶対にありえない」、必要なのは「勇敢に最後まで歴史に耐える」ことだと。うん、そう……。また、ほかの人の本でも……。名前は覚えていないが……考えは覚えている。「悪そのものは実体ではなく、善の喪失である。闇が光の欠如にほかならぬのと同様に」。ここで本をみつけるのはたやすい、かんたんにみつかるんです。からの素焼きの水差しはもうひろえない、スプーンやフォークも、でも、本ならころがっている。最近プーシキンの一巻本をみつけたんです……。「そして死の考えはわが心に好ましい」。記憶にとどめた。うん、そう……。「そして死の考えは」……。ぼくはここにひとりだ。死のことを考えている。思索するのが好きになった。静寂のおかげで心の準備ができる……。人は死にかこまれて生きている、しかし、死がなんなのかを理解していない。でも、ぼくはここにひとりだ……。昨日オオカミの母子を校舎から追いだした、やつら、そこに住んでいたんです。

ことばで表現された世界は正しいのか、という問い。ことば、それは人間と心とのあいだに位置しているんです。うん、そう……。

　ほかにいえるのは、小鳥や木やアリ、それらがぼくにとっていとしくなったということ。以前はこんな感情とは無縁だった。考えたこともなかったんです。だれかの本でこんなのも読んだ。「われわれの上なる宇宙とわれわれの下なる宇宙」。ぼくはすべてのものたちについて考えている。人間とはおそろしいものだ……そしてふつうのものではない……。しかし、ここではなにも殺す気になれない。ぼくは魚を釣っている、釣り竿があるからね。うん、そう……。でも、動物は撃たない……。ワナもしかけない……。ぼくの好きなムイシュキン公爵〔ドストエフスキイ『白痴』の主人公〕はいった。「木をながめながらしあわせでないことがあるだろうか」。うん、そう……。ぼくは思索するのが好きなんです。人間はグチをこぼすことはよくあるが、思索しない……。

　なんのために悪をじっとみつめるのか。悪は、もちろん、心を波立たせる……。罪――これもまた物理学ではない……。実在しないものを認めることが必要です。聖書にはこう述べられている。「叙聖者にとってはべつだが、ほかの者にとってはたとえである」。小鳥を例にとってみると……あるいは、べつの生きとし生けるものを……。ぼくたちには彼らが理解できない、なぜなら、彼らは自分のために生きているのであって、他者のためにではないから。うん、そう……。要するに、あたりはみな流動しているものだ……。

　四本足で立つすべての生き物は、大地をながめ、大地にひかれている。人だけが大地に立っている、両手と頭を空にむけて立ちあがっているんです。祈りにむけて……神にむけて……。老婆が教会で祈っている。「めいめいの罪によってわれらに与えたまえ」。しかし、学者も技師も軍人もそのことを認めようとしない。彼らはこう思っている。「わたしにはざんげする罪はなにもない。なぜわたしがざんげしなくてはならないのか」。うん、そう……。

ぼくの祈りはかんたん……。心のなかで唱えるんです……。主よ、われを呼びたまえ！　聞きたまえ！　人が鋭敏なのは悪のなかだけで、愛の飾らないことばのなかでは、人はなんと気どらず、きさくであることか。哲学者でさえもそのことばは、彼らが肌で理解した思考と完全におなじではありません。ことばと心のなかにあるものとが完全に一致するのは、祈りや祈りの思いのなかでだけ。ぼくはからだでこのことを感じているんです。主よ、われを呼びたまえ、聞きたまえ！

人もまたおなじく……。

ぼくは人間をおそれている。でも、いつもあいたいと思っている。いい人間に……。うん、そう……。ここに住んでいるのは潜んでいる強盗か、あるいはぼくのような人間。受難者です。

ぼくの名字、ですか？　身分証明手帳がないんです。警察に取りあげられた……。なぐられた。「なんでぶらついているんだ？」「ぶらついていません、悔い改めているんです」。もっとひどくなぐられた。頭を……。だから、こう書いてください。神の僕(しもべ)ニコライと……。

いまでは、自由な人間です。

兵士たちの合唱

アルチョム・バフチヤロフ（兵卒）、オレグ・レオンチエヴィチ・ヴォロベイ（事故処理作業員）、ワシーリイ・ヨシフォヴィチ・グシノヴィチ（運転手、偵察兵）、ゲンナージイ・ヴィクトロヴィチ・デメーネフ（警官）、ヴィターリイ・ボリソヴィチ・カルバレヴィチ（事故処理作業員）、ワレンチン・コムコフ（運転手、兵卒）、エドゥアルド・ボリソヴィチ・コロトコフ（ヘリコプター操縦士）、イーゴリ・リトヴィン（事故処理作業員）、イワン・アレクサンドロヴィチ・ルカシュク（兵卒）、アレクサンドル・イワノヴィチ・ミハレヴィチ（放射線測定員）、オレグ・レオニドヴィチ・パヴロフ（少佐、ヘリコプター操縦士）、アナトーリイ・ボリソヴィチ・ルィバク（警備小隊長）、ヴィクトル・サニコ（兵卒）、グリゴーリイ・ニコラエヴィチ・フヴォロスト（事故処理作業員）、アレクサンドル・ワシリエヴィチ・シンケヴィチ（警官）、ウラジーミル・ペトロヴィチ・シヴエド（大尉）、アレクサンドル・ミハイロヴィチ・ヤシンスキイ（警官）。

ぼくらの連隊は警報で出動させられたんです……。長時間乗っていた。具体的な話はだれからもなにひとつなかった。白ロシア駅（モスクワにあるターミナル駅のひとつ）で、はじめて行き先が告げられたんです。レニングラードからきたという若者が抗議をはじめた。「ぼくは生きてたいんです」。軍法会議にかけるぞと彼はおどされた。隊長が隊列の前でいったんです。「刑務所か銃殺刑だ」。ぼくの気持ちはちがった。正反対。なにか英雄的なことをやりたかった。自分の性格を試してみたかった。もしかしたら、子どもっぽい衝動かな？　ぼくらの隊にはソ連じゅうからきていた。ロシア人、ウクライナ人、コサック、アルメニア人……。不安であり、なぜか陽気でもあった。

で、ぼくらはつれていかれた……。つれていかれた先は原発そのもの。あたえられたのは白衣と白帽。ガーゼのマスク。ぼくらは敷地内の掃除をした。一日はしたで掻きだしては削りとる、一日はうえ、原子炉の屋根で。どこへいくにもシャベルを持って。うえにのぼったやつらは「こうのとり」と呼ばれていた。ロボットはこわれ、機械はくるった。でも、ぼくらは作業をしていたんです。耳や鼻から血がでることがあった。のどはいがいが。目はひりひり。耳のなかでは四六時中単調な音。水は飲みたかったけれど、食欲はなかった。体操は禁止されていた、よけいな放射能を吸わないように。でも、作業にいくのは無蓋トラックの荷台に乗って。

しかし、ぼくらはよく働いた。そのことをとても誇りに思っているよ……。


ぼくたちは車で乗りいれた……。「禁止区域」の標識が立っていた。ぼくは戦場にいったことはないが、なんだか知っているような感じ……。記憶のどこからか……。どこからなんだろう？　死と結びついたなにか……。

道路には野生化したイヌやネコがいた。そいつらはときどき奇妙な行動をとることがあって、人を人だとわからず、ぼくたちから逃げていった。そいつらになにが起きたのか、ぼくは理解できなかった、しとめろと命じられるまでね……。家々は封印され、集団農場の農機はほっぽりだされたまま……。見るのは興味深かった。だれもいない、ぼくたち警官がパトロールしているだけ。家にはいると写真がかかっている、でも、人はいない。書類がちらばっている。共産青年同盟の会員証、証明書、表彰状……。ぼくらは一軒の家でテレビをちょっとのあいだ拝借したんです、レンタル。しかし、家になにか持ち帰ったやつはいなかったと思うよ。第一に、住人がいまにも帰ってきそうな感じがあった……。第二に、これは……なにか死と結びついたものだった……。

ぼくたちは車で発電所の原子炉のすぐそばまでいったんです。記念写真を撮りに……。家に帰って自慢したかった……。恐怖があった、と同時に、抑えきれない好奇心。これはいったいなんなんだ？　ちなみに、ぼくは拒否したんです。妻が若いから、危ないことはできなかった。でも、仲間はウォッカを二〇〇グラムひっかけては、いった……。うん、で……。（しばらく沈黙）やつらは生きてもどってきた。つまり、すべて正常というわけ。

交代で宿直についていた。パトロールする……。明るい月。街灯のように空にかかっていた。

農村の道……人影がない……。最初のころ、家々にはまだ電気がともっていた、のちに電気は止められた。車で走っていると、イノシシが学校の戸口からでてきて、目の前をさっとよこぎる。あるいは、キツネが。動物たちが家や校舎や集会所に住んでいたんです。そこにはポスターがかかっていた。「われわれの目的は全人類の幸福」「世界プロレタリアートの勝利」「レーニンの思想は永遠」。集団農場の事務所には、赤旗や新品のペナント、指導者たちの横顔が型押しされた表彰状の山。壁には指導者たちの肖像画、机には指導者たちの石膏像。いたるところに戦争の記念碑……ほかの記念碑には出会わなかった。簡素な作りの家々、灰色のコンクリートの牛舎、さびたサイロ……そしてまた大小の栄光の丘〔戦没者記念碑〕……。「これがぼくらのくらしなのか？」。すべてをべつの目で見て、自分に問いかけたものだ。「ぼくらはこんなふうにくらしているのか？」。好戦的な種族が一時的な宿営地をひきはらって……脱兎のごとくどこかへ逃げ去ったかのようだ。

チェルノブイリはぼくの頭を爆発させた。ぼくはものを考えるようになった。

すてられた一軒の家……鍵がかかっている。出窓に子ネコ。粘土のネコかな、そう思った。近づいてみると生きている。植木鉢の花をすっかりかじっていた。ゼラニウムを。どうやってあんなところにはいりこんだんだろう。置きざりにされたんだろうか。

ドアに貼り紙。「通りがかりのかたへ。貴重品をさがさないで。わたしたちの家にはありません。なんでも使ってください。でも盗っていかないで。わたしたち、もどってきますから」。ほかの家にもいろんな色のペンキで書かれていた。「許してね、わたしたちの生家!」。人と別れるように家に別れを告げていた。「朝、発ちます」あるいは「夜、発ちます」と書かれ、日付がしるされている、何時何分までも。ちぎった学習帳に子どもの字で書かれた手紙。「ネコをぶたないでね。ネズミがぜんぶかじっちゃうから」とか「うちのジュリカを殺さないでね、いい子なんだよ」。（目を閉じる）ぼくはすっかり忘れた……。覚えているのはあそこへ行ってきたってことだけ、ほかのことはなにも覚えていない。すっかり忘れた……。記憶になにかが起きたのは除隊して三年目だった……医者たちにもわからない……。カネの勘定もできない、まちがえるんだ。病院を転々としてるよ……。

ぼく、もう話しましたか、それともまだかな？　近づいて、思う――家はからっぽだ。ドアをあけると、ネコが一匹すわっている……。または、子どもたちが書いたあの手紙……。

兵役に徴集された……。

でも、任務というのはこう。移住させられた村々へ地元の住民を入れないこと。ぼくらは道路の近くで防壁になって立っていた。半地下小屋と監視塔を建てていた。ぼくらはなぜか「パルチザン」と呼ばれていた。平和なくらし。でも、ぼくらは立っている……軍服を着て。農民たちはわかっちゃいなかった。たとえば、なぜ自宅からバケツや水差し、のこぎり、斧をとってきちゃいけないのか。なぜ収穫しちゃいけないのか。どう説明してやればいいんだ。実際はこうなんだから。道路の片側に兵士が立ち、通さない。それなのに、反対側じゃ牛が放牧され、コンバインがうなり、穀物を脱穀しているんだ。女たちがあつまっては泣いていたよ。「にいちゃんたち、通しておくれよ。あたしらの土地……あたしらの家なんだから……」。卵、サーロ、自家製酒を持ってくる。通しておくれよ……。毒された土地を思って泣いていた。家具や……持ち物を……。

でも、ぼくらの任務は、通さないこと。おばあさんが卵のかごを持って歩いている——没収して埋める。牛の乳をしぼってバケツで運んでいる。兵士がいっしょだ。牛乳を埋める……。自分の畑のジャガイモをこっそり掘りだした——とりあげる。ビーツもタマネギもカボチャも。埋める……。指示に従って……。どれもこれもりっぱに育っていて、人もうらやむほど。そしてあたりはうつくしい。黄金の秋。みながくるったような顔をしていた。農民たちも、ぼくらも……。

新聞はぼくらの英雄的行為を書きたてていた……。どんなに英雄的な若者であるか……。共産青年同盟員は志願者である！

でも、ぼくらって実際は何者だったんだろう？　なにをしてたんだろう？　それを知りたいものだ。読みたいものだ。自分でもあそこにいたんだけどね……。

ぼくは軍人だ。命令されたら、やるしかない……。軍人宣誓をしたんだから。

しかし、それだけじゃない……。英雄的な高揚感、それもまたあった。そんな教育をうけていた……。学校に通っていたときから、すでに吹きこまれていたんです。両親に……。あそこでも政治将校たちが演説していた。ラジオ、テレビが。反応は各人各様さ。インタビューされて新聞に載りたがってるやつ、すべて仕事だとわりきってるやつ、ほかにも……。ぼくはそんなやつらに会ったことがあるが、英雄的行為をしている、歴史に参加しているという気持ちで生きていたやつ。けっこう払ってくれたよ。しかし、カネの問題じゃなかったようだ。ぼくの給料は四〇〇ルーブルで、あそこじゃ一〇〇〇ルーブルもらっていた、あのころのソ連のルーブルで。当時としては大金だ。あとになって、ぼくらは非難をあびた。「シャベルでごっそりカネをかきあつめてきたくせに、もどると、あいつらに優先的に車や家具セットをまわせだと」。くやしいぜ、そりゃあ。だって、英雄的な高揚感だってあったんだから……。

あそこにいく前に恐怖があらわれたんです。ほんの一時。ところが、あそこじゃ恐怖はうすれていった。もし、この恐怖が目で見えるものだったらなあ……。命令、作業、任務。ぼくの関心は原子炉をうえからながめること、ヘリコプターからね。あそこでなにが起きたのか、それはどんなふうに見えるのか。しかし、そんなことをするのは禁じられていた。ぼくのカードには二一レントゲンと記入されているが、ほんとうだかどうだか、あやしいもんさ。しくみはいたってかんたん。ぼくらが地区中心の町チェルノブイリに飛んでいくと、そこに線量測定員がすわっているんです。ちなみに、チェルノブイリというのは地区の小さな町で、ぼくが想像していたようなでかい町ではなかった。そいつが測定していたのはそこの放射線値で、原発から一〇キロか一五キロはなれたところのだよ。あとで、その測定値にぼくらの一日の飛行時間をかけるというわけ。しかし、ぼくはヘリコプターで上昇し、原子炉へ飛んでいったんだ。いって、もどる、往復飛行。きょうあっちは八〇レントゲン、つぎの日は一二〇レントゲン……。夜間、原子炉の上空を旋回する、二時間。赤外線撮影をしていると、まき散らされた黒鉛のかけらがフィルム上に「光りはじめる」かのようだった……。昼間は見られないものです。

ぼくは科学者たちと話した。ひとりがいう。「きみたちのこのヘリコプターを、舌でなめてきれいにしてもいい。それで、わたしになにかが起きることはない」。べつの科学者がいう。「きみたち、どうして防護しないで飛ぶんだ。自分の命をちぢめる気かい？　防護しなさい！　鉛でおおって接合しなさい！」。自分の身は自分で守るしかない。ぼくらは座席に鉛板をしきつめ、うすい鉛板を切って……胸あてチョッキをつくった……。でも、これはある放射線は防げても、それ以外は防げないんですよ。みんなの顔は赤らんで、ひりひりし、ひげをそることができなかった。ぼくらは朝から晩まで飛んでいた。ファンタスティックなことなんてなにもなかった。仕事だよ。きつい仕事さ。夜はテレビの前にすわっていた。ちょうどサッカーのワールドカップをやっていたんです。もちろん、サッカーのことも話題にのぼったよ。

ぼくらは深刻に考えこむようになった……。あれは、ええーっと……たしか三、四年がすぎたころかな……。ひとり、またひとりと発病したとき……。だれかが死んだ……。だれかが気がくるった……。自殺した……。それで、考えこむようになったんです。でも、ぼくらがなにか理解できるのは、二〇年か三〇年後のことだろうな。ぼくはアフガンに二年いたし、チェルノブイリに三か月いた。人生で最高に輝いていたときさ……。

チェルノブイリに送られたことは両親にはふせていた。弟がたまたま『イズヴェスチヤ』を買い、ぼくの写真をみつけて、母に見せた。「ほら、見て。英雄なんだ！」。母は泣きだしたよ……。

ぼくらは発電所へ向かってすすんでいた……。

避難民の行列がむこうからやってきた。農機を走らせ、家畜を追いたてて。昼も夜も。平和な時代のなかで……。

ぼくらは車で走っていた……。で、なにを見たと思いますか？　道路の両側に。陽の光をうけて……かすかにキラッ……。なにか結晶のようなものが光っていた……。細かい粒子が……。モズィリを抜けてカリンコヴィチ方面に走っていたとき。なにかがキラキラしていたんです……。仲間内で話しあった。ふしぎだった。作業をした村々では、葉っぱに焼穴がぽつぽつあるのにすぐ気づいた、とくにさくらんぼの葉っぱに。キュウリやトマトをちぎると、そこにも葉っぱに黒いぽつぽつ……。秋。実が熟れてまっかなフサスグリの灌木、リンゴの重みで地面にとどくほどたわんだ枝。もちろん、がまんしきれない。食っちまえ。食っちゃいけないと説明されていた。ぼくらは悪態をつきながら食ったんです。

ぼくは出発した……。行かないこともできたんですが、志願したんです。最初のころは、あそこで無関心なやつにはあわなかった、うつろな目にでくわすようになったのは、あとになってぼちぼち慣れはじめたころ。勲章をせしめたい？　特典？　くだらんね。ぼく個人としてはなにも必要なかった。アパートの部屋、車……それからなに？　ああ、ダーチャね……。ぜんぶ持っていた。男の血がうずうずしだしたんです……。真の男たちが真の仕事をしに行くんだ。ほかのやつら？　女のスカートのしたにもぐってればいいさ……。女房がお産だという証明書を持ってきたやつもいれば、小さな子どもがいるやつも……。確かにリスクをともなう。確かに危険だ、放射能だからね。でも、だれかがやらなくちゃいけないんだ。戦争のとき、ぼくらの父親はどうだった？　家にもどった。あそこで身につけていた衣服はすべて脱ぎ、ダストシュートにほうりこんだ。兵用の略帽は幼い息子にやったんです。ちょうだいといってきかなかったから。いつもかぶっていた、脱がずに。二年後、息子に診断がくだされた。脳腫瘍……。

このさきはあなたが書いてください……。これ以上話すのはいやだ……。

ぼくはアフガニスタンからもどったばかりだった……。生きたかった。結婚したかった。すぐに結婚したかった……。

そんなとき、赤帯の「短期特別召集」の呼出状がきた。一時間以内に指定場所に出頭せよ。母はわっと泣いた。ぼくがまた戦争にとられると思ったんです。

どこへつれていかれるんだろう？　なんのために？　情報はわずか。つまり、原子炉が爆発した……。だからなに？　スルツクで着替えさせられ、制服一式が支給されて、そのとき、ちょっとだけおしえられたんです、地区中心の町ホイニキにいくんだと。ホイニキについてみると、住民はまだなにも知らなかった。彼らもぼくらとおなじく、線量計を見るのははじめてだった。さらにつれていかれ、ある村にでた……。そこでは結婚式をあげていた。若者たちがキスし、音楽が流れ、自家製酒を飲んでいる。ありふれた結婚式。ところが、ぼくらは命令されたんです。土壌をシャベルひと掘り分けずりとれ……。樹木を伐採せよ……。

はじめに支給されたのは武器。自動小銃です。アメリカ人の攻撃にそなえて……。政治学習会では西側諜報機関の破壊工作やかれらの破壊活動について講義があった。夜、ぼくらは武器を専用テントにおいた。宿営地のまんなかの。ひと月後に武器は運び去られた。破壊分子なんかいやしないんだ。レントゲン……。キュリー……。

五月九日、戦勝記念日に将軍がおでましになった。ぼくらを整列させ、祝辞が述べられた。ひとりの男が思いきって隊列から質問した。「放射線量がどれほどか、なぜかくされているのですか？　わたしたちはどれくらいあびているのですか？」。そんな男がいたんですよ。将軍が立ち去ったあと、そいつは部隊長に呼びだされて大目玉をくらった。「挑発行為だぞ！　パニくりやがって！」。二、三日後にガスマスクらしきものが支給されたが、使った者はいなかった。線量計は二度見せられたが、配られることはなかった。三か月に一度、二、三日家に帰してもらえた。命令がひとつ。ウォッカを買ってこい。ぼくはウォッカのリュックをふたつ、えっちらおっちら運んで帰った。胴上げされたよ。

帰宅前になるとKGBのやつが全員を呼びだして、忠告をあたえていた。きみたちが目にしたことは口外無用だ、と。アフガンからもどったとき、ぼくは知っていた――これから生きるんだ！　でも、チェルノブイリのあとではすべてが逆なんです。殺されるのは帰宅した、まさにそのあと。

ぼくはもどってきた……。すべてがはじまるのはこれからなんだ……。

なにが心にのこっているだろう……。記憶に焼きついているだろう？

ぼくはまる一日、村から村をかけずりまわっている……。放射線測定員たちといっしょに……。それでも、リンゴをすすめてくれる女性はひとりもいない……。男たちのほうが恐怖は少なくて、自家製酒やサーロを持ってくる。「いっしょに昼を食わんか」。断るのも気がひけるし、昼食が純セシウムというのも、あまりうれしくないし。一杯やる。つまみなしで。

ポルチーニ茸がタイヤのしたでパキパキ音をたてていた。こんなのが正常だといえるのか。川では太ってけだるそうなナマズが泳いでいて、ふつうのやつより五倍も七倍もでかい。こんなのが正常だといえるのか。こんなのが……。

それでもある村で、まあ、すわって食ってけといわれた……羊の焼肉……。主人はちょっと酒がまわると、白状した。「若い子羊だ。見るにみかねて、つぶした。ひどい奇形だったよ。食う気にもならんほど」。ぼくは自家製酒をグイっとひと飲み。主人はそういったあとで……わらう。「わしらはここで耐性がついたよ、コロラドハムシのようにな」

線量計を家に近づけると――針がふりきれる……。

一〇年たった。なにごともなかったかのようだよ。もし発病していなければ、忘れていただろうな……。

祖国に奉仕せねばならない！　祖国に奉仕する、これは神聖なことだ。ぼくが受けとったのは、肌着、足布、ブーツ、肩章、軍帽、ズボン、軍服、ベルト、背負い袋。さあ、出発だ！　ダンプカーがあたえられ、ぼくはコンクリートを運んでいた。運転席にすわって信じるんです、鉄とガラスに守られていると。よーし、やってみるか……。無事に終わるさ。若い仲間たち。独身男たち。防毒マスクを持たずにいく……。いや、ひとりだけ覚えている……。年配の運転手で……彼だけはいつもマスクをつけていた。でも、ぼくらはなし。交通警官はマスクなしで立っていた。ぼくらは運転室のなかだが、彼らは放射能のほこりのなかに八時間ずつ立ちっぱなし。全員にしっかり払ってくれたよ。給料三か月分と出張手当……。飲んでいた……。ウォッカが効くって、知っていたからね。被曝後の免疫機能を回復するのにもってこいの薬で、ストレス解消にもなるって。戦時中、名高い「人民委員の一〇〇グラム」があたえられていたのも一理あってのことさ。飲酒運転の罰金をとっている警官が酔っぱらっているなんて、ざらにある光景だった……。

ソヴィエト的ヒロイズムの奇跡については書かないでください。ありましたよ……奇跡が。しかし、はじめはいいかげんにでたらめ、奇跡はあとになってから。銃眼をふさげ……機関銃に身を投げよ……。そもそもこんな命令はあってはならないのに、そのことはだれも書かないんですよ。ぼくらはあそこに投げすてられていた、原子炉に砂を……砂袋を投げすてるように。毎日、新しい「壁新聞」が張りだされていた。「勇敢かつ献身的に作業している」「耐えぬき、勝利しよう」。うつくしい名前でよばれていた――「炎の兵士たち」。

この功績に対してぼくがもらったのは、表彰状と一〇〇〇ルーブル……。

はじめのうちは当惑……。軍事演習……ゲームだという感覚……。

でも、あれは正真正銘の戦争だった。ぼくらにとって未知の……核戦争……。なにがこわくて、なにがこわくないのか。なにを恐れ、なにを恐れなくていいのか。だれも知らなかった。たずねる相手もいなかった。ほんものの疎開……。駅で……あちこちの駅でなにが起きていたか。ぼくらは列車の窓に子どもたちを押しこむのをてつだった……。行列の整理をした……。窓口で切符を求める人の行列。薬局でヨードを買う人の行列。行列では汚いことばでののしりあったり、つかみあいのけんかをしたりしていた。酒売場や商店のドアがやぶられていた。窓の鉄格子が折られ、ひっこぬかれていた。数千人の移住者……。彼らは集会所、校舎、幼稚園で寝泊まりしていた。食うや食わずだった。みんなの金はまたたくまに底をついていた。店の商品はなにもかも買い占められていた……。

ぼくが忘れられないのは、洗濯をしてくれた女性たちのこと。洗濯機はなかった。だれもそこまでは頭がまわらず、持ちこまれていなかったんです。手洗いですよ。全員が年配の女性だった。手は水ぶくれだらけ、かさぶただらけ。洗濯物は汚れているだけじゃない、何十レントゲンもあったんです……。「にいちゃんたち、もっと食べな」「にいちゃんたち、ちょっと寝たら」「にいちゃんたち、まだ若いんだよ。身体をたいせつにしな」。ぼくらを気づかい、泣いていた。

あのおばさんたち、いま生きているんだろうか。

毎年四月二六日にぼくら、あそこにいた者が集まるんです。いまもまだのこっている者が。ぼくらは当時をふりかえる。自分は戦場の兵士だった、必要とされていたんだ、と。いやなことは記憶からぬけおちても、このことはのこっている。ぼくらがいなければどうにもならなかった……必要とされていたんだということ……。わが国のシステムは軍事的で、そもそも非常時において見事に作動するんです。そこではついに自由で必要な人間になれる。自由ですよ。それに、そんなときのロシア人は、自分がいかに偉大で、唯一無二の人間であるかを示すことができる。ぼくらはオランダ人やドイツ人のようにはけっしてなれない。わが国には、耐久性のあるアスファルト道路や手入れされた芝生はこれからもないだろう。でも、英雄なら、いつだってあらわれるんですよ……。


ぼくの物語……。

呼びかけがあった――応じた。必要だ！　ぼくは共産党員だったんです。党員諸君、前進せよ！

そんな感じ……。ぼくは警察に勤務していて、曹長でした。昇級が約束されたんです。一九八七年六月のことだった……。医務委員会の検査に通ることが必要でしたが、ぼくは検査なしで送られたんです。あっちでだれかが、まあね、うまいことずらかっちゃったんですよ、胃潰瘍の証明書を持ってきて。で、ぼくはそいつの代わりってわけ。大至急。そんな感じ……。（わらう）そのころにはもういろんな小話があらわれていた。あっというまに……。夫が仕事から帰ってきて妻にこぼします。「明日チェルノブイリに行くか、党員証を返却するか、どっちかにしろだって」「だってあなた、党員じゃないでしょ」「そこなんだよ。どうやって朝までに党員証を手に入れたらいいんだろ」

ぼくらは軍人として行ったのに、とりあえず組織されたのはレンガ積み作業班。薬局を建てていたんです。すぐに脱力感と眠気のようなもの。毎晩セキこむ。医者に診てもらう。「すべて正常だ。暑さのせいです」。食堂には集団農場から肉、牛乳、サワークリームが運ばれてきて、ぼくらは食っていた。医者はいっさい手をつけようとしなかった。食事の用意ができると彼は日誌に記入する、すべて基準値以下と。しかし、自分じゃ試食していなかった。ぼくらは気づいていましたよ。そんな感じ。やけっぱちだったよ。イチゴの季節がはじまった。ハチミツがいっぱいつまった巣箱……。

すでに汚染地泥棒がはいりはじめていた。なにもかもかっぱらっていた。ぼくらは窓や戸口を釘付けにした。集団農場の事務所で金庫を封印し、村の図書館を封印した。それから、ガス水道の供給ラインをきり、火事にならないよう建物への送電をとめた。

店は荒らされ、窓の鉄格子ははずされていた。床にちらばった小麦粉や砂糖、ふみつけられたキャンディー……割れたびん……。ある村の住民は疎開させられたのに、そこから五キロか一〇キロはなれた村では人びとがくらしている。すてられた村からそっちへモノがながれていた。そんな感じ……。ぼくらは警備している……。もと集団農場長が地元の住民といっしょにやってくる。彼らはすでにどこかに移転させられ、家をあたえられている。それなのにライ麦の収穫や、種まきのためにここにもどってくるんです。干し草を梱包して運びだしていた。梱包されたなかに、ぼくらは、ミシンやオートバイ、テレビがかくされているのをみつけたもんです。ひどい被曝でテレビはうつらないのに……。バーター取引があって、自家製の酒ひとびんで乳母車の運搬許可をだす。トラクターや播種機が売られたり、交換されたりしていた……。酒一本……一〇本で……。カネにはだれも興味がなかった。(わらう)共産主義時代とおなじさ……。すべてに相場があった。自家製の酒半リットルでガソリンひと缶。二リットルでアストラカンのコート。オートバイは交渉しだい……。ぼくは半年後に任期を終えた。職務規定では任期は半年でした。そのあと交代要員が送られてくることになっていた。ぼくらはちょっと足止めをくった。バルト三国がくるのを拒否したからです。そんな感じ……。しかし、ぼくは知っている。持ち運びできるものはことごとく盗まれていた、車で運びだされたんです。学校の理科室から試験管が持ち去られていた。汚染地区がこっちに運搬されたんです……。市場や委託販売店、ダーチャのなかをさがしてみてください……。

有刺鉄線のむこう側にのこっているのは大地だけ……。それと、墓地……。ぼくたちの過去——それはぼくたちの大きな国……。

ぼくらは目的地に着いた。制服に着替えた……。

「ぼくらはいったいどこにきたんですか」という質問。「事故が起きたのは」と大尉がぼくらをなだめようとする。「だいぶまえだ。三か月もまえのことだ。もうこわくない」。曹長がいう。「すべて良好。ただし食事のまえには手を洗え」

ぼくは放射線測定員だった。日が暮れると、ぼくらの当直用移動宿舎に男たちが車で乗りつけてくる。カネ、たばこ、ウォッカ……。没収済みのがらくたのなかをちょっとごそごそやらせろ、と。バッグに詰めていた。どこへ運んでいたのか。キエフや……ミンスクの……がらくた市にちがいない。残ったものはぼくらが埋葬していた。ワンピース、ブーツ、いす、アコーディオン、ミシン……。「共同墓地」という名の穴に埋めたんです。

家に帰った。ダンスにいく。ある女の子が気に入った。

「つきあおうぜ」

「なんで？　あんた、いまじゃチェルノブイリ人よ。だれがあんたと結婚すると思ってんの」

べつの女の子と知りあった。キスする。抱きあう。結婚登録にまでこぎつけそうだった。

「結婚しようよ」。プロポーズした。

そしたら、こんな質問。あんた、ほんとにできんの？　ヤれんの……？

どこかへ行ってしまいたいなあ……。たぶん、行くと思う。でも、親がかわいそうだしな……。

ぼくにはぼくだけが記憶していることがある……。

あそこでのぼくの正式な職務は、警備小隊長……。黙示録のゾーンの責任者みたいなもんですよ。

（わらう）そう書いてください。

ぼくらはプリピャチからくる車を止めるんです。あの町はすでに疎開がおわっていて、無人。「身分証明書をみせなさい」。持っていない。車体には防水カバーがかかっている。カバーを持ちあげる。ティーセットが二〇客、いま覚えているのは、壁面収納家具、コーナーソファー、テレビ、じゅうたん、自転車……。

　ぼくは調書をとる。

汚染廃棄物捨て場に埋めるために肉が運ばれてくる。牛の胴体からモモ肉とヒレ肉が消えている。

ぼくは調書をとる。

通報がよせられた。廃村で家屋が解体されている。丸太に番号をふり、牽引車付きのトラクターにならべている、と。告げられた住所に急行する。強盗たちが拘束される。家屋を運びだして、ダーチャ用に売るつもりだったんだ。すでに将来の持ち主から前金を受けとっていた。

調書をとる。

からっぽの村々では、野生化したブタが走りまわっていた。イヌやネコは自宅の木戸のそばで住民を待っていた。空き家の番をしていた。

戦死者の共同墓地のそばにしばらく立つ……。ひびのはいった墓石がひとつ、名前が刻まれている……。ボロジン大尉、上級中尉……。兵卒の名前が詩のようにずらずらならぶ……。アザミ、ゴボウ、イラクサ……。

とつぜん、検査ずみの畑。鋤のあとを歩く主人がぼくらに気づく。

「お若いの、どならんでくれ。わしらはもう誓約書をだした。春にはでていくよ」

「じゃあ、なんで畑を耕してるんだい？」

「なに、秋の仕事じゃよ……」

わかるよ、しかし、ぼくは調書をとらなくちゃいけないんだ……。

てめえら、とっとと失せな……。
女房が子どもをつれてでていっちまった。クソッタレめ。だが、おれは首をくくったりはしないぜ、ワーニカ・コトフのようにな……。それに七階から飛びおりたりするもんか。クソッタレめ。あそこからカネのつまったトランクを持ち帰って……車を買い、女房にはミンクのコート……。あんちくしょうはおれといっしょにくらしていた。こわがっちゃいなかったよ。（うたう）
一〇〇〇レントゲンもなんのその
ロシア人のムスコはぴんぴんさ……
いいチャストゥーシカ（ロシアの俗謡）だ。あそこのだよ。小話はどうですか？（すぐに語りはじめる）亭主が帰宅します……。原子炉の近くから……。妻は医者にたずねます。「夫をどうしたらいいんでしょう？」「洗って、抱いて、除染することですな」。クソッタレめ。あいつはおれを恐れている……。子どもをつれてった……。（ふいに真顔で）兵士たちが作業していた……。原子炉のそばで……。そいつらが交代するとき、おれは車で送り迎えしてたんだ。「おいみんな、一〇〇まで数えるぞ！　わかったか！　いけっ！」。おれの首にもみんなとおなじように累積線量計がぶらさがっていた。交代のあと、おれはそいつを集めて第一課にわたしていたんだ……。秘密の課だよ……。そこでは数字を書きうつして、おれたちのカードになにやら書きこんでいたようだ。しかし、一人ひとりが何レントゲンあびたか、軍事機密だ。クソッタレめ。ケッ。一定の時間がたつと、いわれる。「ストップ！　これ以上はだめだ！」。医学的な情報はたったこれだけ……。出発時ですら、おしえちゃくれなかった——何レントゲンか。クソッタレめ。ケッ。いまじゃやつらは権力争いでいそがしい。閣僚のポストをねらって。選挙があるからな……。もっと小話はどうですか。チェルノブイリのあと、なんでも食べてよろしい。しかし、自分のクソは鉛の箱にしまっとけ。わはは……。人生はすばらしい、ゲスだ、しかしこんなにも短い……。

おれたちはどんな治療を受ければいいのか？　証明書を一枚も持ち帰っちゃいない。おれはさがしたんだ……いろんな役所に照会した……。返事を三通受けとって、持ってるよ。一通目——書類は三年間の保管期間終了につき、破棄された。二通目——書類はペレストロイカ後の軍隊縮小および部隊再編に際し、破棄された。三通目——書類は放射線被曝のため、破棄された。ひょっとしたら破棄されたのは、真実をだれにも知られないためかもな。おれたちは目撃者だ。しかし、じきに死ぬ……。どうやって医者たちに協力すればいいのか。いま証明書がもらえたらなあ……。何レントゲンなのか。あそこでいくらあびたのか。女房に見せてやりたいもんだよ……。これからあいつに証明してやるぞ、おれたちはどんな状況でも生きのこって、結婚して、子どもがつくれるんだと。

じゃ、もうひとつ……。事故処理作業員の祈りのことば。「神さま、もしぼくを不能にされたのなら、ぼくにその気が起きないようにしてください」

てめえら、とっとと失せな！

はじまっていた……。すべてがミステリーのようなはじまりだった……。

昼食の時間、工場に電話がかかってきたんです。予備役兵卒なにがしは……身分証明書のこれこれの確認のため、市の軍事委員部に出頭せよ。しかも、至急。ところが軍事委員部には……ぼくのような人間がおおぜいいて、大尉が対応し、一人ひとりにくりかえしいっていた。「明日クラスノエ町に行きなさい。そこで短期召集をおこなう」。翌朝、軍事委員部の建物のまえに全員があつまった。ぼくらは身分証明手帳と軍人手帳をとりあげられ、バスに乗せられた。そして未知の方向につれていかれた。短期召集についてはだれからもひとこともなかった。引率の将校たちはすべての質問に沈黙で答えていた。「おい、みんな、チェルノブイリにつれていかれるんじゃないか?!」。だれかが気づいた。号令がかかる。「静かにしろ! パニックをあおりたてる罪で戦時法により軍事法廷にかけるぞ」。しばらくして説明があった。「われわれは戦時状況にある。余計な会話はいっさい禁止だ。困難にある祖国をみすてる者は裏切り者である」

一日目、原発を遠くからながめた。二日目、すでに原発のまわりでゴミをかたづけていた……バケツでひきずって運んだ……ふつうのシャベルでかきあつめ、ほうきできれいに掃いた。道路清掃人が使っているほうき。スクレーパーで。いうまでもなく、シャベルは砂やジャリ用なんです。ビニールシートの切れ端、鉄筋、木材、コンクリートなどが混在しているゴミには不向きだ。まあね、シャベルをもってアトムにむかう、というわけ。二〇世紀なんだぜ……。あそこで使われていたトラクターやブルドーザーは遠隔操作で運転手がいない。ぼくらはそのあとをついて歩き、のこっているゴミをかきあつめていた。ほこりを吸いながら。一交代のあいだに「イストリャコフの花弁」を三〇枚もとりかえた。世間では「口輪」と呼ばれてるやつ。使い勝手が悪くて、未完成品。しょっちゅうかなぐりすてたよ……。息苦しい、とくに暑いとき。太陽のしたで。

すべてが終わったあと……。さらに三か月の短期召集があった……。標的射撃。新型自動小銃をしこまれた。核戦争にそなえて……。(皮肉っぽく)ぼくはそう理解しているんです……。ぼくらは着替えもさせられなかった。原子炉のそばで着ていた軍服とブーツのままだった。

そのうえ、誓約書までとられた……秘密保持の……。ぼくは沈黙していた……。でも、もし話していいといわれたとしても、だれに話せただろうか。復員してすぐに二級の身体障害者になった。二二歳のときです。工場で働いていた。職長がいう。「病気はやめにしな。でないとクビだぞ」。クビになった。ぼくは工場長のもとへ行った。「あなたがたにそんな権利はない。ぼくはチェルノブイリに行ってきたんです。あなたがたを救っていた、守っていたんです」「きみをあそこに送ったのはわれわれじゃない」

毎晩母の声で目が覚めるんです。「ねえ、どうしてなにもいわないの。おまえは眠ってなんかいないよ、目を開けたまま横になってる。部屋の電気もつけっぱなし」。ぼくはだまっている……。だれがぼくの話をちゃんと聞いてくれますか。話しかけてくれますか、ぼくが自分のことばで……答えられるように……。

ぼくは孤独だ……。

ぼくはもう死をおそれちゃいない、死そのものはね……。

しかし、ぼくはどんなふうになって死ぬんだろう……。友人は死ぬとき……膨張して、大きくなった……樽くらいに……。近所の男も……あそこにいたんだ、クレーン操作係。そいつは石炭みたいに黒くなり、やせこけて子どものように小さくなった。ぼくはどんなふうになって死ぬんだろう……。もし、死を頼めるものなら、ふつうのがいいなあ。チェルノブイリのじゃなくて。ひとつだけ正確にわかっているのは、ぼくにくだされた診断じゃ、長くはもたないということです。その瞬間を感じることができたらなあ、額に、一発……。ぼくはアフガンにも行ってきた……。あそこじゃもっと簡単……撃つのは……。

アフガニスタンには志願して行ったんです。チェルノブイリもそう。自分から願いでた。プリピャチ市で作業しました。町は二重の有刺鉄線でかこまれていた、国境のように。きちんとした高層住宅、厚い砂の層におおわれた通り、伐採された樹木……。SF映画のいくつかのシーン……。ぼくらは命令を遂行していた。町を「洗って」、土壌の上層二〇センチをおなじだけの砂と入れ替えるんです。休日はなし。戦場のように。新聞の切り抜きをとってあるんです……。運転員レオニード・トプトゥノフの記事。彼なんですよ、あの夜原発の当直で、爆発の数分前に赤い緊急停止ボタンを押したのは。ボタンは作動しなかった……。彼はモスクワで治療を受けた。「身体がのこっていなければ、救うことはできない」。医者たちはさじを投げた。被曝をまぬがれたのは、背中のほんの一点だけ。ミチノ墓地に埋葬された。棺のなかは金属箔がしきつめられ……そのうえに鉛板入りの一・五メートルのコンクリート板がのせられた。父親がやってきては……立って、泣いている……。人びとが近くを通りかかる。「あんたのバカ息子が爆発させたんだ！」。彼は運転員だったにすぎない。それなのに、宇宙人のような葬られ方だ。

アフガンで戦死すればよかったなあ。正直いって、そんな考えにとらわれることがあるんです。あそこじゃ、死はありふれたできごとで……。理解できるものでした……。

ヘリコプターから……。

低空飛行をしながら、観察していたんです……。ノロジカ、イノシシ……やせて、けだるそうだ。スローモーション映画のようにうごいている……。あいつらはあそこに生えた草を常食にし、水を飲んでいた。わからなかったんだ、自分たちもこの地を去らなくちゃいけない、人間といっしょに去らなくちゃいけないってことが……。

行くべきか、行かざるべきか？ 飛ぶべきか、飛ばざるべきか？ ぼくは共産党員だ、飛ばないわけにいかないだろ？ 航空士がふたり拒否した。妻が若くて、子どもがまだいないからといって。彼らは非難された、そんなことで恥ずかしくないのかと。昇級はストップ。さらに男の裁判。名誉が問われるんですよ。いいですか、これは命がけの勝負なんです――あいつはできなかった、だが、オレはやるぞ、というね。いまではそうは思わない……。九回の手術と二度の心筋梗塞のあとではね……。だれのこともとやかくいいたくない、あいつらの気持ちがわかるんです。若い連中なんだ。しかし、ぼく自身はやっぱり飛んでいただろうな……。それはたしかだ。あいつはできなかった、だが、オレはやるぞ。男の問題なんですよ。

うえから……高いところから見ると……おどろくほど大量の軍用機。大型ヘリコプター、中型ヘリコプター……。Mi－24、これは戦闘ヘリコプター。戦闘ヘリに乗ってチェルノブイリでなにができたんだろう？ あるいは戦闘機Mi－2で？ パイロットたちは若い連中で……原子炉のそばの森のなかに立ち、放射線をあびている。命令なんですよ。軍事命令。しかし、なんのためにあれほど大量の人間をあそこに投入し、被曝させなくちゃならなかったのか。なんのためだよ?!（絶叫調で）必要だったのは専門家で、人的資源じゃない。うえから見えるんです……崩壊した建屋、崩れ落ちた瓦礫の山……そして膨大な量のちっぽけな人間の姿。西ドイツ製のクレーンかなにかが立っている、でも死んでいる、屋上を少し進んでうごかなくなった。ロボットたちが死んでいた……。ルカチョフ・科学アカデミー会員がつくったわが国の火星探査ロボットたち……日本製のヒト型ロボット……。しかし……高放射能のため内部が完全にやられたようだ。小さな兵士たちが、ゴム製の服にゴム製の手袋をつけて、走りまわっている。とてもちっぽけなんだ、もし空からながめるならね……。

ぼくはすべてを記憶にとどめておこうとした……。息子に話してやりたかった……。帰宅した。

「パパ、あそこはどうだった?」「戦争だよ」。ほかにことばがみつからなかった……。

第二章　創造の冠

古い預言

ラリーサ・Z
母親

わたしの娘……。この子はほかの子とちがうんです。もう少し大きくなったら、わたしにたずねるでしょう。「どうしてあたしはみんなとちがうの?」

娘は生まれたとき……あかちゃんではなく、生きた袋でした。まわりがすっぽり縫いあわさった袋、ひとつの切れ目もなく、ちいさな目だけが開いていたんです。カルテにはこう書かれています。「女児。多数の複合異常を伴って誕生。鎖肛、膣無形成、左腎無形成」……。これは医学用語ですが、ふつうにいえば、おしっこもうんちもでるところがなく、腎臓が片方だけ……。わたしは生後二日の娘を抱っこして手術につれていきました。この子の人生二日目に……。娘は目をあけて、にっこりわらったようでした。最初、思ったんです、この子は泣きだしたいだろうにって。それがなんと、にっこりしたんですよ。娘のような子どもは生きられません。すぐに死んでしまいます。娘は死ななかった。わたしがこの子を愛しているから。四年間に四度の手術。こんな複合異常がありながら生きているのは、ベラルーシにこの子ひとりだけ。娘をとても愛しています。(少し沈黙) わたしはこれ以上子どもを生めない。その勇気がありません。産院からもどって、夜、夫にキスをされるたびに、わたしはがたがたふるえる。わたしたち、しちゃいけないんです……罪……恐怖……。医者どうしの話し声が聞こえたんです。「あの子は羊膜ではなく、甲羅をかぶって生まれてきた。テレビに出したら、子どもを生む母親はいなくなるだろう」(ヨーロッパでは羊膜をかぶって生まれたあかちゃんは幸運で特別な力を持つとされる)。話題になっていたのはわたしたちの娘。こんなことのあとで、どうして愛しあうことができますか?!

教会に行ってきたんです。神父さまにお話ししました。神さまにお祈りして自分の罪を許してもらいなさいといわれた。でも、わたしたちの家系には人を殺した者はいない。わたしがどんな悪いことをした? 最初、わたしたちの町は疎開することになっていましたが、あとでリストから消されたのです。国にお金がたりなかったから。そのころ、わたしは恋をして、結婚した。知らなかったんです、ここで愛しあっちゃいけないなんて……。ずいぶんまえに、祖母が聖書のお話を読んでくれたことがあります。この地上にすべてのものが豊富にあるときがおとずれるだろう。すべてのものが花ひらき、実をむすび、川は魚で、森は動物でみちるだろう。しかし、ひとはそれを享受することができない。ひとは自分の似姿を生むことができず、不死をのばすこともできないのだと。わたしは恐ろしいおとぎ話を聞くように、この古い預言を聞いたのです。信じてはいませんでした。娘のことをみんなに話してください。書いてください。四歳の娘はうたって、おどって、詩の暗誦もできます。知的発達は正常で、ほかの子となにも変わりません。ちがうのは遊びだけ。「お店屋さんごっこ」や「学校ごっこ」はしません。人形を相手に「病院ごっこ」をするのです。人形に注射をし、体温計をはさみ、点滴の指示を出し、人形が死ぬと白いシーツをかぶせている。娘ひとりを病院にのこしておけないので、四年間いっしょに病院でくらしています。だから、家が生活の場だということをこの子は知らない。

一、二か月家につれてかえるとたずねるのです。「あたしたち、いつ病院にもどるの」。病院にはともだちがいる、彼らはそこでくらし、育っています。娘に肛門が作られた……膣が形成される……。最後の手術のあと、排尿が完全にとまりました。カテーテルの挿入がうまくいかなかったので、また何回か手術が必要です。しかし、これ以上の手術は外国でするようにすすめられました。夫のお給料が一二〇ドルだというのに、数万ドルものお金をどうしろっていうの。ある教授がこっそり教えてくれました。「このような異常を持つあなたのお子さんは、科学にとってたいへん興味深いものです。外国の病院に手紙をお書きなさい。関心をひくはずです」。だから書いています……。（泣きだすまいとする）手紙に書くんです。三〇分おきに両手でおしっこをしぼりださなくちゃならないこと、おしっこは膣のあたりに点々とある穴からでることを。そうしないと、ひとつしかない腎臓がだめになるのです。三〇分おきに両手でおしっこをしぼりださなくちゃならないなんて、世界のどこにこんな子どもがいますか？　いつまで耐えられるでしょうか？（泣く）わたしは泣くことを自分に許していない……泣いちゃいけないんです……。あらゆる方面のドアをたたいています。手紙を書いています。実験のためでもいい、学術研究のためでもいい……娘をつれていってくださいと。実験用のカエルやウサギになってもいいんです、ただ生きていてほしい……。（泣く）何十通も手紙を書きました……。

ああ、神さま！

いまのところ娘は理解していませんが、わたしたちにたずねる日がいつかくるわ。どうしてあたしはみんなとちがうの？　どうしてあたしは男の人に愛してもらえないの？　どうしてあたしは子どもが生めないの？　チョウチョにも……鳥にも……だれにでも起きていることが、どうしてあたしにだけはぜったいに起きないの？　わたしは証明したかった……しなくちゃならなかった……だって……。

証明書をもらいたかったんです……。娘が大きくなったときあの子にわかるように、悪いのはわたしと夫じゃない、わたしたちが愛しあったことじゃないんだと。（ふたたび泣きだすまいとする）四年間たたかったんです……医者やお役人と……。えらい人の執務室で面会をとりつけようとしました……。四年後にはじめて、娘の恐ろしい異常と電離放射線（低線量）の関連を裏付ける診断書を発行してくれました。四年間拒否されつづけ、何度もいわれました。「あなたのお子さんはただの障害児ですよ」。どこがただの障害児ですか。娘はチェルノブイリの障害者です。わたしは自分の系図を調べたんです。うちの家系にこんな例はなく、八〇歳九〇歳まで生きた人ばかりで、わたしの祖父は九四歳まで生きました。医者はいいわけをしました。「われわれには通達があるのです。お子さんのようなケースは、いまのところ一般的な疾患として判断せざるをえません。まあ、二、三〇年後にデータバンクの蓄積があれば、病気と電離放射線との関連があきらかにされはじめるでしょう。低線量放射線との……。われわれがこの土地で食べたり飲んだりしているものとの……。でも、いまのところ、これについて科学や医学でわかっていることはほとんどないのです」。けれど、わたしは待っていられません、二〇年も三〇年も。人生の半分もなんて！　彼らを訴えたかったんです、国を……。わたしは気ちがい呼ばわりされ、こんな子どもは古代ギリシアでもむかしの中国でも生まれていたといって、バカにされました。どなったお役人がいたんです。「チェルノブイリの特典めあてだ！　チェルノブイリの補償金めあてだ！」。その人の執務室でよくもまあ気を失わなかったものです。心臓発作で死ななかったものです……。けれど、わたしは死ぬわけにはいかない……。

彼らは理解できなかった……このことを理解しようとしなかった……。わたしが知る必要があったのは、悪いのはわたしと夫じゃない、わたしたちが愛しあったことじゃない、それだけなのに……。

（窓のほうをむきそっと泣く）

娘は成長しています……。やはり女の子ですから……姓はだしてほしくない……。おなじ階の隣人たちでさえ……すべてを知ってはいません。ワンピースを着せて髪をおさげに結んでやると、「おたくのカーチェンカはとてもきれいね」といってくれる。わたし自身は妊婦さんたちを変なふうに見ているんです……。はなれたところから……こっそりと……。見るのではなく、盗み見るんです……。わたしのなかではいろんな感情がごっちゃになっている。驚きと恐怖、ねたみとよろこび、復讐心のようなものだってあります。あるとき、こんなことを考えてる自分に気づいたんです。わたしは、近所のはらんでいる犬、巣についているコウノトリの雌を、おなじ気持ちで見ているって……。

わたしの娘……。

月の景色

エヴゲーニイ・アレクサンドロヴィチ・ブロフキン
国立ゴメリ大学講師

ぼくは、とつぜん迷うようになったんです。どっちがいいんだろう。忘れずにいる？　それとも忘れてしまう？

知人たちにいろいろ問いただした……。忘れたという人たちもいるし、思い出したくないという人たちもいる。なぜなら、ぼくらはなにも変えることができない、ここからでていくことさえできないのだから。それさえも……。

ぼくが覚えているのは……。事故が起きて数日のうちに図書館から放射能やヒロシマ、ナガサキの本、レントゲンの本までもが消えたこと。これは上からの命令だというわさがぱっとひろまったんです、パニックの種をまくなと。われわれの平穏なくらしのために。こんな冗談まであらわれたのです。もし、チェルノブイリの爆発がパプア人のところで起きていたなら、全世界がびっくり、でもパプア人だけはへっちゃら。医学的な助言、情報はいっさいなし……。ヨウ化カリウム錠を入手できた者は入手していた(ぼくらの町の薬局では売りにでていなかった、強力なコネでどこかで入手してたんですよ)。この錠剤をひとつかみ食って、コップ一杯のアルコールで流しこむということもあったんです。救急車に一命を救われるということが。

最初の外国人ジャーナリストたちがやってきた……最初の映画撮影班……。彼らの服装ときたら、プラ製のつなぎ、ヘルメット、ゴムの靴カバー、手袋。カメラにも特殊なカバーがかかっていた。同行していたのはわが国の娘さんで、通訳。夏のワンピースにサンダルばき……。

人びとは活字になったことばをなんでも信じていた、だれも真実を伝えていなかった、いってなかったんですけどね。一方ではかくされていたし、他方ではすべてを理解できていたわけじゃなかった。書記長から道路清掃人にいたるまで。そのあと俗信があらわれ、みんながそれに注目していた。町や村にスズメやハトがいるうちは、人間もそこに住める。ミツバチが仕事をしていると、そこもきれい。タクシーに乗っていたら、運転手がどうもふにおちないというんですよ。どうして鳥が窓ガラスにぶつかってきて死ぬんだろう、目が見えていないかのように。異常で……けだるそうで……。なんだか自殺に似ているんだ……。勤務時間のあと、そのことを忘れるために、友人たちとすわって一杯やるんだ、と。

覚えているのは、出張からもどっていたとき……道の両側がほんものの月の景色だったこと……。

白いドロマイト砂でおおわれた原っぱが地平線ぎりぎりまでのびていた。汚染された土地の上層を削って埋め、かわりにドロマイト砂が入れられたんです。地球ではない……地球のうえではないみたいだ……。ぼくは長いあいだこの幻影に苦しめられていて、ためしに短編小説を書いてみた。一〇〇年後にここがどうなっているか、想像したんです。人間ともなんともつかぬものが、ひざをうしろに長い後足をはねあげながら四本足でぴょんぴょんとび、夜になると三番目の目ですべてをながめている。ひとつしかない耳は頭のてっぺんについていて、アリが走る音だってキャッチできる。生きのこったのはアリだけ。そのほかの地上と空のものは全滅……。

雑誌社にこの短編を送った。返事がきた。これは文学作品ではない、ホラーの二番煎じであると。もちろんぼくの才能不足さ。しかし、この場合、もうひとつ理由があるんじゃないかな。ぼくはじっくり考えた。どうしてチェルノブイリのことはあまり書かれないんだろう。わが国の作家は戦争やスターリンの強制収容所のことは書きつづけている、なのにこんどは沈黙している。本はごくわずか、数えるほど。偶然だと思いますか。あの事件はいまだに文化の枠をはみだしている。文化のトラウマなんです。だから、ぼくらの唯一の答えは、沈黙。ぼくらは、小さな子どものように目をつぶって、「かくれちゃった」と思っている。なにかが未来からのぞきこんでいて、そのなにかは、ぼくらの感覚とつりあっていない。感じる能力とつりあっていないんです。人と話しはじめると、彼は語りはじめ、自分の話をちゃんと聞いてくれたことに感謝する。理解できなくても、聞くだけは聞いてくれたと。だって、話した本人も自分では理解できていないんだから……相手とおなじように……。ぼくはSFを読むのがきらいになった……。

で、いったいどっちがいいんだろう。忘れずにいる？　それとも忘れてしまう？

キリストがたおれ、さけびはじめたのを見たとき、歯が痛かった目撃者

アルカージイ・フィリン
事故処理作業員

あのとき、ぼくはほかのことを考えていた……。おかしな話だと思われるでしょう……。あのときちょうど、妻との別れ話がもちあがっていたんです……。

彼らはいきなりやってきて呼出状を手わたし、車がすでにしたで待っているというのです。特殊な「囚人護送車」の一種。一九三七年〔スターリン政権下の大粛清で多くの人が逮捕された〕のように……。毎晩連行されていた。あたたかいベッドから。のちにこの図式は通用しなくなった。妻たちがドアを開けなかったり、ウソをつくようになったりしたのです。夫は出張中だの、保養所にいるだの、田舎の両親のもとにいるだの。妻たちに呼出状をわたそうとしても、彼女たちは受けとらなかった。職場や通りや、工場の食堂で昼休みにつかまえはじめたのです。一九三七年のように……。当時、ぼくは頭がどうかしていた……。妻にうらぎられて、ほかのことはすべてくだらないことに思えた。ぼくはその「護送車」に乗った……。ぼくをつれていったのはふたりの男で、平服だったが身のこなしは軍人ふうで、ぼくの両脇をかためて歩いた。逃げるとでも思ったんだろう。車に乗ったあと、なぜか月にいってきたアメリカの宇宙飛行士のことを思い出したんです。ひとりはその後牧師になり、もうひとりは気がくるった、でしたか？　読んだことがあるんです……。彼らはあそこで都市の遺跡、なにか人間の痕跡を見たような気がした、とかいうのを。新聞記事の断片が記憶にちらっとうかんだ。わが国の原子力発電所はぜったいに安全である、赤の広場に建設してもよい。クレムリンのすぐそばに。サ

モワール〔ロシア式湯沸かし器〕よりも安全である。星に似たもので、われわれは地球全体をそれで「おおいつくす」のだと。しかし、ぼくは妻に逃げられた……。頭のなかはそのことでいっぱいだった……。何度か自殺をこころみたんです。錠剤をのんでは、ああ、目が覚めなければいいのになあ、と。妻とはおなじ幼稚園に通い、学校も……大学もいっしょでした……。〔タバコに火をつけ、沈黙〕

あらかじめ申しあげておきましたが……本に書くような英雄話はなにもありませんよ。戦時でもあるまいに、なぜぼくがあぶない目にあわなくちゃいけないんだ。だれかがぼくの妻と寝てるときに。そう考えていました。なぜまたぼくで、あいつじゃないんだ？　正直いって、あそこで英雄は見たことがない。見たのは、自分の命に無頓着な頭のいかれた連中で、無鉄砲さはじゅうぶんあったが、そんなものは必要じゃなかった。ぼくも表彰状と感謝状を持っている……。しかし、それは死ぬのがこわくなかったからだ。かまうもんか！　それもまたひとつの手だった。敬意をもって埋葬してもらえただろうから……。しかも国費でね……。

あそこではすぐにファンタスティックな世界にでくわしますよ、世界の終わりと石器時代がひとつになっているんです。ぼくの内面はあいかわらずとげとげで……むきだし……。ぼくらは森のなかで寝起きしていた。テントで。原子炉から二〇キロのところ。「パルチザン活動」をしていたんです。「パルチザン」というのは、短期訓練に召集される者のことです。年齢は二五歳から四〇歳、多くが大卒、中等技術学校卒で、ちなみにぼくは歴史の教師です。自動小銃のかわりにわたされたのはシャベル。ゴミ捨て場や畑をつぎつぎに掘りかえした。村では女たちがながめながら十字をきっていた。ぼくらは手袋に防毒マスク、迷彩服というかっこう……。太陽がじりじり……。村人の畑にぼくらがあらわれるんですよ、悪魔のように。どこかの宇宙人のように。なぜぼくらが畝を掘りかえしてニンニクやキャベツをひっこぬくのか、村人にはわからない。ふつうのニンニク、ふつうのキャベツなのに。老婆たちは十字をきりながら、おいおい泣いていた。「兵隊さんたち、世界の終わりなのかね?」

百姓家ではペチカが焚かれ、サーロが焼かれている。線量計を近づけるとペチカじゃない、ミニ原子炉だ。「お若いの、食卓についとくれ」と誘ってくる。愛想がいい。辞退すると「ウォッカ一〇〇グラムごちそうするよ、まあすわってくれ。話してくれよ」と頼む。話すったって、なにを? 消防士たちは原子炉のうえでやわらかい燃料をふみつけていた。それは放射線を出していた。ところが、彼らは知らなかったんですよ、それがなんなのか。ぼくらだって知るわけないだろ?

分隊ごとに行動した。線量計は全員に一台。汚染レベルは場所によってまちまち。二レントゲンのところで作業する者もいるし、一〇レントゲンのところで作業する者もいる。囚人のような無権利状態、その一方で恐怖心。そしてナゾ。しかし、ぼくには恐怖心はなかった。どこかひとごとだったんです……。

ヘリコプターで科学者グループのおでまし。ゴム製の作業着、ロングブーツ、ゴーグル……。宇宙飛行士だ……。ひとりの男に老婆が近よる。「あんた、だれ?」「科学者です」「ほう、科学者さんですかい。みなの衆、この人を見なされ。がっちり着飾って、仮装しとりなさる。あたしらはどう?」。彼をおいかける、棒を持って。いつか科学者たちが狩られるんじゃないかという考えが、何度もちらついたんです。中世で医者狩りがおこなわれ、水に沈められたり、火あぶりにされたりしたように。

目のまえで自宅が葬られた男を見た……。(立って窓のほうへ行く)のこったのは、掘りたての墓……大きな長方形。井戸、果樹園が葬られた……。(沈黙) ぼくらは土地を葬っていた……。表面をけずりとり、大きな層にしてころがして巻いた……。申しあげましたよね……。英雄話はなにもないと……。

帰りは夜おそかった。一日に一二時間作業していましたからね。休日返上で。一息つけるのは夜中だけ。まあそれで、ぼくらは装甲車で走る。がらんとした村を人が歩いている。近づくと、じゅうたんを肩にかついだ若い男だ……。近くに「ジグリ」がとまっている……。ぼくらはブレーキをかける。車のトランクはテレビと線をはずした電話機がぎっしり。装甲車は方向転換して、体当たりをくらわす。「ジグリ」は缶詰のかんのようにペシャンコ。だれもひとことも発しない……。

ぼくらは森を埋葬した……。樹木をのこで一メートル半の長さに挽き、シートにくるんで、汚染廃棄物捨て場になげこんでは埋めた。夜、寝つけなかった。目を閉じると、なにやら黒いものがゆらゆらしたり、ひっくり返ったりする……。生きもののように……。地層は生きている……。甲虫、クモ、ミミズといっしょに……。ぼくはどれも知らなかった、名前を知らなかったんです……たんに甲虫、クモ。アリ。大きいのや小さいのや、黄色のや黒いのや。じつに多彩。だれかの詩で読んだことがあるんです、動物は別個の民であると。ぼくは彼らの名前も知らずに、何十、何百、何千となく殺した。彼らの家を破壊した。彼らの秘密を。ぼくは葬りに……葬った……。

ぼくの大好きなレオニード・アンドレーエフ〔作家、一八七一―一九一九〕の本に、禁断の一線のむこう側をのぞき見たラザロのたとえ話があるんです。キリストはラザロをよみがえらせましたが、彼はすでによそ者で、人びとの仲間にはけっしてなれないのです。

これくらいでいいでしょうか。わかりますよ、あなたは興味津々なんだ。あそこに行ったことがない者にとっては、いつだって興味深いことなんです。ミンスクにあるチェルノブイリ、立入禁止区域そのものにあるチェルノブイリ、ヨーロッパのどこかにあるチェルノブイリ、これはぜんぶ別物なんですよ。立入禁止区域のなかでは、大惨事を話すときの無関心さにあっけにとられたものです。ぼくらは廃村で老人にであった。ひとりで住んでいる。「こわくないんですか」とたずねる。彼は答える。「こわいって、なにが」。四六時中恐怖のなかではくらせない、人間にはできない。少し時がたつと、人間のいつものくらしがはじまるんです。いつもの……ごくふつうの……。男たちはウォッカを飲んだ。トランプをした。女たちにいいよった。カネの話をたくさんした。しかし、あそこで働いたのはカネのためじゃない、目的はカネだけってやつはあまりいなかった。働く必要があったから、働いた。命令されたから、働いた。で、余計な質問はしなかった。ぼくらは昇級を夢みていた。ズルもやった、盗みもやった。約束の特典をあてにしていた。アパートを優先的にもらってバラック小屋にバイバイだ。子どもを幼稚園に入れるぜ。自動車を買うぜ。びびってたやつがひとりいて、テントからはいでるのを恐れ、手製のゴムの上下服で寝ていた。こしぬけ野郎め！ そいつは部隊からはずされた。「おれは生きていたいんだ！」とさけんでいた。すべてがごちゃまぜ……。志願してやってきた女たちにあいました。おしかけ組です。必要なのは運転手や組立工、消防士だといってことわられたのに、きてしまった。すべてがごちゃまぜ……。数千人の志願者たち……志願した学生部隊、毎晩予備役をまちぶせしていた特殊な「囚人護送車」。物資の調達……被災者基金への送金、血液や骨髄を無償で提供した数百人の人びと……。それとおなじときに、ウォッカ一本でなんでも買うことができたんです。表彰状も、帰宅休暇も……。ある農場長は自分の村が疎開リストにのせられないように放射線測定班にウォッカ一箱を届ける、べつの農場長は自分の集団農場が疎開できるように、これまた一箱を届ける。その男は、ミンスクに三部屋のアパートをもらう約束をすでにとりつけていた。測定のチェックなんて、だれもやっていなかったんです。ロシアにおなじみの混沌。ぼくらはそうやって生きている……。帳簿からなにかをおとして、売っぱらったりして……。一方では胸くそ悪い、他方では——てめえら全員地獄へおちろ。

学生たちが送られてきた。彼らは牧草地でアカザをひきぬいていた。干し草をかきよせていた。まだ幼さののこる何組かのカップル。夫婦なんです。手をつないで歩いていた。見ちゃおれませんでした。場所はなんともうつくしい！　とびっきりのうつくしさ！　うつくしいがゆえに、恐怖はいっそうすごみがあった。そして、人間はここを去らなくてはならない。逃げなくては、悪人のように。犯罪者のように。

毎日、新聞が運ばれてきました。ぼくは見出ししか読まなかった。「チェルノブイリは英雄的行為の場」「原子炉は制圧された」「生活はつづいている」。ぼくらのところに軍の政治部長代理がいて、政治学習会がひらかれていた。きみたちは勝たなくてはならない、といった。勝つったってだれに？原子力に？　物理学に？　宇宙に？　わが国では勝利というのはできごとではなく、過程なんです。人生とは闘いなんです。こんなわけで、ぼくらは洪水や火事……地震を愛してやまない……。必要なのは行動の場、「勇気とヒロイズムを発揮する」ために。そして旗を立てるために。政治部長代理が「高い意識と整然たる規律」という新聞記事を読んでくれたんです。大惨事の数日後、四号炉のうえにもうソ連の国旗がはためいていたと。赤々とかがやいて。数か月後にそれは高放射能にやられてボロボロになった。旗はふたたび立てられた。その後、またあたらしい旗……。古い旗は自分たちの記念用にひき裂いて、布切れをPコートのしたの心臓の近くにつっこんだ。それから家に持ち帰って……得意げに子どもたちに見せた……。たいせつにしまっていた……。英雄的狂気の沙汰ですよ。しかし、ぼくもまたそういう人間で……ちっともましじゃない。ぼくは頭のなかで思い描こうとした、兵士たちが屋根にのぼるようすを……決死隊員だ。しかし彼らはいろんな思いでいっぱい。まず義務感、そして祖国愛……。ソヴィエト的偶像崇拝だとおっしゃりたい？　じつはですね、あのとき、旗がぼくの手にわたされていたら、ぼくもあそこにのぼっただろうということ。なぜ、って？　なぜかなあ。あのとき、ぼくは死ぬのがこわくなかった、もちろん、これも大きな理由のひとつ……。妻は手紙もよこさなかった。半年のあいだ一通も……。（少し沈黙）

小話はどうですか？　囚人が脱獄しました。三〇キロ圏内にひそんでいたが、つかまって、放射線測定員のところにつれていかれた。囚人はひどく「光って」いたので、刑務所にもどすことも、入院させることも、人前にだすこともできなかったとさ。（わらう）あそこでぼくらは小話が好きだった。ブラックジョークが。

ぼくがあそこに着いたのは、鳥たちが巣についていたころで、帰るときには、リンゴが雪のうえにころがっていた。すべてを埋葬する時間はなかった……。土のなかに土を葬る……。甲虫、クモ、幼虫……この別個の民、別個の世界ごと。あそこでいちばん強く印象にのこっているのは……彼らのこと……。

たいしたことはお話ししていません……。断片です……。さっきのレオニード・アンドレーエフにこんな短編があるんです。エルサレムにひとりの男が住んでいた。彼の家のそばをキリストがひかれていった。男はすべてを目にし、すべてを耳にしていたが、そのとき、歯が痛かった。男の目のまえでキリストがたおれた。キリストは十字架を運んでいたとき、たおれてさけびはじめ、男はそのすべてを目にしていたが、歯が痛かったので通りに走りでなかった。二日後、歯痛がおさまったとき、キリストがよみがえったという話を聞き、男は思った。「おれは目撃者になろうと思えばなれたのに、歯が痛かったんだ」

ほんとうにいつもこうなのでしょうか。人は偉大なできごとと対等だということはない。それはいつも人には荷が重すぎる。ぼくの父は一九四二年にモスクワを守って戦った。自分が歴史に参加していたことを父が理解したのは、何十年もたってからです。本や映画で。父自身が思い出していたのは、「塹壕にいた。撃っていた。爆発で生き埋めになった。衛生兵たちに半死半生でひっぱりだされた」。それだけ。

ぼくはあのとき妻にすてられたんだ……。

「歩く屍」と「ものいう大地」――三人のモノローグ――

ホイニキ猟友・釣友会のヴィクトル・ヨシフォヴィチ・ヴェルジコフスキイ会長とふたりの猟師――アンドレイとウラジーミルは、姓を名のらなかった。


――おれがはじめてしとめたのはキツネ……。子どものときだった……。つぎがヘラジカの雌……。ヘラジカの雌はもう二度と殺すまいと誓った。やつら、ものいいたげな目をしてるんだ。

――なにか理解できるのはおれたち人間で、動物はただ生きているだけだ。鳥も。

――秋にはノロジカが非常に敏感だ。人が風上にいれば、それでおしまい、近よらせちゃくれない。キツネはずるがしこい。

――あそこをうろついている男がいて……酒を飲んでは、だれかれなく講義をしている。哲学部で勉強し、そのあと服役したとか。汚染地であう男は、自分のことは事実を決して語らない。まれだ。でも、そいつは分別のある男で……「チェルノブイリの事故は哲学者を生むため」だという。動物を

「歩く屍」と呼び、人間のことは「ものいう大地」と呼んでいた。なぜ「ものいう大地」なのか、おれたちが大地でできているからなんだと。

――立入禁止区域にはひきよせる力がある……。いいか、磁石みたいに。ソレ、オジョウサン、オクサンよ！　あそこにいったことがある者は……心がひきよせられる……。

――本で読んだことがあるが……小鳥や動物と話ができる聖人がいたんだ。おれたちは、動物には人間が理解できないと思っている。

――おい、みんな、順をおって話そうぜ……。

――会長さん、はじめてくれ。おれたちは一服するよ。

――つまり、こういうことだ……。おれは地区の執行委員会によびだされた。「いいか、会長さん、立入禁止区域にイヌやらネコやら、住民が飼っていた動物がたくさんのこっている。伝染病がはびこらないようにそいつらを殺さにゃならん。やってくれ！」といわれた。翌日、おれは猟師全員をよびあつめた。これこれこういうわけだ、と話す……。だれもいくといわない、というのも防護用具がなにも支給されなかったから。おれは民間防衛部に照会した――なにもない。防毒マスクすらなかった。しかたなくセメント工場へいってマスクを手にいれた。ぺらぺらの……セメントの粉塵よけのやつ……。防毒マスクはもらえなかった。

――あそこで兵士たちにあった。ガスマスクをして手袋をはめ、装甲車に乗っていた。おれたちときたらシャツを着て、鼻に布きれだ。そのシャツと長靴のままで家へ帰ったよ。家族のもとへ。

――班をふたつ作った……志願者たちもあらわれた。ひと班二〇人で……二班だ。各班に獣医ひとりと保健防疫所の人間ひとりがつけられた。ほかにショベルカーとダンプカーがあった。防護用具がもらえなかったのはくやしいよ。人間のことは考えられていなかった……。

——そのかわり報奨金をもらった——ひとり三〇ルーブル。当時ウォッカ一本が三ルーブルだった。身体の除染をした……。どこからか作り方があらわれたんだ。ウォッカ一本にスプーン一杯のガチョウのフン。二日間ねかしてから飲む。このことは……まあ、おれたち男のナニがやられないためさ……。覚えているかい、チャストゥーシカがあったよな。わんさか。「ザポロージェツ」〔ウクライナ車〕は車じゃねえ、キエフ男は男じゃねえ。親父になりたきゃ、タマを鉛でつつんどけ、ってさ。わっはっは……。

——おれたちは立入禁止区域を車で二か月間まわった。おれたちの地区じゃ半数の村が疎開させられた。数十の村が。バブチン村、トゥリゴヴィチ村……。おれたちがはじめていったとき、イヌたちは自分の家のちかくを走りまわっていた。番をしている。住人を待っている。おれたちがいくとよろこんで、人の声をめがけて走ってくる……出迎えてくれる……。撃ったよ、家で、納屋で、畑で。道路にひきずりだして、ダンプカーに積みこんだ。そりゃあ、気持ちのいいもんじゃないよ。やつら、どうして殺されるのか、わかるはずもなかったんだから。殺すのはかんたんだった。人に飼われていたんだ……武器への恐怖心がない、人への恐怖心が……。人の声めがけてとんでくるんだから……。

——カメが這ってた……。なんてこった！　空き家のそばを。あちこちの部屋には水槽があって……魚がいたよ……。

——カメは殺さなかった。ジープの前輪でカメをひいても、甲羅はびくともしない。割れないんだ。酔っ払ったはずみさ、もちろん、前輪でやっちまった。中庭のオリは戸が開けっぱなし……ウサギが走りまわっている……。ヌートリアが閉じこめられていた。近くに湖か川があるときは、外にだしてやった。泳いで逃げたよ。なにもかもおおいそぎでほうりだされていた。数日間だからと。だってどうだった？　疎開命令は「三日間」。女たちが号泣する、子どもたちが泣く、家畜が吠える。小さな子どもたちはだまされていた。「サーカスにいくんだよ」。住民はもどれると思っていた……。「永久に」ということばはなかった。ソレ、オジョウン、オクサンよ！　いいかい、戦時状況……。ネコは目をのぞきこみ、イヌは吠えながらバスにもぐりこもうとした。雑種犬、シェパード……。兵士たちがそいつらを押しだしたり、けとばしたり。車のあとを追って長いこと走っていたよ……。疎開か……ひどいもんだ！

——つまり、こういうこと……。日本人にはヒロシマがあった。それで彼らはいまや先頭にたっている。世界のトップ。つまり……。

——走っている生きのいいやつをしとめるチャンスがあった。猟師の血がうずうず。一杯ひっかけてでかけたもんだ。おれの職場では出勤扱いにしてくれた。給料が勘定された。そりゃあまあ、あんな仕事だから上乗せしてくれたってよさそうなもんだが。報奨金は三〇ルーブル、しかし、共産主義者の時代とはもう価値がちがった。すでにすっかり変わっていた。

——こういうこと……。はじめのうち、家々は封印されていた、封印用の鉛で。おれたちは封印をはがさなかった。窓のむこうにネコがすわっている、どうやってつかまえる？　そっとしといたよ。あとになって、汚染地泥棒がはいるようになった。ドアがぶちこわされ、窓ガラスが割られ、すっかり略奪されてしまった。まっさきに消えたのはテープレコーダー、テレビ……毛皮製品……。それからきれいさっぱり持ち去られた。床にころがっているのはアルミのスプーンだけ……。難をのがれたイヌたちが家に移り住んでいた……。足をふみいれると、とびかかってくる……。もう人を信じるのをやめたんだよ……。おれがはいってみると、部屋のまんなかに母イヌが寝そべっていて、まわりに子イヌたちがいた。かわいそうだって？　そりゃあそうさ、いい気持ちはしないよ……。おれは比べていたんだ……。おれたちの行動は、実際のところ懲罰隊員みたいなもんだ。戦時中のように。おなじ図式の……軍事作戦……。到着すると、村を包囲する。イヌたちは、一発目の銃声でもう走る。森のなかへ逃げる。ネコはもっとうまくやる、あいつらはらくに身をかくせるからな。素焼きの植木鉢に子ネコがもぐりこむ……。おれは振りおとした……。ペチカのしたからひきずりだした……。いやな気持ちだよ……。家にはいると、ネコが鉄砲玉のように足もとをかけぬける、銃を持ってあとを追う。ガリガリで、汚れちまって、毛玉があちこちできていた。はじめのうちは卵がたくさんあった、ニワトリがのこっていたから。イヌとネコは卵を食い、卵がなくなるとニワトリを食っちまった。キツネもニワトリを食っていて、キツネはすでにイヌといっしょに村に住んでいた。で、ニワトリがいなくなると、イヌたちはネコを食った。納屋で豚を見つけることがあった……。外にだしてやったよ……。地下の貯蔵庫には、いろいろなびん詰めがあった。キュウリ、トマト……。おれたちはそれをつぎつぎに開けて、豚のエサ桶にぶちこんでやった。豚は殺さなかった……。

——ばあさんにであった……。家に閉じこもってしまった。ネコを五匹とイヌを三匹飼っていた……。「イヌを殺さないでおくれ、この子もむかしは人間だったんだよ」。わたそうとしなかった……。ののしられたよ。おれたちは力ずくでとりあげた。でも、イヌを一匹とネコを一匹のこしてやった。「強盗め！　牢番め」とあしざまにいわれたよ。

——わっはっは……「麓じゃトラクター農作業、山のうえじゃ原子炉火事だ。スウェーデン人が教えなきゃ、おれたちゃいまでも野良仕事」。わっはっは。

――からっぽの村々……ペチカだけが立っている。まるでハティニ〔ベラルーシの村。独ソ戦でナチスに住民ごと焼き払われた〕だ！　じいさんとばあさんが住んでいる、おとぎ話のように。じいさんたちはこわくないんだ。ほかのヤツなら気がくるうだろうに。夜、としよりたちは切株を燃やしている。オオカミは火を恐れるから。

――つまり、こういうこと……。におい……。おれはずっとわからなかった、なんで村にあんなにおいがただよっているのか。原子炉から六キロ……マサルィ村……レントゲン室のような、ヨードのにおい……。なにかの酸の……。でも、放射能にはにおいがないんだってな。そうかなあ……。で、まあ、至近距離で撃つはめになっちまった……。つまり、部屋のまんなかにイヌのおっかさん、まわりに子イヌたち。とびかかってきたから、すぐにぶっぱなした……。子イヌたちは手をペロペロなめて、甘えてくる。じゃれつくんだ。至近距離で撃つはめになった……。ソレ、オジョウサン、オクサンよ！　一匹のイヌが……黒いプードルのちびが……いまでもかわいそうだよ。そいつらをダンプカーにいっぱい積んだ、山盛りに。「汚染廃棄物捨て場」に運んでいく……。じつをいうと、ただの深い穴なんですよ。地下水に達しないように掘れとか、底にシートを敷けとか、決められていたけどね。高い場所をさがせと……。だが、そんなことは、おわかりだろうが、だれも守っちゃいませんでしたよ。シートはなかったし、場所もさっさと決めたもんです。もし、まだ息があって、負傷しただけのやつがいたりすると、キュイーン、キュイーンと……泣く……。ダンプカーからそいつらを穴にどさっと落とした、ちびプードルはよじのぼってくる。這いでようとする。もうだれにも弾がのこっていなかった。とどめをさしてやれない……。一発の弾もない……。穴に突きおとして、土をかぶせた。いまでもかわいそうだよ。

ネコはイヌよりもずっと数が少なかった。住民のあとを追っていったのか。それとも、かくれていたのか。プードルはペットで……かわいがられていたんだ……。

——遠くからやったほうがいいぜ、目と目が合わないように。

——命中させる練習をしろよ。とどめをささなくてすむように。

——なにか理解できるのは、おれたち人間さ。やつらはただ生きているだけ。「歩く屍」だよ……。

——馬は……屠殺につれていかれるとき……泣いていたよ……。

——おれもつけたしていうよ……心ってもんはどんな生きものにもある。おれは子どものころから親父に猟をしこまれた。手負いのノロジカが……横たわっていて……情けをかけてもらいたがっている、でも、とどめをさすんだ。最後の瞬間のノロジカはかんぜんに自覚した、人間のといっていいほどの目つきをしている。そいつは猟師をにくんでいるんだ。あるいは懇願している。わたしだって生きていたい！　生きていたい！

——練習しろよ！　いいかい、とどめをさすってのは、殺すよりもあと味の悪いもんだ。狩猟はスポーツ、スポーツの一種だよ。釣り好きにはだれも文句をつけないが、猟師はいつも槍玉にあげられる。不公平なこった！

——狩猟と戦争、これは男の大事な仕事さ。太古の昔から。

——おれは息子に……子どもに……うちあけられなかった。どこにいっていたのか。なにをしていたのか。息子はいまでも思っている、パパはあそこでだれかを守っていた、兵士の義務を果たしていたんだと。テレビに軍用車や兵士がでていた。おおぜいの兵士が。息子がきくんだよ。「パパ、パパって兵隊さんみたいだったの？」

――テレビ局のカメラマンがおれたちといっしょにでかけた……。覚えてるか。カメラを持ってたやつ。泣いていた。男のくせに、泣いてやがった……。頭が三つあるイノシシをずっと見たがっていた……。

――わっはっは……。キツネが見ると、パンぼうやが森をころがっていきます。「パンぼうや、どこにいくの」「ぼく、パンぼうやじゃないやい、チェルノブイリのハリネズミだい」。わっはっは……〔パンぼうやはロシア民話の主人公。放射能の影響で毛のないハリネズミが現れたといううわさが広まっていた〕。平和な原子力を各家庭へ、というやつだ。

――いいか、人間は動物のように死んでいく。おれは見たことがある……。何度も……アフガニスタンで……。おれは腹をやられて、陽なたにころがっていた。うだるような暑さ。のどがカラカラ！　これでくたばっちまうのか、家畜みたいに。そう思ったよ。いいか、血だっておなじように流れているんだ。動物のように。それに痛みも。

――おれたちといっしょにいた警官が、アレなんだ……。頭がいかれちまった。入院していた……。シャムネコがかわいそうだとずっといってた。市場では高価なのに、うつくしいのにと。頭がアレな若者……。

――雌牛が子牛をつれて歩いていた。おれたちは撃たなかった。馬も撃たなかった。やつらがこわがっていたのは人間ではなく、オオカミだ。しかし、身を守るのは馬のほうがうわて。先にオオカミにやられるのは雌牛だった。ジャングルの掟だよ。

――ベラルーシの家畜がロシアに運ばれて売られていた。若い雌牛は白血病。そのかわり安値で売りさばかれていた。

――いちばんきのどくなのはとしより……。おれたちの車によってくる。「なあ、お若いの、わしの家をちょっと見てきてくれんかね」。手のなかにカギを押しこんでくる。「服をとってきてくれ。帽子と」。カネをにぎらせようとする……。「あそこでわしのイヌはどうしているかね?」。イヌは射殺され、家は略奪されたあと。じいさんたちは二度とあそこにもどることはあるまい。どう話してやればいいのだ? おれはカギを受け取らなかった、だましたくなかったんだ。ほかのやつらはカギを受け取っていた。「自家製酒のかくし場所はどこだい? どのへんかな?」。じいさんは教えていたよ……。そいつらは大量の金属缶をみつけていた、牛乳用の大きな金属缶だ……。

――結婚式用にイノシシを一頭しとめてくれと頼まれた。注文だぜ! レバーは手のなかでぐちゃぐちゃ……。それでも注文がまいこむ……。結婚式や洗礼の祝い用に。

――おれたちは研究用にも撃っている。三か月に一度、ウサギを二羽、キツネを二匹、ノロジカを二頭。どいつもこいつも汚染されている。しかし、自分用にもやっぱり殺して食ってるんだ。はじめはおっかなびっくりだったが、いまじゃだんだん平気になってきた。なにか食わなくちゃなるまい。みんなが月に移住できるわけじゃないんだ。ほかの惑星に。

――ある男が市場でキツネの毛皮の帽子を買った――頭がはげちまった。アルメニア人が「モギリニク」〔汚染廃棄物捨て場〕製の自動小銃を安値で買った――病気で死んじまった。おどかしあっていたよ。

――おれにはあそこでなにも起こらなかった、心にも、頭にも……。ムールカたち、シャーリクたち……〔ムールカはネコ、シャーリクはイヌによくある名前〕。ソレ、オジョウサン、オクサンよ! おれは撃ったよ。仕事さ。

――おれは、あそこから家屋を運びだしていた運転手と話したことがあるんだ。立入禁止区域が強奪されている。売られている。それはもう学校でも家でも幼稚園でもなく、番号がふられた除染対象物なんだが。なんと、それが運びだされているんだよ。そいつと会ったのは、蒸し風呂小屋だったか、ビール屋台だったか、うーんと、どこだったかなあ。まあ、そいつが話すには、大型トラックで乗りつけて、三時間で家をバラしちまう。町のすぐそばでダーチャの持主たちが彼らのトラックをとめる。バカ売れなんだと。立入禁止区域はダーチャ用に買いつくされてしまった。

——おれたちの仲間には乱獲者がいる……。狩場荒らしが……。ほかの仲間は、森のなかをただ歩きまわるのが好きなんだ。狩るとしても小動物や鳥だよ。

——いっておきたいが……。あれほど多くの住民が被害をうけた、だが、だれも責任をとっていない。原発の幹部がぶちこまれて、それでおしまい。あの体制では……だれが悪かったかをいうのは、至難の業だ。上から命令されたら、なにをするべきだったかい？　遂行あるのみ。連中はあそこでなにかの実験をしていたんだ。新聞で読んだが、軍人がプルトニウムを製造していた……。原子爆弾用の……。だから、ドッカーン……。おおざっぱにいうと、問題はこうだ。なぜチェルノブイリなんだ。なぜ、おれたちのところで、フランス人やドイツ人のところじゃないんだ。

——頭のすみっこにひっかかったままなんだよ……あのようなことが……。かわいそうになあ、あのときだれにも弾が一発ものこっていなかった。とどめをさしてやる弾がなかった。あのちびプードルの……。二〇人いたのに……。一日が終わるころには弾が一発もなかった……。

チェーホフやトルストイなしでは生きられない——カーチャ・P

なにを祈っているか、ですって？　わたしがなにを祈っているか、おたずねなんですか。わたしが祈るのは教会ではありません。家で……。朝か夜。みなが寝静まっているときです。

わたしは愛したい。愛する人がいるんです。祈るのは自分の愛のため。でも、わたし……。（急にくちをつぐむ、話したくないらしい）思い出すのですか？　もしかしたら、あらゆる場合にそなえて、自分からつきはなし……遠ざけなくちゃいけないのかもしれない……。こんなことが書かれた本は読んだことがない……。映画でも見たことがない……。映画で見たのは戦争です。わたしの祖父母は、自分たちには子ども時代がなかった、戦争だったと思い出していました。彼らの子ども時代が戦争なら、わたしの子ども時代はチェルノブイリ。わたしはあそこの出身……。あなたは物書きだけれど、わたしの役にたつ本、教えてくれる本は一冊もなかった。演劇も、映画も。わたしはそんなものに頼らずに、このことを理解しようとしている。自分で。わたしたち全員が自分でのりきろうとしている、わたしたちはこれをどうすればいいのかわからない。頭では、わたしには理解できない。とくにわたしのママは、途方にくれてしまった。ママは学校でロシア語と文学を教えていて、いつもわたしにいっていた、本の通りに生きなさいと。ところが、お手本となる本がとつぜんなくなった……ママは途方にくれている……。ママって本なしでは生きられない人なんです。チェーホフやトルストイなしでは……。

思い出すのですか？　思い出してみたいような、みたくないような……。（内なる声に耳を傾けているのか、自分自身とたたかっているのか）ママはこんなふうに考えている……もし、科学者がなにも知らないのなら、作家がなにも知らないのなら、わたしたちがお手伝いしてあげるわ、自らの生と死をもって。でも、わたしはこのことは考えないでいたいの。しあわせになりたいんです。しあわせになれないってことはないでしょ？

　わたしたちはプリピャチに住んでいました。原発のとなり、わたしはそこで生まれ、育ちました。コンクリートパネル造りの大きなアパートの五階。窓は原発のほうをむいていました。四月二六日……。あとになって多くの人びとが語っていました、爆発音がたしかに聞こえたと……。そうかなあ、わたしの家族はだれも気づきませんでした。朝、いつも通りに目が覚めました、学校にいくために。バタバタバタという音が聞こえた。窓からのぞくと、わたしたちのアパートの上空にヘリコプターがいるんです。わっ、すごーい！　クラスで話そうっと！　だって、知ってたわけがないじゃない……。あと二日しかのこってないなんて……わたしたちの以前の生活が……。あと二日——わたしたちの町での最後の二日です。あの町はもうない。いまのこっているのは、もうわたしたちの町じゃない。覚えているのは、となりのおじさんが双眼鏡を持ってベランダにすわり、火事を観察していたこと。直線距離で、たぶん三キロほど。昼間、わたしたち……女の子や男の子は……発電所に自転車をすっとばしたんです。自転車のない子はうらやましそうにしてた。しかる人はいなかった。だれも！　両親も、先生も。川岸で釣りをしていた人たちは昼食までにいなくなりました。彼らは、真っ黒になって帰っていきました、ソチに一か月いたって、あんなに日焼けしません。核焼けです！　発電所のうえにたちのぼっていた煙は、黒色でも黄色でもなく、空色。淡青色でした。でも、わたしたちをしかる人はいなかった……。きっとそんな教育で……慣れっこになっていたんです、ありうるのは戦争の危険だけで、左で爆発、右で爆発という考え方に……。この場合は、ごくふつうの火事で、消していたのはごくふつうの消防士たち……。男の子たちがふざけていってた。「墓地で一列になってずらーっと並んでごらん。いちばん背の高い子が最初に死ぬんだよ」。わたしは小さかった。恐怖は覚えていません、でも、へんなことをたくさん覚えている。まあ、その、いつもとちがったことを……。なかよしの女の子が話していた、夜中にママといっしょにお金や貴金属を中庭に埋めたって、その場所を忘れちゃったらどうしようって。わたしのおばあちゃんは、定年退職のお祝いにトゥーラのサモワールをもらったのですが、おばあちゃんがいちばん気にかけていたのは、なぜかそのサモワールとおじいちゃんの記章、それと「シンガー」の古いミシンのことでした。どこにかくしとけばいいんだろうって。まもなく、わたしたちは疎開させられました。「疎開」ということばはパパが職場から持ち帰りました。「ぼくらは疎開するんだよ」って。戦争物の本みたい……。バスに乗ってから、パパは忘れものをしたことを思い出した。家にかけていった。とってきたのは自分の新しいワイシャツ二枚……。ハンガーにかかったままの……。へんだった……。いつものパパらしくない……。バスのなかでは全員が黙ってすわっていて、窓の外を見ていました。兵士たちはこの世のものとは思えないかっこう、白い迷彩服とマスクで通りを歩いていた。「わたしたちはこれからどうなるのか」。人びとが彼らのそばによってきくと「なんでおれたちにきくんだ」と腹をたてていた。「ほら、むこうに白い「ボルガ」が数台とまってるだろ、おえらがたはあそこだよ」

わたしたちは町をはなれる……ぬけるような青空。わたしたちはどこへいくんだろう。バッグや網袋には、パスハ〔正教の復活大祭〕のクリーチ〔円筒形の甘いパン〕、色付き卵。これが戦争なら、わたしが本を読んで想像していたのはこんなのじゃない。左で爆発、右で爆発……。爆撃……。わたしたちのバスは、家畜にじゃまされてのろのろ進んだ。牛や馬が道路を追いたてられていたんです……。ほこりと牛乳のにおい……。運転手は汚いことばで牧夫をののしったり、どなったりしていた。「なんで道路を歩かせているんだ。放射能のほこりをたてやがって。畑を歩けよ、牧草地を」。いわれたほうも汚いことばでいい返し、青々としたライ麦や牧草をふみつけるのは忍びないと、いいわけをしていた。だれも信じてはいませんでした、もうここにもどってくることがないなんて。人びとが家にもどらなかったって、そんなことはいちどもなかったじゃない。頭が少しくらくらし、のどがいがらっぽかった。老いた女たちは泣かなかった、泣いていたのは若い女たち。ママが泣いていた……。

ミンスクに到着した……。列車の席は車掌から三倍の値段で買いました。車掌はみんなにお茶を運んだあと、わたしたちにいった。「手持ちのマグカップかコップをだしてちょうだい」。すぐにはピンときませんでした……。えっ、コップがたりないの。ちがうんです！　わたしたち、恐れられているんです……。「どこから？」「チェルノブイリから」。すると、そろりそろりとわたしたちのコンパートメントからはなれ、子どもたちがコンパートメントの前を走るのを許さなかったんです。ミンスクのママの女友だちの家につきました。夜中に「汚れた」服と靴で他人の家にころがりこんだことを、ママはいまも恥じています。けれど、家に入れて、食事をさせてくれた。同情してくれた。近所の人がきた。「お客さん？　どこから？」「チェルノブイリから」。すると彼らもまたそろりそろりと……。

ひと月後、両親は、部屋を見にいくことを許されました。持ち帰ったのは、暖かい毛布、わたしの秋のコート、チェーホフの書簡集全巻。ママがいちばん好きな全集で、七巻本だったかな。おばあちゃん……うちのおばあちゃんは……どうしても理解できなかったんです。おまえたち、なんでイチゴジャムのびんを二、三個取ってこなかったの。この子の好物だよ。ジャムはびんにはいって、ふたがしてあるじゃないか……金属製のふたが、と……。わたしたちは毛布に「しみ」をみつけた……。ママが洗ったり掃除機をかけたりしても、どうにもならなかった。ドライクリーニングに出しましたが……。それでも「しみ」は……やっぱり「光って」いた……。はさみでくりぬいてしまうまで。毛布、コート、すべて知っている、なじんでいるものです……。でも、わたしはもうこの毛布をかけて寝ることができなかった……このコートを着ることが……。新しいコートを買うお金はうちにはなかった、でも、できなかったんです。だいっきらいよ、こんなもん。こんなコート！　わかってください、これかったのではないの、きらいだったんです。どれもこれも殺すことができるんです、わたしを！　わたしのママを！　敵対心……。そのことが頭では理解できませんでした……。どこにいっても事故の話でもちきりでした。家で、学校で、バスのなかで、通りで。ヒロシマと比べていた。でも、だれも信じていなかった。わけがわからないのに、どうやって信じればいいのですか。理解しようといくら努力したって、やってみたって、わからないものはやっぱりわからない。覚えているのは、わたしたちが町をはなれるときの——ぬけるような青空……。

おばあちゃんは……新しい場所になじめませんでした。なつかしがっていた。死ぬ前に「すかんぽが食べたい」とたのんでいた。すかんぽは放射能をもっともとりこむので、数年のあいだ食べるのを禁じられていたんです。わたしたちは、祖母を埋葬するために故郷のドゥブロヴニキ村に車で運んでいきました……。そこはすでに立入禁止区で、鉄条網がはられていました。自動小銃を手にした兵士たちが立っていた。鉄条網のむこう側に入れてもらえたのはおとなだけ……パパとママと……親戚の人たち……。わたしは入れてもらえなかった。「子どもはだめです」。わたしは、これからもおばあちゃんのお墓参りができないことを理解した……。理解したんです……。こんなことが書かれた本がありますか。こんなことが過去にありましたか。ママがうちあけた。「あのね、ママは花も木もだいきらいよ」。そういってから、自分で自分に驚いていた。ママは村で育ち、なんでも知っていて愛していたんだから……。以前……ママと郊外を散歩すると、ひとつひとつの花の名前、どんな草の名前でも教えてくれた。フキタンポポよ、セイヨウコウボウよって……。共同墓地で……草のうえに……テーブル掛けを広げて前菜とウォッカをならべた……。兵士たちが線量計で測定し、ぜんぶすててしまった。埋められたんです。草も花も、すべてが「ガリガリ」いった。わたしたち、なんてところにおばあちゃんをつれていっちゃったんだろ？

わたしは愛をもとめている……。でも、こわい……愛するのはこわい。婚約者がいて、わたしたち、戸籍登録課に婚姻届をだしたんです。あなたは、ヒロシマの「ヒバクシャ」のことをなにかお聞きになっていませんか。原爆のあと生きのこった人びとのことを……。あの人たちはヒバクシャ同士の結婚しかあてにできない。わたしたちの国ではこのことは書かれていない、話されていない。でも、わたしたちは存在している……チェルノブイリの「ヒバクシャ」が……。あの人はわたしを家につれていって、母親に紹介した……。おかあさんはりっぱな人で……工場の経理係です。社会活動をし、反共産主義の集会という集会に顔をだし、ソルジェニーツィンの本を読んでいる。そのりっぱなおかあさんが、わたしがチェルノブイリの娘、移住者家族の娘であることを知ると、びっくりしたんです。「ねえあなた、あなたって子どもを生んでもいいの？」。わたしたちの婚姻届は戸籍登録課にある……。あの人は「家をでるよ。アパートを借りよう」と懇願します。でも、わたしの耳にはおかあさんの声。「ねえあなた、生むことが罪になるって人もいるのよ」。愛することが罪だなんて……。

いまの彼と知りあうまえ、べつの恋人がいたんです。画家でした。わたしたち、結婚を考えていました。すべて順調でした、あるできごとが起きるまでは。彼のアトリエにいったとき、電話口で大声をだしているのが聞こえたんです。「運のいいやつだなあ！　ほんとについてるよ、おまえってやつは！」。ふだんはすごく静かで鈍感なところもあるくらい、感嘆符をつけた話し方なんてしない。それがなんと！　つまり、こういうことなのです。彼の友人が学生寮に住んでいる。となりの部屋をのぞくと、女の子がぶらさがっていた。換気窓に結びつけた……ストッキングに……。友人はその子をはずして……救急車を呼んだ……。ところが、こいつときたら息をつまらせてしゃべり、ふるえていた。「信じられないだろ、あいつはすごいものを見たんだ！　すごい体験をしたんだ！　女の子を抱えて運んだ……。唇に白いあわ……」。亡くなった女の子のことはなにもいわなかった、かわいそうだね、とも。見て、記憶して……そのあと絵が描きたいだけ。すぐに思い出したんです、そういえば、しつこくたずねられたことがあったわと。原発の火事はどんな色だった？　撃ち殺されたイヌやネコを見た？　どんなふうに道路にころがってた？　住民はどんなふうに泣いてた？　彼らが死ぬところを見た？

そんなことがあってから……。それ以上いっしょにいることも……質問に答えることもできなくなったんです……。（沈黙のあとで）わからないわ、あなたとまたお会いしたくなるかどうか。あなたはわたしをじろじろ見ているような気がするんです、まえの彼のように。観察しているだけ。記憶しているだけ。わたしたちはなにかの実験台にされている。みんなにはおもしろい。そんな思いから解放されません……。あなたはごぞんじじゃありませんか、なにをしたらこんな罪がふりかかるのか。子どもを生む罪が……。だって、わたしはなにも悪くないのに。

しあわせになりたいってことは、わたしの罪じゃないでしょ……。

聖フランチェスコは小鳥に説教した

セルゲイ・グーリン
映画カメラマン

これはぼくの秘密です。ほかにはだれも知らない。ぼくがこのことを話したのはひとりの友人とだけ……。

ぼくは映画カメラマンです。習ったことを思い出しながら、あそこへむかった。ほんものの作家になれるのは戦場においてである、などもろもろのことを。好きな作家はヘミングウェイ、好きな本は『武器よさらば』です。到着した。住民は畑仕事をしている、農場にはトラクターや種まき機がでている。なにを撮ればいいのか、わからない。爆発しているものなんてどこにもないんです……。

最初の撮影は、村の集会所で。舞台にテレビが置かれ、住民が集められている。ゴルバチョフの演説を聞いていた。「すべて良好、すべて制御されている」。ぼくらが撮影した村では、除染作業がおこなわれていたんです。屋根が洗われ、きれいな土が運びこまれていた。おばあさんの家の屋根は雨漏りしているのに、洗い流す意味なんてあるんだろうか。土地はシャベルひと掘り分、肥沃な地層をすっかり削り取らなくてはならなかった。ここではそのしたは黄色い砂地です。おばあさんが村役場の指示にしたがって、土をシャベルで投げすてている。ところが、そこから厩肥だけをかきあつめているんです。これを撮らなかったのは残念だ……。行くさきざきで「ああ、映画の人たちね。すぐに英雄をみつけてあげるよ」。英雄は、老人と孫むすこ。チェルノブイリのすぐ近くから、集団農場の雌牛を二日かけて追ってきたのだ。撮影がおわると、畜産学者が巨大な溝に案内してくれた。雌牛がブルドーザーで埋められていた。けれど、それを撮影することは思いつかなかった。ぼくは溝に背をむけて立ち、ソ連ドキュメンタリー映画の最高の伝統であるひとコマを撮ったのです。新聞『プラウダ』を読んでいるブルドーザーの運転手たち。見出しにはでかでかと「困難なとき国は国民をみすてない」。さらに運のいいことに、コウノトリが畑に舞いおりたんです。恰好のシンボルですよ。どんな災難がやってこようとも、ぼくらは打ち勝つんだ！　生活はつづいている……というね。

農村の道。土ぼこりがまう。これがただの土ぼこりではない、放射能のほこりだということを、ぼくはもうわかっていた。ほこりまみれにならないように映画カメラに覆いをしていた。なんてったって光学機器ですからね。空気がカラカラの五月。ぼくら自身がどれだけ吸いこんだのか、わからない。一週間後にリンパ節が腫れた。しかし、フィルムは薬莢のようにたいせつに使っていたんです、スリュニコフ中央委員会第一書記がここにくることになっていましたから。どの場所にあらわれるか、事前に知らされなかったが、ぼくらはかってに見当をつけてしまった。たとえば、きのう車で走ったときに土ぼこりがもうもうとたっていた道路、きょうはそこにアスファルトが敷かれている、それも二層にも三層にも！　一目瞭然。そこが高官たちを待っている場所なんですよ。そのおえらがたをぼくはあとで撮影しましたが、彼らはできたてほやほやのアスファルトのうえをひたすらまっすぐ歩いていた。一センチもはみださずに。これもぼくのフィルムにはいっているが、映画のシーンには入れなかった……。

だれもなにも理解していなかった、これがいちばん恐ろしいことでした。放射線測定員がある数値をいう、新聞に載るのはべつの数値だ。ははーん、ゆっくりとなにかがわかりかける。やれやれだ……。家には小さな子どもと愛する妻がのこっている……。こんなところにいるなんて、おめでたいにもほどがある。まあ、記章はもらえるにしても……。妻が逃げるかもしれない……。救いは、ユーモア。ぼくらは、くちからでまかせの小話をしたもんです。廃村にホームレスの男が住みつきました。そこには四人のおばあさんがのこっていました。「あんたらの男はどうだい？」ときかれる。「あのスケベ野郎め、もうひとつの村をかけもちでいやがるよ」。もし最後まで誠実であろうとするなら……。自分はすでにここにいる。そしてもうわかっている。チェルノブイリ……。しかし、道はのびている……小川は流れている、ただprintln(さらさらと)。でも、これは起きてしまった。チョウチョがひらひら……。川岸にうつくしい女性が立っている……。でも、これは起きてしまった。近しい人間が死んだとき、これとよく似た気持ちだった。太陽がでている……。壁ひとつむこうのだれかの部屋の音楽……。ツバメが軒下の巣にはいろうとしている……。でも、彼は死んでしまった。雨がふりだした……。でも、彼は死んでしまった。おわかりでしょうか。自分の気持ちをことばでとらえて、あのときぼくの内面がどうであったか、それを伝えたいのです。べつの次元にはいりたいのです……。

満開のリンゴの花を見て、撮りはじめた……。マルハナバチの羽音、婚礼の白い花……。またただ——住民は働いている、果樹園は花ざかり……。ぼくはカメラをかまえる、しかしわからない……。なにかがへんだ！　露出は正常、映像はうつくしい。でも、なにかがちがう。そして、とつぜんひらめく。においを感じないんだと。果樹園には花がさいている、なのに、においがしないんですよ！　あとになってはじめて知ったんですが、放射線量が高いと身体がこのような反応をする、一部の器官の働きが遮断されるんです。ぼくの母は七四歳ですが、そういえば、においがわからないとこぼしていた。そうか、ぼくもいまそれなのか。ぼくらの班は三人で、仲間にきいてみる。「リンゴの花のにおいがするかい」「それがぜんぜんしないんだ」。なにかがぼくらに起きていたんです……。ライラックの花もにおわない……。あの香りの強いライラックが、ですよ。するとこんな気がしてきたんです。

まわりのものすべてが本物ではない。ぼくは舞台装置のなか……。で、ぼくの意識はこれを把握する状態にない、意識の支えとなるものがない。図式がない！

子ども時代のこと……。近所に、戦時中パルチザン活動をしていたおばさんがいて、自分たちの部隊が包囲網を脱出していたときのことを話していた。おばさんはあかんぼうを、生後一か月のあかんぼうを抱っこしていた。部隊は沼のなかを進み、まわりは懲罰隊員……。あかんぼうが泣いていた……。自分たちの居場所がばれるかもしれない、部隊全体が発見されるかもしれない。おばさんはあかんぼうのくちをふさいで殺した。ひとごとのように話していた。やったのは自分じゃない、よその女だ、あかんぼうもよその子だというふうに。おばさんがなぜその話を思い出したのか、ぼくはもう忘れた。はっきりと覚えているのはほかのこと、自分の恐怖です。なんだっておばさんはそんなことをしでかしたんだろう。どうしてやれたんだろう。パルチザン部隊が包囲網を脱けだそうとしていたのは、あかんぼうのため、その子を救うためじゃなかったのか。ところが、殺されたのはあかんぼうのほうだ、健康で強い男たちが生きのこるために。それなら、生きることの意味はどこにあるのか。それ以来、ぼくは生きるのがいやになったんです。少年だったぼくは、そのおばさんに目をやるのがきまり悪かった、そんなことを知ってしまったから……。まあね、とにかく、人間についてなにかおぞましいことを知ったんです。おばさんのほうはぼくをどんな気持ちで見ていたんだろう。（しばらく沈黙）まあ、そんなわけで、思い出したくないんです……立入禁止区域にいた日々のことは……。自分のためにあれこれ理由をつけて。この扉を開けたくないんです……。あそこでぼくが理解したかったのは、どこにいる自分がほんもので、どこにいる自分がにせものかということ。ぼくにはすでに子どもがいた。最初の子は息子。この子が生まれたとき、ぼくは死を恐れるのをやめた。ぼくの人生の意味がみつかった……。

　夜中、ホテルで……目が覚める——窓のそとで単調なざわめき、不可解な青い閃光。カーテンを開けてみると、赤十字マークと回転灯をつけた数十台のジープが通りを走っている。完全な静寂のなかを。なにか衝撃に似たものを覚えた。映画のなんシーンかが思いうかんだ……。ぼくは一気に子ども時代にもどされた……。ぼくら、戦後の子どもたちは戦争映画が好きだった。そう、あのようなシーン……。そして、子どもっぽい恐怖……。味方が全員町から逃げだして、のこっているのは自分だけ、決断をせまられる。いちばん正しい決断はなに？　死んだふりをする？　それともどんな？　もし、やるべきことがあるとしたら、それはなに？

　ホイニキの町の中心に表彰板がかかっていた。この地区のりっぱな住民たちだ。しかし、汚染地へ車で行って、幼稚園の子どもたちをつれだしたのは、アル中の運転手であって、表彰板の人間ではなかった。みなが本来の自分になったのです。ほかにもある、疎開。最初につれだされるのは子どもたち。数台の大型バス「イカルス」に乗せられた。戦争映画で見たような撮りかたをしている自分がいた。そしてすぐに気づく、ぼくだけじゃない、このシーン全体の登場人物たちが同様の行動をとっているんです。『鶴は翔んでゆく』という、むかし、ぼくらみんなが好きだった映画がありますよね。あの映画のようにふるまっているんです。涙はあまり流さず、別れのことばは短く……手を一振り……つまり、ぼくら全員が、既知の行動様式をみつけようとしていた。なにかとおなじであろうとしていたんです。少女が母親に手を振っている。だいじょうぶ、わたし、勇敢だもの。わたしたちは勝つの！　ぼくらは……ぼくらは、こういう人間なんです……。

　ミンスクに帰ったら、そこでも疎開があるだろうと思ったんです。家族と、妻と、息子とどんな別れかたをしようか。こんな身振りも思い浮かべていた。「ぼくらは勝つんだ！」。ぼくらは戦士なのです。父は軍人ではなかったが、ぼくの記憶する限り、ふだんから軍服を着ていた。カネのことを考えるのは俗物根性、自分の人生を考えるのは非愛国的。飢えがふつうの状態。彼ら、ぼくらの親たちは、荒廃をのりこえた。ぼくらもまたそれをのりこえなくてはならない。そうでなければ真の人間にはなれない。ぼくらは、どんな状況でも戦うこと、生きのこることを教えられてきた。ぼく自身、兵役のあとで、市民生活が味気なく思えたんです。刺激的な感覚を求めて夜の町を仲間とぶらついたりした。子どものとき、『粛清人』というすばらしい本を読んだことがある。著者名は忘れたけれど、破壊分子狩り、スパイ狩りの話だった。血がさわぎ、胸がおどる。ぼくらはこんなふうにできている。毎日が仕事とおいしい食事だとしたら、耐えられない、居心地がよくないんですよ。

　ぼくらは、事故処理作業員たちといっしょにどこかの職業技術学校の寮で寝起きしていたんです。若い連中だ。トランクいっぱいのウォッカが支給された。身体から放射能を除去するためです。その寮に医療班が配置されていることがとつぜんわかった。女の子だけの。「さあ、これから楽しくやろうぜ」と男たちがいう。二人の男が出かけたが、すぐにもどってきた、すごーい目をして……。見に行こうという……。こんな光景。娘たちが廊下を歩いている……。軍服の上着のしたに支給されているのは、ズボンとひも付きズボン下で、床をずるずる引きずり、だぶだぶ。だれもはずかしがっていない。どれもこれも古着で、丈が合っていないんです。ハンガーにぶらさがっているようだ。上履きをはいた子、型くずれしたブーツをはいた子。軍服のうえにもう一枚ゴム引きの作業着をはおっている。なにかの化学成分が染みこんでいて……その悪臭たるや……。寝る前に脱がない子もいるんです。見るのも不気味……。それに看護師だなんてとんでもない、大学の軍事科からつれてこられたんです。

二日間という約束だったが、ぼくらが到着したとき、その子たちはすでに一か月もいた。原子炉につれていかれ、そこでやけどをたくさん見たと話してくれたが、やけどのことをぼくが聞いたのは、彼女たちからだけ。いまも目に浮かぶんですよ、寮のなかをあの子たちがさまよっているのが、ぼーっとして……。

新聞に書かれていたんです、さいわいなことに、風が吹く方向があっちじゃなかった……都市のほう……キエフのほうじゃなかったと……。まだだれも知らなかった……思ってもみなかったんです、ベラルーシにむかって風が吹いていたなんて……。ぼくにむかって、息子のユーリクにむかって。あの日、ぼくと息子は森のなかを散歩しながらコミヤマカタバミをちぎっていた。あんまりじゃないか、だれもおしえてくれないなんて。

撮影旅行からミンスクにもどった……。トロリーバスで職場にむかう。会話の断片が耳にとびこんでくる。「チェルノブイリで映画を撮っていたそうだ。カメラマンがひとり現地で死んだ。命をおとしたんだ」。へえー、だれのことなんだろう。こんどは耳をかたむける。若くて、子どもがふたりいて、名前はヴィーチャ・グレヴィチ。そういうカメラマンならぼくらのところにいる。まったくの若者だ。子どもがふたり? なんで伏せていたんだろう。映画スタジオに近づいたとき、だれかがいいなおす。「グレヴィチじゃない。グーリンだよ、セルゲイ・グーリン」。なんてこった、ぼくのことじゃないか! いまとなっては笑い話だが、あのときは地下鉄駅からスタジオにむかいながらこわかったんです、ドアを開けると、そこには……。まったくもってバカげた考え。「どこでぼくの写真を手に入れたんだろう、人事部でか?」。どうしてこんなうわさ話が生まれたのか。事故の規模と犠牲者の数があわないんです。たとえば、クルスクの会戦〔一九四三年〕、数千人の戦死者……。これならわかる。だが、今度の場合、最初の数日に死んだ消防士は、わずか七人だとか……。それから、さらに数人……。その先は、ぼくらの意識にとってあまりに抽象的な定義、「数世代後」「永久」「無」。うわさがたちはじめていた。三つ頭の小鳥が飛んでいる、ニワトリがキツネをつつき殺している、毛のないハリネズミ……。

で、まあ、それから……。それから、だれかがまた立入禁止区域に行く必要があった。ひとりのカメラマンは胃潰瘍の診断書を持ってきた。二人目は休暇をとってでかけてしまった……。ぼくが呼びだされる。「行くんだ！」「だって、ぼくはもどってきたばかりですよ」「いいか、きみはすでに行ってきた。おなじことだよ。それにだ、きみにはもう子どもがいる。連中は若いんだよ」。くそっ、ぼくだって五人も六人も子どもが欲しいと思っているかもしれないだろ！　圧力がかけられはじめる。まもなく賃率が決められるが、きみには切り札ができるぞ。給料が上がるか……。悲しくもありおかしくもある話だ。頭の片隅に追いやりましたよ……。

いつだったか、強制収容所にいたことがある人たちを撮影したんです。ふつうこういう人たちは顔を合わせるのを避けている。なにか不自然なものがあるんですよ、あつまって、戦争の思い出話をするのは。殺されたり殺したりしていたことを思い出すのは。ともに屈辱をあじわい、あるいは、屈辱に耐えた人たち……。この人たちは、おたがいから逃げているんです。自分自身から逃げている。あそこで人間について知ったもの……あそこで自分のうちから、皮膚のしたから、ひょいとあらわれたものから、逃げている。そう……そういうわけ……。なにかがあそこ……チェルノブイリにはある……。ぼくもまたそれを知ったし、感じた、そのことは話したくないんです。たとえば、ぼくらの人道主義的な考え方は、すべて相対的なものだということ……。極限状態では、人間は本に書かれている人間とは本質的にまったくべつのものなんです。本のなかのような人間はいなかった。そういう人間に会うことはなかった。すべてが逆。人間は英雄じゃない。ぼくら全員が終末思想の売り子なんです。大きな売り子たちと、小さな売り子たち。脳裏をかすめるんです、きれぎれの……こんな光景……。集団農場長は、自分の家族と荷物、家具を車二台で運ぼうとし、党オルグは自分に一台まわしてくれと頼んでいる。公平にやろうじゃないかと。ところが、ここ何日か、保育所の子どもたちをつれだせないでいるのを、ぼくは見て知っている。車がたりないんです。それなのに、連中は三リットルびんのジャムやら塩漬けやら、家にある一切合財を荷造りするのに車二台じゃ不足だという。つぎの日、荷物を積みこんでいるのを見た。それも撮らなかった……。(ふいにわらいだす) ぼくらは、あそこの店でソーセージと缶詰を買った、でも、食うのはおっかない。網袋を持ち歩きましたよ。するのはもったいないからね。(まじめな顔で)世界の終末のときでも、悪のメカニズムは機能するのです。ぼくはそれを理解した。あることないことをいいふらし、上司におべっかをつかい、自分のテレビやアストラカンのコートを救おうとするんですよ。世界の終わりを前にしても、人間はいまの人間のままなんです。いつでもね。

ぼくは、映画班の仲間に申し訳ないことをしちゃったと感じている。特典をなにひとつもらってやれなかったんです。班の若いやつにアパートが必要になったので、ぼくは労働組合委員会にいった。「なんとかしてください。ぼくらは立入禁止区域に半年いた、特典があるはずだ」。「わかりました」という。「証明書を持ってきてください。公印入りの証明書が必要です」。ところが、ぼくらがあそこで地区委員会にいってみると、モップをもったナースチャおばさんが廊下をいったりきたりしているだけ。全員がどこかへ立ち去ったあと。証明書の束を持っている監督がひとりいるんですよ。どこにいたか、なにを撮っていたか。たいした英雄だよ。記憶のなかには、ぼくが撮影しなかった大長編映画がある。なんシリーズも……。（沈黙）ぼくらはみんな終末思想の売り子なんです……。

兵士たちといっしょに一軒の百姓家にはいる。老婆がひとり住んでいる。

「さあ、ばあちゃん、出発だよ」

「いこうかね、お若いの」

「じゃあ、したくしな、ばあちゃん」

ぼくらは外で待つ。たばこを吸う。おばあさんが出てくる。手にしているのは、イコンと一匹のネコと小さな包み。持ち物はこれだけ。

「ばあちゃん，ネコはだめだよ。決まりなんだ。毛に放射能がくっついてるからな」

「いんや、にいちゃんたち、ネコがだめなら、あたしゃいかないよ。いけるもんかね、この子ひとりをのこして。あたしの家族なんだよ」

このおばあさん……あの満開のリンゴの木……。すべてのはじまりはこれ……。ぼくがいま撮っているのは動物だけです……。いいましたよね、ぼくの人生の意味がみつかったと……。

あるとき、ぼくのチェルノブイリの映画を子どもたちに見せたんです。非難されましたよ。なんのためだ？　だめだよ。やめたほうがいい。ただでさえ、この子たちはこの恐怖のなかで、こんな会話にかこまれてくらし、血液に変化が起き、免疫システムが乱されているのに、とかいってね。五人でも一〇人でもきてくれるといいな、と思っていた。会場がいっぱいになったんです。ありとあらゆる質問がでましたが、ひとつの質問がぼくの記憶につよく刻みこまれている。少年が、無口そうな子でしたが、くちごもりながら顔を赤くして、質問したのです。「どうして、あそこにのこっていた動物を助けるのは、だめだったの？」。うーん、どうしてかなあ。ぼく自身、そんな問いが浮かんだことはなかった。で、答えに詰まってしまった……。ぼくらの芸術は、人間の苦悩と愛のことだけで、すべての生きものの苦悩と愛のことではない。人間のことだけなんですよ。ぼくらは彼ら、動物や植物のほうにおりていこうとしない……もうひとつの世界に……。だって、人間はすべてのものを絶滅させることができるんです。みな殺しにすることが。いまではこれはもう空想小説じゃない……。こんな話をしてくれた人がいるんです。事故が起きて最初の数か月、住民の移住案が検討されていたとき、動物もいっしょに移住させるという計画がもちあがったのだと。しかし、どうやって。どうやってすべての生きものを移住させるのか。地上のものはまだしも、なんとかべつの場所に移すことができるかもしれない、でも地中の甲虫やミミズは？　高所のものは？　空にいるものは？　スズメあるいはハトを、どうやって避難させるのか？　どうあつかえばいいのか？　ぼくらには、必要な情報を彼らに伝える手段がないのです。

ぼくは映画を撮りたい……。題名は『人質たち』……。動物の映画です……。覚えておられますか、「赤茶色の島が大洋を進んでいた」という歌を。船が沈没しかけている、人間は救命ボートにのりうつった。でも、馬は知らなかったんです、救命ボートに自分たちの場所がないことを……。

現代の寓話……。舞台ははるかかなたの惑星。宇宙服を着たひとりの宇宙飛行士。イヤホンを通して物音が聞こえる。見ると、なにか巨大なものが彼のほうにせまってくる。とてつもないものが。恐竜か？　その正体がわからないまま、彼は発砲する。すぐに、なにかがふたたび彼に接近してくる。彼はそれも退治する。さらに一瞬ののちには、群れ。そして彼はみな殺しにする。じつは、火事が起きて、動物たちが逃げていたんです、宇宙飛行士が立っている、人間が立っている道を走って！　あそこでぼくに……そうですね……ぼくにいつもとはちがうことが起きたんです。動物……樹木……小鳥を……ぼくはべつの目でながめるようになった。すてられて荒廃した民家からイノシシがとびだす……ヘラジカがでてくる……。ぼくが撮ったのはそれ。そういうものを、さがしている……。新しい映画を作りたいんです。そしてすべてを動物の目でながめてみたい……。「そんなもん撮ってどうすんだ」といわれる。「まわりを見ろよ……チェチェンじゃ戦争だぜ」。でも、聖フランチェスコは小鳥に説教していた。小鳥と対等であるかのように話していた。もしこれが、小鳥のところまでおりたのが彼ではなく、小鳥が小鳥語で彼と話していたのならどうでしょうか。彼は、小鳥たちの秘密のことばがよくわかったのです。

覚えておられるでしょう……ドストエフスキイの本で……男が馬の柔和な目を鞭で打っていたのを。狂人のような男だ！　尻ではなく、馬の柔和な目を……。

アルカジイ・パヴロヴィチ・ボグダンケヴィチ
農村の准医師

さけび

みなさんがた……ぼくらにかまわないでください！　そっとしといてください！　あなたがたはちょっと話して帰っていくが、ぼくらはここで生きなくちゃならないんです……。

ここにカルテがある……。ぼくは毎日これを手にとるんです。読んでいるんです……。

アーニャ・ブダイ——一九八五年生まれ、三八〇レム

ヴィーチャ・グリンケヴィチ――一九八六年生まれ、七八五レム
ナースチャ・シャブロフスカヤ――一九八六年生まれ、五七〇レム
アリョーシャ・プレニン――一九八五年生まれ、五七〇レム
アンドレイ・コトチェンコ――一九八七年生まれ、四五〇レム

きょう、母親がこんな少女を診察につれてきた。

「どこが痛いのかな?」

「ぜんぶ、あたしのおばあちゃんみたいに。心臓、背中。めまいがするの」

「脱毛症」ということばを子どもたちは早くから知っています。多くの子どもがハゲているから。髪の毛がない。まゆ、まつげがない。みんな慣れている。しかし、ぼくらの村には小学校しかなく、五年生になると一〇キロさきの学校にバスで子どもたちを送り迎えするんです。で、泣く、行きたくないと。ほかの子どもたちがからかうんです。

ごらんの通り……ぼくの患者は廊下にいっぱい。待っているんです。ぼくが毎日耳にしていることに比べたら、テレビでやってるあなたがたのホラー映画なんて、ゴミだ。首都の偉い人たちにそう伝えてください。ゴミだと!

モダン……ポストモダン……。夜中、緊急呼び出しで起こされた。行ってみると……母親はベッドの横でひざまずき、子どもは死にかけている。母親の慟哭が聞こえる。「むすこや、こんなことになるとしても、夏だといいのにと思ってたのよ。夏ならあったかくて、お花があるし、地面が柔らかいもの。いまは冬よ……せめて春がくるまで待っててちょうだい……」。あなたはこのまま書けますか。

ぼくは、この子たちの不幸を売り物にしたくない。哲学的思索もしたくない。それをするには、脇

にはなれなくちゃならない。ぼくにはできない……。毎日聞こえるんですよ、子どもたちが話しているのが……訴えて、泣いているのが……。みなさんがた……真実を知りたいのですか。ぼくの横にすわって、書きとってください……。そんなことをしても、だれもそんな本なんか読まないでしょうよ……。

ぼくらにかまわないほうがいい……ぼくらはここで生きなくちゃならない……。

男声と女声――二声のモノローグ

教師のジャルコフ大妻。夫のニコライ・プロホロヴィチは労働実習、妻のニーナ・コンスタンチノヴナは文学を教えている。

〈妻〉わたしはしょっちゅう死のことを考えている、だから死を見にいかないんです。あなたは、子どもたちが死について話しているのを、耳になさったことがありますか。

わたしの学校では……七年生になるともう議論し、ああだこうだと話しているんです。それってこわいのか、こわくないのか、と。少し前まで、小さな子どもたちの関心ごとは、自分たちがどこからきたのか、子どもがどこからあらわれるのかということでした。いま子どもたちが気にしているのは、核戦争後にどうなるかということ。彼らは古典文学を愛するのをやめ、わたしがプーシキンを暗唱しても、その目は冷ややか、無関心……。うつろ……。子どもたちのまわりはすでにべつの世界なんです……。空想小説を読んで、夢中になっている。人間が地球をはなれ、宇宙時間や異世界を自由に操る話に。子どもたちが、おとな、たとえばわたしのように、死を恐れるなんてありえないことです。彼らは、なにかファンタスティックなものとして、死に興味をもっているんです……どこかへの移住のように……。

じっくり考えているんです……このことを考えている……。まわりの死に多くのことを考えさせられます。わたしがロシア文学を教えている子どもたちは、一〇年前にいた子どもたちに似ていない。この子たちの目の前では、いつも葬られているんです、なにかが、だれかが。土のなかに埋められている……知人……家屋、樹木……すべてが葬られている……。朝礼のとき気を失う、一五分か二〇分そこら立っていると鼻血がでる。なにがあっても驚かない、よろこばない。いつも無気力で、ぐったりしている。血の気のない、青白い顔。遊ばない、悪ふざけをしない。だから、なぐりあって、うっかりガラスを割ったりすると、教師たちはうれしいくらいです。しかったりしません、ふつうの子とちがうんです。あまりにも成長がおそい。授業中なにかを復唱するようにいっても、できない。すぐあとについてくりかえしなさいと、ひとつの文章をいう——覚えられない、そんなひどいことになっている。「ねえ、ちゃんと聞いてるの、ちゃんと」とゆさぶってやります。考えているんです……。いろいろと……。ガラスに水で絵を描いているようなものです。なにを描いているか、知っているのはわたしだけで、だれにも見えない、だれにも当てられない……だれにも想像できない……。

わたしたちのくらしは、ひとつのこと……チェルノブイリのまわりをまわっている……。あのときどこにいたか、原子炉からどれくらいはなれたところに住んでいたか。なにを見たか。だれが死んだか。だれがどこへでていったか。そうそう、最初の数か月はレストランがふたたびにぎわいをとりもどし、宴会さわぎがはじまったんです。「人生は一度きり」「死ぬのは音楽とともに」。兵士や将校がぞくぞくやってきた……。いま、チェルノブイリはわたしたちからはなれない。若い妊婦がとつぜん亡くなった。診断なし、病理解剖学者でさえも診断がくだせなかった。小さな女の子が首をつった……。五年生……これという理由もなく。親御さんは気もくるわんばかりです。すべてに対して診断はひとつ——チェルノブイリ、なにが起きてもみんながいう、チェルノブイリだと。わたしたちは非難される。「恐れているから病気になるんです。原因は恐怖。放射線恐怖症です」。しかし、小さな子どもたちが病気になり、死んでいくのはどうしてですか。彼らは恐怖というものを知らない、まだ理解できていないのに。

あの日々を覚えています……。のどがひりひりした、重い、なんだか全身が重かった。医者にいわれた。「あなたは猜疑心が強い。いまではみなが疑ってかかるようになりました、チェルノブイリの事故がありましたからね」。猜疑心だなんて、そんな！　全身が痛むんです。体力がありません。夫もわたしも、おたがいに打ちあけるのはきまりが悪かったんですが、足がきかなくなりはじめたんです。まわりのだれもが訴えていました、すべての人びとが……。道を歩いてるでしょ、その場に横になりたい、横になって眠ってしまいたいほどよ、と。生徒たちは机につっぷしたり、授業中にいねむりをしたり。どの子もひどくゆううつそうで暗く、やさしい顔は一日じゅうまったく見られない、笑顔がないんです。子どもたちは朝八時から夜九時まで学校にいましたが、外で遊んだり走ったりは厳禁でした。彼らには服が支給されていました。女子にはスカートとブラウス、男子には上着とズボン。しかし、その服で子どもたちが下校し、そのあとどこへいくのか、わたしたちは知らなかった。上から下まできれいな服で登校するように、母親たちは通達に従って、毎日この服を洗濯することになっていました。第一に、支給されたのが、たとえばブラウス一枚とスカート一枚だけで、着替え用がなかったから。第二に、母親たちは、家業のニワトリ、牛、子豚の世話で手いっぱい、おまけに、なぜ毎日服を洗う必要があるのかわかっていなかったから。母親にしてみれば、汚れというのはインクや泥、油ジミのことで、短寿命アイソトープの影響のことじゃないんです。受けもちの生徒の親たちに説明をこころみても、思うに、彼らの前にアフリカの種族のシャーマンがいきなりあらわれたのと同程度にしか、わたしの話が理解できないのです。「で、いったいなんですか、その放射能って。音がしないし、目に見えない……。うちじゃ、つぎの給料日までお金がもたないんです。最後の三日間はいつも牛乳とジャガイモだけですよ」。母親はどうでもよさげに手をふる。牛乳は禁止……ジャガイモも禁止されているのに。お店に中国製の肉の缶詰とソバの実が運びこまれた、でも、それを買うお金がどこにあるんですか。棺桶代……棺桶代をくれる……。汚染地の住民への補償金、はした金……。缶詰二個分よ……。通達は、専門知識のある人、一定の生活レベルにむけて作られている。しかし、そんなものはないんですよ！　通達の意味が理解できる人はここにはいない。それに、レムとレントゲンがどうちがうのか、一人ひとりに説明するのもなかなかやっかいなことです。あるいは低線量理論を。

わたしの見方では……むしろいいたいのは、わが国の運命論、あのように能天気な運命論について。たとえば一年目、畑の野菜はなにも食べるなといわれましたが、それでも食べたり、貯蔵用にまわしたりしていた。見事なデキだったんです。キュウリを食べちゃいけない……トマトも、なんていってごらんなさい。いけないって、どういうことだい？　味はふつうだよ。そういって食べる、腹は痛くない……。暗闇で「光って」いる人なんかいやしない……。あの年、近所の人たちが地元の木材で床をあたらしくし、測ってみると許容値の一〇〇倍もの放射線量でした。だれもその床板をはがさず、そのまま住みつづけていた。万事まるくおさまるもんだ、なんとかなるもんだと。自分たちがいなくても、自分たちぬきでも、かってにうまくいくと思っているんです。最初のうちは、あれやこれやの食料品を放射線測定員のところに持参して、検査してもらっていた——基準値の数十倍もありました。しかし、そのうちやめてしまった。「音がしない、目に見えない。やれやれ、科学者たちのでっちあげだよ」。すべてがいつも通りにすすんでいた。耕して、種をまいて、収穫する……。想像もつかないことが起きたのに、住民はたんたんとくらしている。自分の畑でとれたキュウリをすてることのほうが、チェルノブイリよりも大問題だったんです。子どもたちは夏のあいだずっと登校していました。兵士たちが粉せっけんで学校を洗い、周囲の表土をはがしたのです……。でも秋には？ 秋になると生徒たちはビーツの収穫におくられた。大学生、職業技術学校の学生も畑につれてこられました。全員がかりだされたのです。チェルノブイリ——これはそれほどこわくない、掘りだされていないジャガイモが畑にのこっているほうが、ずっとこわい……。

悪いのはだれですか。わたしたち自身のほかに、だれか悪い人がいますか。

以前、わたしたちは、自分たちのまわりのこの世界に気がついていなかった。それは、空や空気のように、だれかが永遠に与えてくれたもので、わたしたちに左右されることなく、いつまでもあるかのようでした。以前、わたしは森の草地に寝ころんで、空をうっとりとながめるのが好きでした。気持ちがよすぎて、自分の名前を忘れるくらいだった。でも、いまは？ 森はうつくしい、コケモモの実がいっぱい。でも、摘む人はいない。秋の森で人声がすることはまれです。感覚のなかの恐怖、本能的なレベルで……。わたしたちにのこったのは、テレビと本と……想像力だけ……。子どもたちは室内で成長しています。森や川で遊ぶことなく……窓から見ている。すっかりべつの子どもたちなんです。でも、わたしはこの子たちのところにいく。「物憂い時よ、魅惑の瞳よ……」。わたしにとって永遠に思えていたプーシキンをあいかわらずたずさえて。たまに冒瀆的な考えが浮かぶことがあります。もしかしたら、わたしたちのすべての文化は、古い原稿がつまった長持なのかもしれない。わたしの愛しているものすべては……。

（夫）　あらわれたのはべつの敵……。敵は姿を変えてぼくらの前にあらわれたんです……。わが国には軍事教育がありました。軍事的思考が。ぼくらは、核攻撃の撃退と根絶への指針をあたえられていた。ぼくらが立ちむかうべき相手は、化学兵器、生物兵器、そして核による戦争だった。身体から放射性物質を除去することではなかった……。放射線量を計算し……セシウムやストロンチウムに気をくばることではなかった……。戦争と比較することはできない、それは正しくない。でも、みんなは比較している。ぼくは子どものとき、レニングラード封鎖〔第二次世界大戦中ドイツ軍による九〇〇日におよぶ封鎖〕を体験したんです。比較はできない。あれは前線のようなくらしで、ぼくらは、いつ終わるとも知れない砲撃下におかれていた。そして、飢え。数年間の飢え、動物的本能がむきだしになるまでに堕ちていた。自分のなかのケモノがでてくるまでに。ところがここでは、外にでるとどうです、畑になんでも育っているじゃないですか。野原にも森にも、なにも変わったところはない。比較はできない。しかし、ぼくがいいたかったのはこれではなく……うーんと……なんだったかなあ……。あっ、そうそう……砲撃がはじまると、そりゃあひどかったんですよ。死ぬのはいつかじゃなくて、いま、この瞬間かもしれないのです。冬は寒さ。家具を焚きつけた、自宅の木製品、本という本を燃やした、たしか、古着ですら焚いていた。人が通りを歩いていて、すわりこむ。つぎの日にいくと、まだすわったまま、つまり、凍死です。凍死者はそうやって一週間、あるいは春がくるまですわっている。暖かくなるまで。氷を割って凍死者を引っぱりだす力はだれにもなかったし、人がたおれても、近よって助けることはめったになかった。そばを、みながそばを這うようにして通りすぎる。そう、人びとは歩くのではなく、這っていた。それほどゆっくりと歩いていた。なにものとも比較はできませんよ。

原子炉が爆発したとき、ぼくの母がまだいっしょに住んでいて、くり返していました。「いちばん恐ろしいことは、ねえ、お前、わたしとお前はもう体験ずみなんだよ。レニングラード封鎖を体験したんだもの。あれよりも恐ろしいことがあるもんかね」。母はそう思っていた……。

ぼくらは戦争に、核戦争にそなえていた、核シェルターを建設した。砲弾の破片から身をかくすように、原子から身をかくそうとしていたんです。ところが、それはどこにでもある……。パンのなか、塩のなか……。ぼくらは放射能を吸い、放射能を食っている……。ぼくが理解できていたのは、パンも塩もない、でもなんでも食える、においをかぐために革ベルトですら水で煮て、そのにおいで腹がふくれる、ということ。でも、これは理解できない。すべてが毒されている……。いま重要なのは、どう生きるべきか、それを明らかにすることです。最初の数か月は恐怖でした。とくに、医者、教師といった、いわゆるインテリ層、より学のある人たちが、すべてを投げすてて、去っていた。彼らはおどかされ、出すまいとされたのですが。軍規がある、党員証を机におけと。でも、ぼくが理解したいのは……だれが悪いのかということ。ここでどう生きるべきかという問いに答えるために、知る必要があるんです。だれが悪いのか。いったいだれなのか。科学者なのか、原発の職員なのか。それともぼくら自身、ぼくらの世界観なのか。ぼくらは、自分の所有願望に歯止めがかけられないでいる、消費願望に……。責めを負うべき人たちがみつかった――原発の所長、当直の運転員たち。科学。でも、なぜぼくらは自動車と闘わないのですか、ぼくに答えてください。おなじ人知の産物でありながら、原子炉とは闘っているのに。すべての原子力発電所を閉鎖し、原子力専門家を裁判にかけろと要求しているのに。罵倒しているのに！　ぼくは人間の知識を崇拝しているんです。そして人間によって創られたものすべてを。知識が……知識そのものが罪になることはありえない。科学者たちも、今日ではチェルノブイリのあと生きたいと思っている、チェルノブイリのあと死にたくないと思うのではなく。ぼくはチェルノブイリの犠牲者です。自分が信じるもののなにをよりどころにできるのか、知りたいのです。なにがぼくに力を与えてくれるのかを。

ここではみんながこのことを考えている……いま、住民の反応はさまざま、それでも一〇年がすぎた、でも、彼らのものさしは戦争です。戦争は四年間つづいた……。すでに戦争がふたつ分だよなと。人びとの反応をあげてみましょうか。「すべて過去のことだ」「そのうちケリがつくよ」「一〇年たった、もうこわくない」「人間はみんな死ぬんだ！　みんなもうじき死ぬよ」「国外にでたい」「助けてくれるはず」「いやあ、気にしないよ！　生きていかなくちゃ」。まあ、ざっとこんなものかな。こういうことをぼくらは毎日耳にしている……。くりかえし話されているんです……。ぼくの観点からすると、ぼくらは学術研究の材料なんです。国際実験室……。ヨーロッパのまんなかに……ぼくらベラルーシ人一〇〇〇万人がいて、二〇〇万人以上が汚染された大地のうえでくらしている。自然実験室。データの記録をとり、実験をするところ。そして、世界各地からぼくらのところにやってくる。学位を取ったり、研究論文を書いたりしている。モスクワ、ペテルブルグ……日本、ドイツ、オーストリアから……。やってくるのは、将来に不安を抱いているからだ……。（長い中断）

ぼくが、いまなにを考えていたか。また比較していたんです……。チェルノブイリのことは話せるが、封鎖のことは話せない、と考えていた。一通の手紙をレニングラードから受けとった。あ、すみません、ペテルブルグということばは、ぼくの意識に根をおろしていないんです。ぼくが死にかけていたのはレニングラードですからね。まあ、それで……その手紙に「レニングラード封鎖の子どもたち」の集いへの招待状がはいっていた。ぼくはでかけた……。しかし、ことばをしぼりだすことはできなかった。恐怖のことをただ語るだけなのか。ぼくはでかけたのか。不十分だ。ただ恐怖のことだけでは……。それで、その恐怖で、ぼくがどうなったのか。いまもわからない……。封鎖のことを家で思い出すことはなかった、母がいやがったんです、ぼくらが思い出すのを。でも、チェルノブイリのことは話すんです……いや……。(話をやめる) 家族のあいだでは話さない。話がでるのは、だれかがやってきたとき。外国人、ジャーナリスト、よそに住む親戚が。なぜ、ぼくらはチェルノブイリのことを話さないんだろう。ここにはこのテーマがないんです。学校で……生徒たちと……そして家で。このテーマは封じられている。ふれることはない。生徒たちとこの話をするのは、治療先のオーストリア、ドイツ、フランスの人たちです。ぼくは子どもたちにたずねる。外国の人はなにを知りたがっているかい。なんに興味を持っているかい。でも、子どもたちは、受け入れてくれた町や村、人びとの名前も、覚えていないことがよくある。つぎつぎに話してくれるのは、プレゼントやおいしかった食べもののこと。テープレコーダーをもらった子もいるし、もらわなかった子もいる。自分が働いて買ったのでも、親が働いて買ったのでもない服で帰国する。そう、どこかの見本市をまわってきたみたいだ。大きな店……高級スーパーを……。この子たちはまた外国につれていってもらうのを待っている。見せてもらうのを、プレゼントをもらうのを。そういうことに慣れつつある。慣れてしまっている。それはすでに彼らの生き方で、人生とはそういうものだと考えている。外国という名の大きな店、高価な見本市のあとで、ぼくは彼らのクラスへ行かなくてはならない。授業をしに。ぼくは行き、この子たちがすでに傍観者であるのがわかる……。じっと見ている、でも生きていない。この子たちを助けてやらないと……。説明してやらないと。世界というのは、スーパーマーケットのことじゃないんだよ。なにかべつのものなんだ。もっと困難で、もっとすばらしいものなんだよ。子どもたちをぼくのアトリエにつれていくんです。そこにはぼくの木彫り作品がある。彼らのお気に入りなんです。ぼくはいう。「どれもふつうの木片で作ることができるんだ。自分で彫ってごらん」。目を覚ませよ！　ぼくは、木を彫ることで封鎖から立ち直ることができた、何年もかかりましたよ……。

世界は二分されている。ぼくら、チェルノブイリ人がいて、そして、それ以外の人びとがいる。気づいておられましたか。ここでは、自分がベラルーシ人だとか、ウクライナ人だとか、ロシア人だとか、そういう区別はあまりしない。みなが自分のことをチェルノブイリ人だというんです。「わたしたちはチェルノブイリからきた」「わたしはチェルノブイリの人間」。まるで、ぼくらは別個の国民かなにかみたいだ……あたらしい民族……。

完全に未知なるものが自分のなかに忍びこみつつある

アナトリイ・シマンスキイ
ジャーナリスト

アリ……小さなアリたちが木の幹をはっていく……。

軍用車の轟音があたりにひびく。兵士たち。どなり声、ののしり声。汚いことば。ヘリコプターがばたばた音をたてる。それでも、アリたちははっていく……。ぼくは汚染地から帰る途中。その日目にしたものすべてのなかで、記憶にはっきりのこっているのはこの光景だけ……この瞬間のこと……。

ぼくたちは森のなかで車をとめ、ぼくは一服するためにシラカバの木のそばにたった。近くにたち、もたれかかった。ぼくの顔のすぐ前をアリたちが幹をはっていく。ぼくたちに気づかず、まったく注意をむけることもなく……。自分たちの通り道をひたすらに……。ぼくたちが消えてしまっても、アリはやっぱり気づかないのだろう。なにかそのようなことが思考のなかをさっとかすめた。思考の断片のなかを。印象的なことがあまりに多くて、ぼくは考えることができなかった。アリをながめていたんです……。ぼくは……以前、となりにアリがいることにぜんぜん気がついていなかった……すぐ近いところに……。

最初はみなが「大惨事」だといい、あとになると「核戦争」だといった。ぼくはヒロシマとナガサキについて読み、ドキュメンタリー映画を見たことがある。こわい、しかし、よくわかる。核戦争、爆発範囲……。想像することだってできた。けれども、ぼくたちに起きたこと……それを理解するには、ぼくにはたりなかった。ぼくの知識がたりなかった、それまでの人生で読んだ本をひっくるめても、たりなかった。出張からもどると、仕事部屋の本棚に疑いの目をむけたり……読んだりした……。でも、読まなくてもよかったのだ……。なにか完全に未知なるものが、ぼくの以前の世界すべてを破壊しつつあった。それが自分のなかに忍びこみつつある、はいりこみつつある……。自分の意思にかかわりなく……。ある科学者との会話を覚えているんです。「これは何千年にもわたるのです」とおしえてくれた。「ウランの崩壊、これはウラン238の半減期ですが、時間に換算すると、一〇億年なのですよ。トリウムは一四〇億年」。五〇年……一〇〇年……二〇〇年……。しかし、その先は？その先は――昏迷状態、ショックだ！　ぼくはもうわからなくなった、時間とはなにか。自分がどこにいるのか。

いま、このことを書くんですって？　わずか一〇年が……一瞬が……過ぎたばかりのときに、書くのですか？　リスクが大きい！　うまくいくとは思えない。どっちみち自分たちの生活に似たなにかを思いつくんです。コピーするんですよ。ぼくは書こうとした……ぜんぜんだめだった……。チェルノブイリのあとにのこっているのは、チェルノブイリの神話です。新聞や雑誌は、先を争って恐怖話を書いている。とくにあそこに行ったことがない人間は、恐怖話が好きなんですよ。人の頭ほどもあるキノコの記事をみんなが読んだけれど、そんなキノコをみつけた人はいないんです。くちばしがふたつある鳥の記事……。だから、必要なのは書くことではなく、記録すること。きちんと文書にして事実をのこすことです。チェルノブイリの空想小説をください……。そんなものがあるはずがない！これからもない！　ほんとうですよ。これからもない……。

ぼくには専用のメモ帳があって……最初の日々からつけていた……。書きこんでいたんです、会話、うわさ話、小話を。これはもっとも興味深くて、信頼できる。正確な痕跡なんです。古代ギリシアのあと、なにがのこりましたか。古代ギリシアの神話です……。

このメモ帳をさしあげます……。ぼくのとこでは書類のあいだにうもれたままです、まあ、子どもたちが大きくなったら、見せてやるかもしれませんが。それでもやはりこれは歴史ですからね……。

会話から

ラジオじゃもう三か月も「状況は安定している……状況は安定している……状況は安……」。

忘れられていたスターリン用語が、一瞬にして復活した。「西側諜報機関の工作員」「社会主義の宿敵」「スパイの急襲」「破壊工作」「裏切り行為」「ソ連国民の固い団結の破壊」。まわりでみんながくりかえしいっているのはヨウ素剤の予防服用のことではない、送り込まれたスパイや破壊分子のことだ。非公式の情報はどれも敵対的なイデオロギーとして受けとめられている。

きのう編集者がぼくのルポルタージュから削除したのは、一日目の夜、核の火事を消していた消防士の母親の話だ。息子は急性放射線症で死んだ。両親はモスクワで息子を埋葬し、自分の村にもどった。そこはすでに疎開ずみだった。森をぬけてひそかに自宅の敷地にもどり、袋いっぱいのトマトときゅうりを採った。母親は満足げだ。「びん詰めが二〇個できた」。大地への信頼……長い年月の百姓経験への……。息子の死でさえも、なじんだ世界をひっくりかえすことはなかった……。

「きみはラジオ・フリー・ヨーロッパを聴いてるのか?」。編集者に呼びだされた。ぼくは答えなかった。「騒ぎたてるやつはわたしの新聞に用はない。英雄たちのことを書け……」。兵士たちが原子炉の屋根にのぼりはじめたことを……」

英雄……英雄……今日、英雄とはだれのことか。ぼくにとってそれは、上からの命令をものともせず真実を住民に話している医者たち。そしてジャーナリスト、科学者。しかし、打合せ会議で編集者がいった。「覚えておけ!　わが国には医者も教師も科学者もジャーナリストもいない。いまやわが国民全員の職業はひとつだけ、ソ連人という職業だ」

彼自身は自分のことばを信じていたのだろうか。ほんとうにこわくないのだろうか。ぼくの信念は毎日侵食されている。

中央委員会から指導監察官たちがやってきた。彼らのコース——ホテルから共産党の州委員会へ車で、帰りもこれまた車で。状況調査は、地元新聞の綴じこみで。ミンスクのサンドイッチが満杯の旅行かばん。お茶をいれるのはミネラルウォーターで。これもご持参だ。この話をしてくれたのは、連中が泊まったホテルの鍵番のおばさん。住民は、テレビもラジオも新聞も、信じちゃいない、おえらがたの一挙一動のなかに情報をもとめている。それがいちばん信頼できるから。

子どもをどうすればいいのか。両手に抱きかかえて逃げたい。しかし、ぼくのポケットには党員証がある。できないよ！

立入禁止区域のお話でもっとも人気のやつ。ストロンチウムとセシウムにいちばんよく効くのはウォッカ「ストリチナヤ」です。

それはそうと、いなかの商店に入手困難な商品が思いがけずあらわれた。州委員会の書記が演説していた。「みなさんのために天国のような生活をつくります。ここにのこって仕事をつづけてください。ソーセージとソバの実でいっぱいにします。最高の特別店にあるものがすべてあるようになります」。つまり、彼ら州委員会の売店にあるものが、というわけ。住民に対する態度はこの程度。あいつらにはウォッカとソーセージで十分だよ、ってことさ。

くそっ！　農村の店にソーセージが三種類もあるなんて、見たこともないよ。おれは、その店で女房に輸入物のパンストを買ってやった……。

線量計は一か月間売られていたが、姿を消した。このことは書いちゃいけない。どのような放射性物質がどれだけ降りつもったか、これもだめ。村々に男だけがのこっていた、これもだめ。女性や子どもたちがつれだされたあと、男たちはひと夏のあいだ自分で洗濯をし、牛の乳をしぼり、畑仕事をしていた。もちろん、酒をのんだ。なぐりあいをした。女なしの世界……。残念だよ、ぼくが脚本家じゃないのが。映画のプロット……。スピルバーグはどこ？　ぼくの好きなアレクセイ・ゲルマンは？　ぼくはこれを記事にした……。しかし、ここでも編集者が容赦なく赤で削除。「忘れるな。わが国には敵がいるんだ。海のむこうは敵だらけだ」。だから、わが国にはよいことしかない、悪いことはない。わけのわからないこともありえない。

しかし、どこかで特別列車がだされていて、旅行かばんを持ったおえらがたを見た人がいるんだ……。

警察の監視所のそばで、おばあさんに呼びとめられた。「あそこのあたしの家を見てよ。ジャガイモを掘る時期なのに、兵隊さんが通してくれないんだよ」。彼らは移住させられた。三日間だとだまされた。でないと、でていかなかっただろう。真空のなかの人間、なにも持たぬ人間。彼らは軍隊の防壁をくぐりぬけ、自分の村にしのびこむ……。森の小道、沼地をとおって……夜中に……。彼らは追いかけられ、捕らえられる。自動車やヘリコプターで。としよりたちは比較している。「ドイツ軍の占領下にいたときのようだ。戦時中に……」

最初の汚染地どろぼうを見た。毛皮の半オーバーを二枚着こんだ若い男。ぎっくり腰の治療法だと、軍のパトロール隊を納得させようとした。痛めつけられると、白状した。「一度目はちょっとおっかなかった、そのあとはいつも通りの仕事。グラスに一杯ひっかけて、でかけたよ」。自衛本能をのりこえて。正常な状態ではこんなことはやれまい。そうやって、わが国の人間は手柄をたてに行く。また、おなじように、罪を犯しに行く。

ぼくらは無人の百姓家にはいった。白いテーブル掛けのうえにイコンがあった。「神さまのために」――だれかがいった……。

べつの家では、食卓に白いテーブル掛けがかかっていた。「人びとのために」――だれかがいった……。

一年後に故郷の村へ行ってきた。犬たちは野生化していた。わが家のレクスをみつけた。呼んでも、こっちにこない。ぼくがわからないのだろうか。それとも、わかりたくないのだろうか。怒っているんだ。

最初の数週間、数か月、みなが静かになっていた。ものをいわなかった。虚脱状態。ここを出ていかなくてはならない、最後の日まで――いやだ！　意識がきれた。まじめな会話は覚えていない、覚えているのは小話。「いまじゃどこの店にもラジオ製品がある（入手困難なラジオに、放射能で汚染された商品の意をかけている）」「インポテンツには二種類ある、放射性（ラジオアクチヴ）インポと非放射性（ラジオパッシヴ）インポだ」。そのあと、小話はとつぜん消えてしまった……。

病院で幼い女の子がママに話している。

「男の子が死んじゃった。きのうあたしにチョコをごちそうしてくれたの」

砂糖を買う行列で。

「なんと、みなさん、今年はキノコのあたり年だよ！　キノコもキイチゴも、植えたみたいにどっさり」

「汚染されてるよ……」

「おばかさんだね……おまえさんに食えなんて、だれもいっとらんよ。とって、干して、ミンスクの市場に運んでくんだよ。百万長者になるよ」


わたしたちを救うことは可能なのか？　そしてそれはどうやって？　住民をオーストラリアかカナダに移住させる？　どこかトップのほうで、時々こんな会話がでたりするんだとか。

教会を建てる場所は、文字通り天から選ばれていた。教会の人びとにお告げがあったものだ。工事に先だってサクラメントが行われていた。ところが原発は、工場か標準的な養豚場でも建てるように建てられた。屋根にはアスファルトがしかれた。ビチューメンが。だから、火事のとき、屋根が溶けた……。

読んだかい？　チェルノブイリの近くで脱走兵がつかまったって話。土小屋を掘って、原子炉のすぐそばで一年間くらしていた。すてられた家々をまわって、サーロをみつけ、酢漬けキュウリのびんをみつけていた。野生動物にわなをしかけていた。脱走したのは「古参兵」に死ぬほどいためつけられたから。救われていたんだよ――チェルノブイリで……。

わたしたちは運命論者だ。なににも取り組もうとしない。なぜなら、すべてはなるようにしかならないと、信じているから。運命を信じている。わが国の歴史はこう……。どの世代にも戦争がふりかかった……血が……。ほかの人間になれるわけないだろ？　わたしたちは運命論者だ……。

最初のオオカミ犬があらわれた。森へ逃げこんだイヌと雌オオカミのあいだに生まれたのだ。そいつらはオオカミよりもでかくて、オオカミ狩りの小旗には目もくれず、光も人もこわがらない、猟師たちが鳴きまねをしておびきだそうとしても、でてこない。野生化したネコもすでに群れをなし、人間をおそれていない。人に従順だったころの記憶がきえている。現実と非現実の境がうすれつつある……。

きのう、父は八〇歳をむかえた……家族全員が食卓にそろった。ぼくは父に目をやり、考えていた。父の人生にはなんと多くのものがおさまっていることか――スターリンの強制収容所、戦争、そしてこんどは、チェルノブイリ。すべてが父の世代の時期にあたった。ひとつの世代の時期に。父は釣りを愛し……果樹園で土いじりをするのを愛している……。若いときは女たらしで、母が腹をたてていた。「この辺の女という女の尻を追っかけまわしたもんだよ」。そしていま、ぼくは気づいていた。むこうから若くてうつくしい女性がくると、父は目を伏せるのだ……。

ぼくらは、人間についてなにを知っているのか。人間ができることについて……。人間にはどれほど能力があるのか……。

うわさ話から

チェルノブイリのむこうに収容所が建設されている、被曝した者を入れておくそうだ。しばらく入れておいて、観察して、葬る。

原発にごく近い村々からすでに死者がつれだされている、数台のバスで墓地へまっすぐ。数千人もが共同墓地に埋められている。レニングラード封鎖のときのように……。

爆発の前夜、発電所の上空に正体不明の発光を見た人が何人かいるとか。写真に撮った人もいる。フィルムには、なにか地球外の物体が浮いているのが写っていた……。

ミンスクでは客車と貨車が洗浄された。ミンスク市民は全員シベリアへつれていかれる。むこうでは、スターリンの強制収容所の残りのバラック小屋が、すでに修理されている。はじめに女性と子ども。ウクライナ人はすでにつれだされている……。

漁師たちはたびたび両生魚にであっている。水中でも陸上でも生きることができ、陸ではひれを足がわりにして歩いている。頭とひれのないカマスが釣りあげられるようになった。胴体だけが泳いでいる……。

おなじようなことが人間にもじきに起きはじめる。ベラルーシ人はヒューマノイドに変わるだろう。

これは事故ではなく、地震だった。地殻でなにかが起きたのだ。地質学的爆発。地球物理学と宇宙物理学、両方の力がかかわっていた。軍人は事前にこのことをつかんでいて、警告することも可能だったが、軍ではすべてが厳重に機密あつかいされた。

森の動物は放射線症だ。悲しげにさまよい、悲しげな目をしている。猟師たちはこわがり、撃つのをあわれんでいる。それで、動物は人間をおそれなくなっている。キツネやオオカミが村にはいってきて、子どもたちにあまえている。

チェルノブイリ被災者の子どもが生まれている。しかし、血液のかわりに未知の黄色い液体が流れている。サルがあれほど利口になったのは、放射能のなかでくらしたからだと証明しようとする科学者たちがいる。三世代か四世代後に生まれてくる子どもたちは、どの子もアインシュタインだろう。これはわれわれを実験台にした宇宙的実験だ……。

デカルト哲学——
汚染サンドイッチを共に食するということ

ゲンナジイ・グルシェヴォイ
ベラルーシ最高会議議員
基金「チェルノブイリの子どもたちに」代表

ぼくは本にかこまれて生きていた……大学で二〇年間講義をしていたのです。アカデミックな学者とは……歴史上の好きな時代を選び、そこに生きる人間です。そのことだけに没頭し、自分の空間にどっぷりひたる。理想では……もちろん、理想ではそう……。なぜなら、あのころ、わが国の哲学といえばマルクス・レーニン主義哲学で、学位論文のテーマとしてすすめられていたのは、農業発展あるいは処女地開拓におけるマルクス・レーニン主義の役割。世界プロレタリアート指導者の役割……。つまり、デカルト的思索どころではなかったのです。しかし、ぼくは幸運だった……。学生論文がたまたまモスクワのコンクールにでて、むこうから電話があったのです。「この若者は放っておきなさい。書かせておけばいい」。ぼくが書いていたのは、合理的理性の見地から聖書解釈に取り組んだフランスの宗教哲学者マルブランシュ〔一六三八―一七一五〕について。一八世紀は啓蒙主義の時代です。理性が信じられていた。われわれには世界を説明する力があると。いまはわかるのです、ぼくは幸運だった。粉砕機にでくわさずにすんだ……コンクリートミキサーに……。奇跡としかいいようがない。それまでに再三注意をうけていたのです。学生の研究論文としてならマルブランシュはおもしろいだろう。だが、学位論文にするのならテーマを考えなくちゃいかん。これはもう遊びじゃないんだ。われわれはきみを大学院のマルクス・レーニン主義哲学科にのこすことにしている。だが、きみは過去に移り住んでいる……自分でもわかっているんだろう、と。

ゴルバチョフのペレストロイカがはじまった……。ぼくたちが長いあいだ待ち望んでいた時代です。

最初に気づいたのは、人びとの顔がたちまち変わりだした、どこからかふいにべつの顔があらわれたことです。足取りでさえもかわって、生活が身のこなしのなにかを微修正し、より笑みを交わすようになった。それまでとはちがうエネルギーがあらゆるものに感じられた。なにかが……うん、なにかががらりと変わった。あっという間にそれが起きたのが、いまもふしぎだ。そして、ぼくも……ぼくもデカルト的生活から引きずりだされたのです。哲学書のかわりに新聞や雑誌の最新号を読み、改編された『アガニョーク』の次号が待ち遠しくてたまらなかった。キオスク「ソユーズペチャーチ」の前には毎朝行列ができていて、ぼくたちがあれほど新聞を読んだことは、あれほど新聞を信じたことは、後にも先にもない。情報が雪崩となっておしよせた……。特別文書館に半世紀のあいだねむっていたレーニンの政治的遺言が公になった。書店の棚にはソルジェニーツィンがあらわれ、つづいてシャラーモフ……ブハーリン……。少し前までこれらの本を所持しているだけで逮捕され、刑期をくらったものです。サハロフ・科学アカデミー会員が流刑地からもどされた。ソ連邦最高会議の会議がはじめてテレビ中継された。全国民が固唾をのんでテレビの前にすわっていた……。ぼくたちは話しに話した……。つい最近まで台所でひそひそ話していたことを、声にだして話した。わが国では何世代の人たちが台所で語りあってすごしたことか！　むだにすごしたことか！　夢をみてすごしたことか！　七〇年あまり……ソヴィエトの歴史のあいだじゅう……。こんどはみなが集会にでた。デモに。なにかに署名し、なにかに反対票を投じた。ある歴史学者がテレビにでていたのを覚えているのです……。彼はスターリンの収容所地図をスタジオに持ちこんでいた……。シベリア全土が赤い豆小旗ピンでおおわれている……。ぼくたちはクロパティの真実を知った……ショックだ！　社会はことばを失った！　ベラルーシのクロパティ——それは一九三七年の共同墓地です。そこにはベラルーシ人、ロシア人、ポーランド人、リトアニア人がいっしょに眠っている……数万人が……。内務人民委員部の濠は深さが二メートルで、人びとは二層にも三層にも積み重ねられていた。かつてこの地はミンスクのはるか郊外だったが、のちに市の区域にいれられてミンスク市になった。路面電車で行けるのです。一九五〇年代に苗木が植えられ、松林に成長し、市民はなにも疑うことなく、週末にはピクニックに行ったのです。冬にはスキーをした。発掘がはじまった……政権は……共産主義政権はウソをついた。いいのがれをしようとした。掘りおこされた墓を夜間に警察が埋めもどし、日中またそこが掘られていた。ぼくはドキュメンタリー映画を見たことがある。土がぬぐわれた頭蓋骨の列、列、列……どれもこれも後頭部に小さな穴……。

もちろん、ぼくたちは革命に参加しているという感覚で生きていました……新しい歴史に……。ぼくの話は、ぼくたちのテーマからそれてはいませんよ。ご心配なく。チェルノブイリが起きたとき自分たちがどんな人間であったか、思い出してみたいのです。なぜなら、社会主義の破綻とチェルノブイリの大惨事――このふたつは共に歴史にのこるのですから。これらは同時に起きた。チェルノブイリはソ連邦の崩壊を加速させた。帝国を爆破したのです。

そして、チェルノブイリはぼくを政治家にした……。

五月四日……事故後九日目にゴルバチョフが演説した、もちろん、それは戦々恐々、茫然自失だったのです。一九四一年の……戦争の最初の日々のように……。新聞に書かれていたのは、敵の陰謀と西側のヒステリーについて。反ソ的大騒ぎと、わが国の敵が外国からまきちらしている扇動的なうわさについて。あのころのぼくはというと……恐怖は長いあいだなくて、一か月ほどみなが待っている状態だった。ほら、もうすぐ発表があるはずだよ。わが国の科学者が……わが国の英雄的消防士と兵士が……共産党の指導下でこの度もまた自然の猛威を征服した、未曽有の勝利をおさめた。宇宙の炎を試験管のなかに追いやった、と。恐怖があらわれたのはすぐにではなかった、ぼくたちは長いあいだそれを自分の内に入れようとしなかったのです。ぜったいにそうだ。うん……そうだ！　いまはわかるのです。恐怖は、ぼくたちの意識のなかで、平和の原子力と結びつくには無理があったのです。学校の教科書や本で読んだのと……。ぼくたちの頭にある世界像はこんなふう。軍事の原子力は、ヒロシマやナガサキのように、空までとどく不吉なキノコ雲、一瞬で灰と化す人間のことで、平和の原子力、これは無害の電球のことなのだと。ぼくたちの世界像は子どもっぽいものだった。初等読本の通りに生きていた。ぼくたちだけでなく、人類全体がさらに賢くなったのはチェルノブイリのあと……。成長した。べつの年齢になったのです。

最初の日々の会話はこんなものでした。

「原発が燃えている。だけど、燃えているのはどこか遠いところ。ウクライナだ」

「新聞で読んだが、軍用車が出動したそうな。軍隊が。おれたちは勝つぞ！」

「ベラルーシには原発が一基もない。こっちは平穏だ」

ぼくがはじめて汚染地に行ったとき……。

車中、ぼくは考えていた。むこうではなにもかもが薄黒い灰をかぶっているだろう。黒い煤を。ブリュローフ〔一七九九―一八五二〕の「ポンペイ最後の日」の絵だと。ところがそこは……到着してみると、うつくしい。非常にうつくしいのです。花咲く草原、森のやわらかな新緑。ちょうどぼくの好きな季節で……あらゆるものが生気をとりもどし……育ち、うたっている……。なによりもぼくを驚かせたのは――美と恐怖の組合せ。恐怖が美から、美が恐怖からはなれるのをやめていた。すべてが逆……。いまはわかるのです、逆なのだと……。死の未知なる感覚です……。

ぼくたちはグループで行った……。だれかに派遣されたわけではない。ベラルーシの野党議員グループです。ものすごい時代！ それはものすごい時代でしたよ！ 共産主義政権が後退しつつあった……。弱体化し、あぶなっかしくなっていた。すべてがぐらついていた。それでも、現地のおえらがたの応対は友好的とはいえなかった。「許可を受けているんですか。なんの権利で住民を不安におとしいれるんですか。質問するんですか。だれに頼まれたんですか」。彼らは上から受けとった通達を引き合いにだした。「パニックにおちいらないこと。指示を待つこと」。あんたがたはいま住民をこわがらせているが、われわれは期限内に生産計画を遂行しなくちゃならないんだ、と。穀物の生産計画、肉の生産計画。彼らが危惧していたのは住民の健康ではなく、生産計画の期限内遂行なのです。共和国の生産計画、連邦の……。上にいるおえらがたをおそれていた。上のおえらがたは、そのまた上にいるおえらがたをおそれ、そうやって順ぐりに書記長までつづく。すべてを決定していたのはひとりの男です、どこか空の高みで。権力ピラミッドはこんなふうに築かれていたのです。てっぺんにいるのは皇帝。あのときは共産主義の皇帝だった。「ここではすべてが汚染されているんですよ」。ぼくたちは説明する。「あなたがたが生産するものは、どれも食用にはできません」。「あんたがたは扇動者だ。敵の政治工作はやめなさい。電話して……報告しますよ……」。そして電話をかけていた。報告すべき相手に……。

マリノフカ村……一平方メートルあたり五九キュリー。

ぼくたちは学校にたちよった。

「みなさん、いかがですか」

「もうみんなびっくりしています。でも、心配ないといわれたんです。ただ屋根を洗って、井戸にシートをかぶせて、道にアスファルトを敷く必要がある。そしたら住めるって！　そうはいっても、ネコはなぜかいつも身体をぽりぽりやってるし、馬は地面にとどくほど鼻汁をたらしてるんです」

教務主任の女性が自宅に招いてくれた。昼食に。家は新築で、二か月前に引越し祝いをすませた。ベラルーシ語では「ウワホージニ」といい、「入居したて」という意味です。母屋のとなりには、りっぱな納屋と地下貯蔵庫があった。昔ならこれは富農経営と呼ばれ、このような人たちは追放されたものです。よろこび、うらやむべきことだ。

「しかし、近々あなたがたはここを出ることになりますよ」

「とんでもない！　どれほど汗水たらしたことか」

「線量計をごらんなさい」

「ここらをうろちょろしてるんだよ……科学者連中めが！　おちおちくらすこともできん」。あるじは不満げに手をふると、馬をむかえに草原に出ていった、別れのあいさつもなく。

チュジャヌィ村……。一平方メートルあたり一五〇キュリー。

女たちは畑しごとをし、子どもたちは外をかけまわっている。村のはじっこで、男たちがあたらしい小屋用の丸太を手斧で削っていた。彼らのそばで車をとめた。まわりによってきた。タバコをわけてくれという。

「首都じゃどうだい。ウォッカは売ってるかい？　村じゃきらしがちだ。自家製の酒をつくってるから助かってる。ゴルバチョフは自分が飲まないもんだから、おれたちにも禁じやがった」

「へえ……つまり議員さんたちで……。ここじゃタバコもろくでもねえことになっとるよ」

「みなさん」ぼくたちは説明をはじめる。「みなさんは近いうちにここを出なくてはならないんですよ。ほら線量計を……ごらんなさい。ぼくたちがいま立ってる場所は放射線量が基準値の一〇〇倍もあるんです」

「そりゃあ、ちとおおげさだな……。ふうん……。あんたの線量計なんぞいるもんか。あんたはすぐに帰っていく、おれたちゃここにのこるんだ。線量計なんぞクソくらえだ」

ぼくは「タイタニック号」遭難の映画をなんどか見たことがある。あの映画は、自分で目にしたことを思い出させた。ぼくの目の前であったことを……。チェルノブイリの最初の日々に自分でも体験した……。すべてが「タイタニック号」のようだった、人びとの行動はなにからなにまでそっくり。おなじ心理状態です。ぼくはそれに気づいて、比較もした……。ほら、もう船底に穴があいた、大量の水が船倉にながれこみ、樽をひっくり返し、箱をひっくり返し……這うようにすすみ……障害物のあいだをぬって押しよせる……でも、上階では灯りがともっている。音楽が鳴っている。シャンペンが提供されている。家族のもめごとがつづく、愛の物語がはじまる。水はごうごう音をたててながれ……階段をかけのぼり……船室に……。

灯りがともっている。音楽が鳴っている。シャンペンが提供されている……。

ぼくたちのメンタリティー……これはとくべつなテーマです……。ぼくたちにとって、いちばん大切なのは気持ち。それはぼくたちの生活にスケールと高さをあたえるが、同時に破滅的でもあるのです。理性的な選択はぼくたちにとっていつも害になる。ぼくたちは、自分の行動の良し悪しを、理性ではなく心で確かめている。村では庭先にはいるともうお客あつかい。歓迎してくれるんです。気をもんでいる……。首を横にふっている。「いやあ、新鮮な魚はないし、ごちそうするものがなにもないよ」。「牛乳でも飲むかい。いまカップについであげるよ」。帰そうとしない。家にはいれという。何人かは恐れたが、ぼくは同意した。はいって、食卓についた。汚染サンドイッチをくちにした。なぜなら、みんなが食べているから。小さな酒杯で酒を飲んだ。誇らしく思う気持ちだってあった、ぼくはこんな人間で、できるんだ。やれるんだ！　うん……そうなんですよ！　自分にいいきかせていたのです。ぼくにこの人の人生をなにも変えることができないのなら、できるのは、気がとがめないように汚染サンドイッチを共に食することだけ。運命をわかちあうことだけだと。ぼくたちは自分の命とこんなふうに向き合っているのです。ところが、ぼくには妻がいて、子どもがふたりいる。家族への責任がある。ポケットには線量計……。いまはわかるのです、これがぼくたちの世界で、これがぼくたちなのだと。一〇年前のぼくは、そんな人間であることに誇りを感じていたが、いまはそんな人間であることを恥じている。しかし、いずれにせよ、食卓について、あのいまいましいサンドイッチをくちにするのです。ぼくは考えていた……。ぼくたちは何者なのか、それを考えていたのです。あのいまいましいサンドイッチが脳裏を去らない。食べなくてはならないのです、心ではね、でも理性で、じゃない。だれだったか、うまいこと書いた人間がいるんです。ぼくたちは二〇世紀に……いまはすでに二一世紀ですが、一九世紀の文学作品に教えられた生き方をしているのだと。やれやれ。ぼくはちょくちょく疑念にさいなまされている……。いろんな人と話しあってみた……。ぼくたちはいったい何者なのか。何者なのかを。

あるおくさんと興味深い会話をしたことがあります。ヘリコプター操縦士だった夫をなくして、いまは未亡人、頭のいい女性です。長時間話しこんだ。彼女もまた理解したがっていた……理解して、夫の死の意味をみいだそう、死を受け入れようとしていた。しかし、できないでいた。原子炉上空でのヘリコプター操縦士たちの仕事ぶりを、ぼくは何度も新聞で読んでいた。最初に投下されたのは鉛板だったが、それは穴のなかで跡形もなく消滅した。それでだれかが思いだした、鉛は七〇〇度で蒸発するのだと。そこは二〇〇〇度もあったのです。つぎに投下されたのはドロマイトと砂の袋。舞いあがるほこりで高所は闇。まっくら。もうもうとたちのぼるほこり。正確に「空爆しおえる」ために、彼らは操縦室の窓をあけ、機体の傾きをどうするか、目視で左右上下の狙いをさだめたのです。とてつもない線量！　新聞記事の見出しを覚えています。「空の英雄」「チェルノブイリの鷹」。で、その女性ですが……。彼女は自分の疑念を打ちあけてくれた。「夫は英雄だと、いま書かれています。そうよ、あのひとは英雄よ。でも、英雄ってなんなの。うちのひとは正直で、職務に忠実な将校でした。規律正しい将校でした。チェルノブイリからもどって数か月後に発病したんです。夫はクレムリンで褒章を授与され、そこで自分の仲間にあうことができた。全員が病人でした。でも、再会をはたせたことをよろこんでいた。しあわせそうに帰宅した……勲章をもって……。そのとき夫にたずねたの。「こんなにひどい目にあわなくてもやれたんじゃないの。健康を守れたんじゃないの」って。「やれただろうな、もっとよく考えていたら」と答えた。「必要だったのはまともな防護服。ゴーグル、ガスマスク。どれもこれもぼくらにはなかった。ぼくら自身だって個人の安全規則を守っていなかった。考えていなかった……」。あのころ、ろくに考えていなかったのは、ぼくたち全員なのです……。残念でならない、ぼくたちが以前あまり考えていなかったことが……。わが国の文化という観点からすると、自分のことを考えるのはエゴイズム。精神が軟弱。つねに自分よりもっと大きななにかがあるのです。自分の命よりも。

一九八九年四月二六日……三周年……。大惨事から三年たった……。三〇キロ圏内の住民は移住させられたが、二〇〇万人以上のベラルーシ人が依然として汚染地でくらしていた。彼らのことは忘れられていた。その日、ベラルーシの反体制派の人びとはデモを予定していましたが、政権は対抗して勤労奉仕日をぶつけてきたのです。町のあちこちに赤い小旗がつるされ、出張売店が店開きし、あのころ入手困難だった品がそろっていた。サラミソーセージ、チョコ菓子、びん入りインスタントコーヒー。警察車両がそこらじゅう走りまわっていた。私服が活動していた……。写真を撮っていたのです……。しかし……あらたな兆候！　だれひとり彼らに目をくれようとしなかったのです、以前のように、彼らを恐れてはいなかった。人びとがチェリュースキン号乗組員記念公園のまえに集まりだした……。ぞくぞくやってきた。一〇時までにはすでに二、三万人いて（のちにテレビで伝えられた警察発表）、参加者は刻々とふえていました。ぼくたち自身もこうなるとは予想していなかった……。みなが高揚していた……。このような人の流れをだれが阻止できますか。予定時刻の一〇時ちょうど、デモの行列が市の中心にむかってレーニン通りを動きだした、そこで集会が開かれることになっていたのです。行進のあいだじゅう新たなグループが合流してきた。並走する道路や路地、アパートの玄関口でデモの行列を待っていたのです。うわさがぱっと広まった。警察と軍のパトロール隊が市にはいる道路を封鎖した、他所からのデモ参加者を乗せたバスや車を止めて、Uターンさせている、しかしパニックにおちいった者はいない。人びとは乗物をすて、徒歩でこっちにむかっている、と。メガフォンでそのことが伝えられた。「バンザーイ」という力強い声が行進のうえを広がっていった。ベランダは人でぎゅうぎゅう詰め、ぎっしり……。彼らは窓をいっぱいにあけはなち、出窓にのぼっていた。ぼくたちに手をふっていた。スカーフや子どもの小旗で歓迎してくれた。そのとき、ぼくは気づいたのです……。そして、まわりのみんなもそのことを話しだした……。警官が、カメラを持った私服の若い連中が、どこかに消えていた。いまはわかるのです、命令をうけて中庭にひきあげ、幌付き車両のなかで人目を避けていたのだと。政権はなりをひそめていた……。機をうかがっていた……。恐れをなしたのです……。人びとは行進しながら泣き、手をとりあっていた。泣いていたのは、自分たちの恐怖を克服しようとしていた、恐怖から自由になろうとしていたからです……。

集会がはじまった……。ぼくたちは時間をかけて集会の準備をし、発言者リストを検討したのですが、リストのことはだれの頭にもなかった。チェルノブイリ周辺からやってきたふつうの人たちが、急ごしらえの演壇にみずから歩みより、原稿もなにもなしで話したのです。順番待ちの列ができた。ぼくたちは生き証人の話に耳をかたむけ……彼らは証言した。著名人のなかで発言したのは、事故処理作業本部の元責任者のひとり、ヴェリホフ・科学アカデミー会員のみでしたが、彼の発言内容をぼくは覚えていない。記憶に残っているのはほかの人たちのことばです……。

ふたりの子どもをつれた母親……。女の子と男の子……。

彼女は子どもたちをつれて登壇した。「うちの子はずいぶんまえからわらいません。ふざけません、外で遊びません。この子たちには力がありません。小さな老人みたいです」

事故処理作業をした女性の証言……。

彼女がワンピースの両袖をまくりあげて、両腕を聴衆の目にさらしたとき、みなが目にしたのは潰瘍だらけの腕でした。かさぶたでおおわれていた。「わたしは、原子炉近くで作業した男たちの服を洗っていました」と語った。「おもに手洗いでした。洗濯機が数台しか持ちこまれておらず、まわし過ぎですぐに故障したからです」

若い医師の証言……。

彼は最初にヒポクラテスの誓いを読んだ……。病気に関するすべてのデータが「秘密」や「極秘」という符丁によって機密扱いされていると話した。医学と科学が政治にまき込まれていると……。それはチェルノブイリの特別法廷でした。

ぼくは打ちあけます……かくしません。ぼくの人生で最高の日だったのです。ぼくたちは幸福でした。

翌日、ぼくたち、デモの主催者は警察に呼びだされ、数千人の群衆が大通りをせきとめて公共交通の流れを妨害し、無許可のスローガンを掲げて歩いたという罪で、裁判にかけられた。刑法の「悪質違法行為」にあたるとして、ぼくたち全員に一五日間の拘留がいいわたされました。判決をくだした裁判官も、ぼくたちを独房に護送した警官たちも、はずかしそうにしていた。彼ら全員がはずかしそうだった。ぼくたちはわらっていた……。うん……そうなんだ！　ぼくたちは幸福でしたから……。そうこうしているうちに、ぼくたちの前に問題がもちあがった。なにかぼくたちにできることはないか。この先なにをすればいいのか。

チェルノブイリのある村で、ぼくたちがミンスクからきたことを知ると、ひとりの女性がひざをついたのです。「うちの子を救ってください！　息子をミンスクにつれてってください！　村のお医者さんたちは、うちの子がどうなってるのか、わからないんです。でも、苦しそうに息をし、顔色が悪い。死にそうなんです」（沈黙）

ぼくは病院に行った……。男の子。七歳だ。甲状腺がん。気をそらしてやりたくて、ぼくは冗談をいいはじめた。少年は壁のほうをむいた。「ぼくが死なないっていう話はしなくていいよ。知ってるんだ、死ぬって」

科学アカデミー……。たしか、あそこで……一枚の写真を見せられたのです。「ホットパーティクル」で焼穴があいた、人の肺の写真です。肺は星空のようでした。「ホットパーティクル」というのはごくごく微小の粒子で、燃えている原子炉に鉛と砂が投下されたときに生じたものです。鉛と砂と黒鉛の原子がくっついて、衝撃で空中高くまいあがった。広範囲に飛散した……。数百キロ先まで……。つぎに気道を通して人のからだにはいりこむのです。なかでも頻繁に亡くなっているのがトラクターと車の運転手——畑を耕す人たちといなか道を車で走る人たちです。この粒子がいすわった器官は、どれもこれもレントゲン写真で「光って」いる。細かいザルの目のような小さなぽつぽつが数百。人は死にます……。命の火が消える……。人は死ぬ運命にありますが、「ホットパーティクル」は不死なのです。人は死に、千年かけて土にかえり、塵になる。それでも「ホットパーティクル」は生きつづける。そして、この塵はふたたびだれかを殺せるのです……。(沈黙)

ぼくは旅からもどるといつも……胸にこみあげてくるものがありました。妻に話して聞かせた……。ぼくの妻は言語学が専門で、それまで政治には、スポーツ同様まったく関心を示したことがなかった。それがこんどは、いつもおなじ質問をするのです。「なにかわたしたちにできることはないの。この先なにをすればいいの」。で、ぼくたちは、常識で考えればとうてい不可能な仕事にのりだしたのです。人がなにかあのようなことに踏みきれるのは、衝撃の瞬間、内面の完全解放の瞬間がおとずれるときです。あのころ、そういう時代でした……。ゴルバチョフ時代……。希望の時代! 信念の時代! ぼくたちは、子どもたちを救うことにしたのです。ベラルーシの子どもたちがいかに危険な状況でくらしているか、世界に知らせるのです。援助を請うのです。大声をあげるのです。警鐘を鳴らすのです! 政権は沈黙したまま、自国民をうらぎった。ぼくたちは黙っていない。そして……すぐに……あっというまに……信頼のおける協力者と賛同してくれる仲間が集まったのです。合言葉はこうでした。「なにを読んでるの。ソルジェニーツィン？　プラトーノフ？　じゃあ仲間だ」。ぼくたちは日に一二時間働いたものです。団体の名前を考えなくてはならない……。数十の案をあれこれ検討し、いちばん簡単なのに決めた——基金「チェルノブイリの子どもたちに」。いまではもう、説明し想像するのは並大抵のことではない、ぼくたちの疑念……議論……恐怖を……。このような基金はすでに数えきれないほどあるが、一〇年前最初にてがけたのはぼくたちなのです。最初の市民の発意……。上のだれからも認可を受けていない団体。お役人の反応はみな一様でした。「基金？　基金ってなんだね？　わが国にはそのために保健省がある」

いまはわかるのです、チェルノブイリはぼくたちを解放していた……。ぼくたちは自由の身であることを学んでいたのです……。

目の前に……。（わらう）目の前にいつも浮かぶのです……。支援物資を積んだ最初の冷凍車が数台、ぼくたちのアパートの中庭にはいってきた。自宅の住所に。自室の窓からそれを見ながら、想像もつきませんでした。どうやってすべての積み荷を降ろせばいいのか、どこに保管すればいいのか。よく覚えているが、モルダヴィアからきた車でした。ジュース、ミックスフルーツ、ベビーフードが一七トンから二〇トン。当時すでにうわさが広がっていたのです。放射能を体外に排出するにはより多くのくだものが必要で、果肉を食用にすべきだと。友人たち全員に電話をかけました。ある友人はダーチャ、ある友人は仕事中。妻とふたりで積み荷を降ろしはじめると、ひとり、またひとりとアパートの住人がひっきりなしにでてきたり（なにしろ九階建てですからね）、たまたま通りかかった人が足を止めたりしました。「なんだい、この車は？」「チェルノブイリの子どもたちへの支援物資だよ」。

自分の用事をそっちのけで作業に加わってくれた。夕方までに荷を降ろしおえました。大急ぎで地下室やガレージに荷物を押しこみ、ある学校と話をつけたのです。あとで自分たちをわらったものです……。で、ぼくたちが支援物資を汚染地区に運んで……配りはじめたとき……。住民はふつう学校や文化会館に集まっていました。そういえばこんなことがあった……。ヴェトカ地区〔ゴメリ州東部〕でのできごとです……。若い家族が……みんなのように、びん詰めのベビーフードとジュースのパックを受けとった。男性がすわって泣きだしたのです。これらのびん詰めやパックは彼の子どもたちを救うことはできない、これっぽっち、なんになるかと手をふってもいいのです。しかし、彼は泣いた、自分たちが忘れられていないことがわかったからです。覚えていてくれる人がいる。すなわち、まだ希望があるのだと。

世界じゅうが応えてくれました……。わが国の子どもたちは治療のために、イタリア、フランス、ドイツに受け入れられることになった。「ルフトハンザ」航空は自前で子どもたちをドイツに運んだ。ドイツ人パイロットのあいだで選考が行われ、時間をかけてパイロットが選ばれた。優秀なパイロットたちが飛んだのです。子どもたちが飛行機にむかって歩いているとき、全員の血色がとても悪いのが目につきました。見るからに弱々しい。珍事がなかったわけではありません……。〔わらう〕ある少年の父親がぼくの執務室に飛びこんできて、息子の書類を返してくれというのです。「わが国の子どもたちはあっちで血をぬきとられる。実験台にされる」と。もちろん、あの恐怖の戦争の記憶がまだ消えていない……。国民の記憶にあたらしい……。しかし、べつの事情もある。ぼくたちは長いあいだ鉄条網の内側で生きてきた。社会主義陣営のなかで。ほかの世界を恐れていた……知らなかったのです……。チェルノブイリの母親や父親――これはまたべつのテーマです。ぼくたちのメンタリティーについての会話を続けましょう……。ソヴィエト的メンタリティーの。ソヴィエト連邦がたおれた……崩壊した……。それなのにやはり長いあいだ待っていたのです、大きくて強くて、もはや存在せぬ国の援助を。ぼくの見立て……。いいましょうか。社会主義とは——刑務所と幼稚園の混合物、これなのです、ソ連の社会主義は。人は国家に魂、良心、こころを引きわたし、見返りに配給品をもらっていた。運は人それぞれ、ある人の配給品は大きくて、ある人のは小さい。等しいのはひとつだけ、それが魂とひきかえに支給されるということです。ぼくたちがなによりも懸念していたのは、われわれの基金の活動がこのような配給品の分配にならないように、ということでした。チェルノブイリの配給品の。住民はすでに待つこと、不平をいうことに慣れていましたから。「わたしはチェルノブイリ人だ。もらえるはず。だってチェルノブイリ人だから」。いまはわかるのです、チェルノブイリ、これはぼくたちの精神にとっても一大試練だったのです。ぼくたちの文化にとっても。

最初の年に、五〇〇〇人の子どもたちを外国に送りだしました、翌年は一万人、三年目は一万五〇〇〇人でした……。

ところで、あなたは子どもたちとチェルノブイリについて話してみましたか。おとなではなく、子どもたちと。彼らは思いがけない考察をすることがあります。哲学者としてのぼくにはいつも興味深い。たとえば……ある少女が話してくれたのですが、この子たちは八六年の秋、農場に送られた……ビーツとニンジンの収穫作業のために。あちこちでネズミの死骸に出くわして、彼らはわらっていたのです。ほらね、ネズミや甲虫やミミズが絶滅しちゃったら、こんどはウサギやオオカミが死にはじめて、そのつぎはわたしたちよ。人間は最後に死ぬんだよ、と。さらに彼らは空想をめぐらした。動物や小鳥がいなくなった世界ってどんなのだろう。ネズミがいなくなった世界って。人間だけがちょっとのあいだ残るんだよね。だれもいない世界で。ハエだって飛ぶのをやめちゃうんだ、と。彼らは一二歳から一五歳でした。こんな未来を思いえがいていたのです。

べつの少女との会話……。彼女は共産少年団の合宿所に行って、そこでひとりの少年となかよくなった。「とてもいい子だったの」と思い出していう。「いつもいっしょにいたんです」。ところがそのあと、少年の友人たちが、少女がチェルノブイリの出身であることを少年に告げ、それからは、少年が少女に近づくことはなかった。ぼくたちは少女と手紙のやりとりもしていました。「いま自分の将来について考えるときに」と彼女は書いてきた。「夢みるのは、学校を卒業したらどこか遠い遠いところに出ていくことです。そこでは、わたしがどこの人間なのか、だれも知らない。わたしを愛してくれる人がいるでしょう。そしたら、すべてを忘れることができます……」

記録してください、記録してください……。うん、そうなんだ！　すべてが記憶からうすれてしまう、去ってしまうのです。自分で記録しなかったことが悔やまれる……。ほかにこんなできごとも……。ぼくたちは汚染地の村に到着した。学校のすぐそばで子どもたちがボール遊びをしている。ボールが花壇にころがりこんだ、子どもたちは花壇をとりまいてうろうろしているが、ボールをとりだすのを恐れている。どうしたのか、ぼくは最初わけがわからなかった。理論ではわかっている、でもぼくはここに住んでいるわけじゃない、常日頃からの警戒心が欠落している。正常な世界からやってきた人間なのです。で、ぼくは花壇にむかって一歩ふみだした。そのとたんに子どもたちのさけび声。「だめ！　だめ！　おじさん、だめだよ！」。草のうえにすわっちゃだめ、花を摘んじゃだめ。木にのぼっちゃだめ。三年間で（これは八九年のことでした）子どもたちはこんな考えに慣れてしまったのです。子どもたちを外国につれていくたびに頼んだものです。「森へ行きなさい。川へ行きなさい。泳いで日焼けしなさい」。こわごわと水にはいっていたときの様子といったら……草をなでていたときの……。しかし、あとになって……あとになって……なんと多くの幸福があったことだろう！　また水にもぐってもいい……砂のうえに寝ころがってもいい……。いつも花束をかかえて歩き、野の花で花輪を編んでいた。ぼくがなにを考えているか、ですか。それは……。そうなんですよ、子どもたちを外国につれていき、しばらく治療してやることはできる。しかし、どうやって以前の世界をこの子たちに返してやればいいのか。どうやってとりもどしてやればいいのか、この子たちの過去を。この子たちの未来を。

　その前に……。ぼくたちは何者なのか、この問いに答えなくてはならないのです。そうでなければなにも起こらないし、なにも変わらない。ぼくたちにとって命とはなにか。そして自由とはなにか。ぼくたちにできるのは自由を夢みることだけです。自由になるチャンスはあった、それなのに自由になれなかった。こんどもうまくいかなかったのです。七〇年にわたって共産主義を建設していたが、今日建設しているのは資本主義です。以前はマルクスを崇拝し、いまはドル。ぼくたちは歴史のなかに姿を消してしまった。チェルノブイリについて考えるとき、自分たちは何者なのかという、この問題にたちもどるのです。ぼくたちはなにを理解していたのだろう、自分について。自分の世界について。わが国では美術館よりも軍事博物館のほうが多くて、そこには、古い自動小銃、銃剣、手榴弾が保管され、中庭には戦車や迫撃砲が置かれている。生徒たちは遠足でつれていかれ、見せられる――これが戦争ですよ。戦争とはこういうものですよ……。ところが、戦争はもういままでの戦争ではないのです……。一九八六年四月二六日、ぼくたちはもうひとつの戦争を体験した。それは終わっていません……。

で、ぼくたちは……ぼくたちは何者なのだろうか。

わたしたちはとうの昔に木からおりた
けれど、木が最初から車輪の形で育つような、そんなものを発明していない

スラーワ・コンスタンチノヴナ・フィルサコワ
農業学博士

おかけくださいな……もっとお近くにどうぞ……。でも、はっきりいって、ジャーナリストはきらいです、わたしは疎んじられているのです。

――それはまた、どうして。

――事情をごぞんじないのですか。まだ忠告されておられなかったのですか。それなら納得です、なぜあなたがここ、わたしの執務室におられるのか。わたしは、あなたのお仲間のジャーナリストから「お騒がせ人物」呼ばわりされているのです。まわりではみんなが、この土地には住めないと大声をだしている。でも、わたしは答えるのです――住めますよ。必要なのは、この土地で生きるすべを身につけること、勇気を持つことだと。汚染地区を閉鎖し、国土の三分の一を鉄条網でかこい、すてて逃げようじゃないかという。土地ならわが国にはほかにもたくさんあるのだからと。まちがっています！　わたしたちの文明は反生物学的で、人間は自然界にとっておそるべき最大の敵ですが、その一方で、人間は創造者でもあるのです。世界を変革させています。たとえば、エッフェル塔、あるいは、宇宙船……。ただし進歩に犠牲はつきものです、進歩すればするほど、犠牲もそれだけ大きくなります。それは戦争にもおとらぬものであることが、いまではわかってきました。大気汚染、土壌汚

染、オゾンホール……。地球の気候変動。そして、わたしたちはぞっとした。しかし、知識は、それ自体が罪または犯罪になることはありえません。チェルノブイリ……悪いのはだれですか――原子炉？　それとも人間？　いうまでもなく、人間です。原子炉のあつかいがへただった、とてつもないミスがおかされた。いっぺんに多くのミスが。やめにしましょう、技術面に深入りするのは……。しかし、これはすでに事実なのです……。数百の委員会と専門家が調査をしました。科学技術がもたらした人類史上最悪の大惨事です。わたしたちの損失は驚くべきもので、それでもまだ物質的な損失はなんとか計算できます。では、物質的でないものは？　チェルノブイリはわたしたちの想像力に一撃をくらわせた。わたしたちの未来に……。わたしたちは未来がこわくなった……。それなら、わたしたちは木からおりないほうがよかったのです。あるいは、木が最初から車輪の形で育つような、なにか、そんなものを発明すればよかったのです。犠牲者の数でいえば、世界の一位をしめるのはチェルノブイリの大惨事ではなく、交通事故です。でも自動車の生産を禁止する人がいないのは、なぜですか。自転車、あるいはロバ……荷馬車でいくほうが安全でしょう……。

この話をするとなにもいわない……。わたしに反論する人たちは黙っている……。

わたしは非難されるんです……。きかれます。「では、子どもたちがここで放射能の牛乳を飲んでいることを、どう思ってるんですか。放射能のキイチゴを食べていることを」。いけないと思う。とてもいけないことです！　しかし、子どもたちには父親や母親がついている、わが国にはこのことを考えるべき政府がある。わたしが反対しているのは、ひとつのこと……。メンデレーエフの周期表を知らない人たち、あるいはもう忘れた人たちが、どう生きるかを説いていたこと。わたしたちをこわがらせていたことです。わが国の民衆は、いままでずっと恐怖のなかで生きてきたのです――革命、戦争。あの血まみれの吸血鬼……スターリン……悪魔ですよ！　こんどはチェルノブイリ……。で、あとになってわたしたちはふしぎがるのです、なぜわが国の人間はこうなんだろう。なぜ自由でないんだろう、なぜ自由をおそれているんだろう。だって国民は、皇帝の支配下で生きることのほうに慣れているのです。父なる皇帝の支配下で。皇帝は、書記長とか大統領とか呼ばれたりしますが、結局はおなじこと。しかし、わたしは政治家ではなく、科学者です。これまでずっと土壌について考え、研究をしてきました。土というのは、血液とおなじく、謎にみちた物質です。土を知りつくしているかのようでも、なにかしら秘密が残っています。わたしたちは、ここで生きることに賛成する人と反対する人にわかれたのではなく、科学者とそうでない人にわかれたのです。急性虫垂炎で手術が必要になったら、だれに診てもらいますか。もちろん、外科医であって、社会活動家にではありません。専門家のいうことを聞くのです。わたしは政治家ではありません。考えるのです……。わたしたちのベラルーシには、大地と水と森のほかに、なにがあるだろう。石油がたくさん？　ダイヤモンドがたくさん？　なにもない。だから、いまあるものを大事にしなくてはいけない。もとにもどさなくては。そう、もちろん……。わたしたちは同情されていて、世界の多くの人が援助をしたがっている。しかし、いつまでも西側の施しにすがって生きるなんて、やめましょうよ。ひとさまの財布をあてにするのは。国をでたがっていた人たちは全員でてしまい、残っているのはチェルノブイリのあと、死ぬのでなく、生きることを望んでいる人たちだけです。ここは彼らの祖国です。

——あなたはなにを提案しておられるのですか。人はどうやってここで生きればいいのですか。

——人は治療が可能です……。そして、汚染された大地もまた治療が可能なのです……。働かなくてはなりません。考えなくては。ちいさな歩みでいいのです、でも、どこかによじのぼらなくては、前に進まなくては。ところが、わたしたちは……。わが国ではどうですか。わたしたちときたら、ひどいスラブ的なまけ癖のせいで、自分の手でなにかを創りだす可能性よりも、どちらかというと、奇跡がおきるのを信じている。自然界に目をむけなさい……。自然界に学ばなくてはなりません……。自然界は努力し、みずから浄化し、わたしたちを助けている。人間よりも理性的にふるまっている。太古の均衡をめざしている。永遠性を。

わたしは、州の執行委員会に呼びだされたのです……。

「ちょっと変わった話なんです……。じつはですね、スラーワ・コンスタンチノヴナさん、われわれはだれを信じたらいいのか、わからないんですよ。数十人の科学者とあなたとでは、くりかえしおっしゃることがまるでちがっている。有名な女魔術師パラスカのことを、なにかお聞きになっていますか。彼女をここに呼ぶことにしたんです。ひと夏でガンマ線量をさげてみせるというので」

わらっちゃうでしょ……。でも、わたしと話したのはまじめな人たちで、パラスカはすでに二、三の農場と契約し、大金が前払いされていたのです。このようは熱狂をわたしたちは経験ずみ……。知性のかげり……集団ヒステリーの発作……。数千……数百万の人びとがテレビにかじりついていた時がありましたよね。そして超能力者を名のる魔術師たち、チュマク、そのあとカシピロフスキイが、水に「エネルギー」を送っていた。わたしの同僚たちが、学位をもつ人たちが、三リットルびんに水をいっぱい入れて、テレビの前においていた。その水を飲み、その水で顔を洗っていた……。水には治癒力があると思われていた。魔術師たちはスタジアムに出演し、その集客力たるやアーラ・プガチョワにだって夢のまた夢。民衆は、徒歩で、車で、這って、むかっていた。ありえないことを信じて。魔法の杖のひとふりでどんな病気でもなおると。で、なに？　新しいボリシェヴィキ・プロジェクト……観衆は熱気でむんむん……頭は新しいユートピアでぱんぱん……。やれやれだわ。こんどは魔術師の出番なのか、わたしたちをチェルノブイリから救うのに。

わたしへの質問はこうでした。

「どんなもんでしょう。もちろん、われわれは全員無神論者ですが、まあ、そういわれてることだし……新聞にも書いてある……。面談の場を設けましょうか」

そのパラスカと会ったのです……どこからでてきたものやら。おそらくウクライナあたりでしょう。すでに二年間あちこちまわって、ガンマ線量をさげようとしていたのです。

「なにをする予定ですか」わたしはきいた。

「あたしのなかには、ものすごいパワーがある……。感じるんだよ、ガンマ線量をさげることができると」

「そのために必要なものはなんですか」

「ヘリコプターだよ」

そこで、もう、頭にきちゃったんです。パラスカにも、ここのお役人たちにも。まんまといっぱいくわされるのを、ぽかんとくちをあけて聞いていたなんて。

「いいんじゃないですか、最初からヘリコプターでなくても」とわたしがいう。「いますぐ汚染土を運んできて、床にばらまいてあげます。五〇センチほど。おやりなさい……線量をさげてくださいな……」

わたしたちはその通りにしました。土が運びこまれ……彼女ははじめた……。なにやらぶつぶついい、つばをはいていた。両手で邪気を追いだそうとしていた。で、なに？　どうなった？　なにもおきませんでした。いま、パラスカはウクライナのどこかで服役中です。詐欺罪で。べつの女魔術師は……一〇〇ヘクタールの土地のストロンチウムとセシウムの崩壊を早めるとうけあった。どこからこういう人たちがでてきたのでしょうか。彼らを生みだしたのは、わたしたちの奇跡願望ではないでしょうか。わたしたちの期待感。彼らの写真、彼らのインタビュー。だって、彼らに新聞の全面を、テレビのゴールデンタイムを、あたえる人がいたのですよ。人間が理性を信じなくなったら、心に住みつくのは恐怖です、野蛮人の心のように。怪物が這いでてくるのです……。

こういう話をするとなにもいわない……。わたしに反論する人たちは黙っている……。

わたしに電話をかけてきて、教えてほしいと頼んだ人が、偉い指導者のなかでひとりだけいたのです。「そちらの研究所にうかがわせてください、説明していただきたいのです。キュリーとはなにか、マイクロレントゲンとはなにか、どうやってこのマイクロレントゲンが、まあ、そのう、パルスに変わるのか。村々をまわると質問されるのですが、わたしはバカみたいで。小学生とおなじなんですよ」。こんな人がひとりいたのです。アレクセイ・アレクセエヴィチ・シャフノフ……名前を書きとめてください……。指導者の大部分は、なにも知ろうとしませんでした、物理も数学もいっさい。彼ら全員が党の上級学校をでていますが、そこでしっかり教えこまれていたのは一科目——マルクス主義だけです。大衆を鼓舞し、立ち上がらせる。軍政治委員の思考です……。それはブジョンヌイの騎兵隊時代から変わっていない。そういえば、スターリンが寵愛した軍司令官の金言があるのです。
「斬る相手はだれでもいい。わたしが好きなのはサーベルをふりまわすことだ」

では、提案について……。わたしたちはどうやってこの土地で生きればよいのか。退屈でなければいいのですけど、みんなのように。センセーショナルな、花火のようなものはないのですから。わたしはジャーナリストたちの前で何度も講演しましたが、翌日新聞にでるのはわたしが話した内容ではなく、べつのことでした。読者は恐怖で死にそうになったはずです。立入禁止区域でケシが大量に栽培され麻薬中毒者たちが住みついているのを見た人がいる。しっぽが三本あるネコを見た人がいる……。事故の日、空に前兆を見た人が……。

ここに、わたしたちの研究所が作成したプランがあります。集団農場用と住民用の手引をプリントアウトしたものです。よかったらお持ちになって……宣伝してください……。

集団農場用手引……。（読む）

わたしたちが提案しているのはなにか。人を迂回する回路に放射能をむけることによって、放射能を電気のように制御できるようになること。そのために不可欠なのが、わたしたちの経営形態の再編……修正です……。牛乳や肉のかわりに、人のくちにはいることのない工業原料用作物の生産を軌道にのせること。例えばセイヨウアブラナ。セイヨウアブラナからは、エンジンオイルをはじめ、油が搾れます。エンジン燃料として利用できます。種子と苗の栽培が可能です。種子には、純正保持のため研究室で意図的に放射線照射がおこなわれています。種子にとって放射線は無害なのです。これがひとつの方法。ふたつ目は……。それでも肉を生産するのであれば……。収穫ずみの穀物を浄化する手段が、わたしたちにはありません。解決策をみつけましょう——飼料として家畜にあたえ、動物の体内を通過させるのです。いわば、動物による除染。屠殺前の二、三か月間、牛を仕切り柵にうつして飼育し、「きれいな」飼料を運んでやります。家畜は浄化されます。

もうじゅうぶんでしょう……。あなたに講義する必要はないでしょうね。わたしたちが話しているのは科学的なアイデアについて……。サバイバル哲学とでもよべばいいでしょうか。

個人農家用手引……。

村のおばあさんとおじいさんのところへ行って……読みあげます……。彼らはわたしに怒りをむけ、足をふみならす。聞くのはおことわりだと。彼らが望んでいるのは、祖先とおなじように、ご先祖さまとおなじように生きることです。牛乳を飲みたがっている……。牛乳は飲んではいけない。クリーム分離機を買って、牛乳を分離し、凝乳とバターを作ってください。乳清はこぼしてください、土のなかに。干しキノコを作りたがっている……。まず水にひたしなさい——キノコを桶にいれて水をひたひたにそそぎ、ひと晩おきます、それから干してください。でも、食べないに越したことはないのです。フランスにはシャンピニオンがたくさんありますが、それは露地栽培ではなく、ハウス栽培のものです。ハウスなんて、わが国にありますか。ベラルーシ人は太古の昔から森にかこまれてくらし、ベラルーシの家屋は木造ですが、家の外壁にレンガを貼りこんだほうがよいのです。レンガは遮蔽性にすぐれている、つまり木の二〇倍も電離放射線を拡散させるのです。五年に一度、畑に石灰をまく必要があります。ストロンチウムとセシウムは狡猾です。じっと機をうかがっています。飼っている牛の厩肥を畑に施してはいけません、ミネラル肥料を買うほうがよいのです。

——あなたのプランを実行するには、べつの国、べつの人間、べつのお役人が必要になりますね。わが国のおとしよりは、年金でパンとさとうを買うのがぎりぎりだというのに、あなたは、ミネラル肥料を買え、クリーム分離機を手に入れろと助言なさる……。

——答えてもいいです……。わたしはいま、科学を擁護しているのです。あなたに証明しようとしているのです、チェルノブイリで悪いのは科学ではなく、人間。原子炉ではなく、人間だということを。それに、政治的な問題をわたしにむけられてもこまります。お門ちがいです……。

あらら……いけない！　すっかり忘れていました、忘れないようにちょっとメモまでしておいたのに。お話ししようと……。わたしたちの研究所にモスクワから若い科学者がやってきて、チェルノブイリ・プロジェクトに参加する夢をもっています。ユーラ・ジュチェンコさん……。身重のおくさんをつれてきたのです……。妊娠五か月の……。だれもがあきれはてています。どうして？　なんのために？　地元民が逃げだしているのに、よそからやってくるなんて、と。それは真の科学者だからです。彼は、必要な知識をもつ人間はここでくらせることを証明しようと思っている。必要な知識をもつ、自分をまげない、これらふたつこそ、わが国でもっとも評価が低い性質です。わたしたちは、機関銃に身を投げることならできる。松明を手に疾走することなら。でも、ここでは……キノコは水につけて毒抜きをし、ジャガイモは一度ゆでこぼさなくてはいけない……。ビタミン剤をきちんと飲まなくてはいけない……。キイチゴは研究所にもっていき検査しなくてはいけない。灰は土に埋めなくてはいけない……。わたしはドイツに行って、一人ひとりのドイツ人がていねいにゴミの分別をしているのを見ました。このコンテナには白いガラスびん、ここへはみどり色の……。牛乳パックのキャップははずしてプラスチックゴミ、パック本体は紙ゴミ。カメラの電池はまたべつのところ。生ゴミは生ゴミだけで……。人間が仕事をしているのです……。わが国の人間がこのような仕事をしているところなんて、想像できません。白いガラス、赤いガラス——こんなのはつまらなくてみじめな仕事。ばかやろう、ふざけんなと。シベリアの河川の流れを逆行させるのなら、やるのです……。なにかそういうことなら……。「肩よ、ひろがれ、腕よ、ふりあがれ……」。そうはいっても、わたしたちは自分を変えなくてはなりません、生き残るために。

しかし、これはもうわたしの問題ではありません……。あなたがたの……これは文化の問題なのです。メンタリティーの問題。わたしたちの生活全般の問題です。
こういう話をするとなにもいわない……。わたしに反論する人たちは黙っている……。（じっと考える）
こんな夢を考えてみたいのです……。近いうちにチェルノブイリ原発が閉鎖される。撤去される。その跡地をみどりの野原に変えるという夢……。

ふたがされた井戸のそばで――

春の雪解け道を通り、わたしはやっとの思いで古い百姓家にたどりついた。わたしたちの、年季のはいった警察四輪駆動車が完全にエンストしてしまったのだ――さいわいなことに、カシとカエデの広い植え込みにかこまれた屋敷のすぐそばまできていた。わたしは、ポレーシエ（北ウクライナと南ベラルーシの間に位置する湿原地帯）の名だたる歌い手で、おとぎ話の語り手でもあるマリヤ・フェドトヴナ・ヴェリチコさんをたずねてやってきた。

中庭で息子さんたちにあった。おたがいに自己紹介をする。兄のマトヴェイさんは教師、弟のアンドレイさんは技師。彼らは陽気に会話をはじめる、じつは、目前にせまった引越しに、みなが高揚しているのだ。

――客人は中庭にはいり、女主人は中庭からでていく。おふくろを町に引き取ることにしたんです。車を待っているところです……。で、どんな本を書いておられるんですか。

――チェルノブイリのこと。

――チェルノブイリのことをいま思い出すのは興味深い……。ぼくは、このテーマで新聞に書かれていることを追っているんです。いまのところ本が少ないですからね。ぼくは教師としてそれを知る必要がある。子どもたちとどう話せばよいのか、だれも教えてくれませんから。ぼくを不安にさせているのは物理じゃない……。ぼくは文学を教えているんですが、ぼくを不安にさせているのは、まあ、こんな疑問……。なぜレガソフ・科学アカデミー会員は自殺をしたのか。彼は事故処理作業の指揮をとったひとりですが、モスクワの自宅にもどって、ピストルで自殺をした〔一九八八年四月二七日自宅で縊死〕。原発の主任技師は気がくるった……。ベータ粒子、アルファ粒子……セシウム、ストロンチウム……。これらは崩壊する、洗い流されたり、あちこちに拡散されたり……では、人間はどうなるんだろうか。

——ぼくは進歩に賛成。科学に賛成だ。電球がいらないという人はもういない……。恐怖が売りものにされはじめた……。チェルノブイリの恐怖が売られているんです、なぜなら、わが国には世界市場で売れそうなものがほかにありませんからね。ぼくらは新製品を——自分たちの苦悩を売っているんです。

——数百の村が移住させられた……。数万人の住民が……。偉大なる農民のアトランティスが……。それは旧ソ連邦に四散し、集めなおすことはできない。救うことはできない。ぼくらが失ったのは世界まるごと……。あのような世界はもう二度とないでしょう、あらわれることはもうない。じゃあ、おふくろの話を聞いてやってください……。

かくも深刻にはじまった思いがけない会話は、残念ながら、つづけることができなかった。急ぎの用が待っていたのだ。わたしには、故郷の家がいま永遠にすてられようとしているのがわかっていた。

そのとき、戸口に女主人の姿があらわれた。身内を抱くようにわたしを抱擁した。キスをしてくれた。

——おねいさん、あたしゃここでひとり、ふた冬越したんだよ。人間はやってこなかった……動物がちょこっとよってくれた……。あるときキツネがとびこんできて、あたしをみてふしぎそうにしてたよ。冬は昼も長い、夜も長い、人生のように。そのときならあんたに歌をきかせ、おとぎ話をしてやれたんだがな。としよりのくらしは退屈、語るのはとしよりの仕事よ。いつだったか首都から学生さんたちがやってきて、テープレコーダーに録音していった。でも、うんとむかしのことだ……。チェルノブイリのまえよ……。

なにを話してあげようかな。間にあうかどうかはともかく……。二、三日まえに水で占ってみたの、そしたら旅にでるってでた……。あたしらの根っこが大地からひっこぬかれている。ご先祖さまはここで生きてきた。ここの森にあらわれて脈々と代をかえて、なのにこんどは不幸があたしらを自分の土地から追いだす、そんな時代がやってきた。こんな不幸はおとぎ話にだってない、あたしゃ知らないよ。ほんと……。

じゃあね、おねいさん、思い出してあげるよ、娘時代にあたしらがどうやって占ってたか……。よいことを思い出すよ、たのしいことを。あたしの人生がここではじまったときのことを……。一七歳までは、おっかさんとおとっつぁんといっしょのたのしいくらしだった、そのあとは結婚相手をさがさなくちゃいけない。運命の人を占いで知らなくちゃ、ここらへんじゃ「グーカチする」っていうの。夏は水で、冬はけむりで占ったもんだ。煙突からでるけむりが方角を変えたら、嫁にいくのはそっちのほう。あたしゃ水で占うのが好きだった……。川の水で……。水は最初から地球にあった、だからなんでも知ってる。こっそり教えることができるんだよ。水のうえに蠟を浮かべるの、蜜蠟をたらして浮かべるんだよ。蠟が流れだしたら愛が近い、沈んだらその年は娘のまま。売れのこるってこと。どこにあるの、運命は。あたしのしあわせはどこ。あたしらはいろんなやりかたで占った……。鏡をもって蒸し風呂小屋にいき、ひと晩そこにすわってるの。でも、鏡のなかにだれかがあらわれたら、すぐに鏡を机におくんだ。でないと、悪魔がひょいとでてくるから。悪魔ってやつは鏡を通りぬけてくるのが好きだからね……あっちから……。影で占うときは……水をいれたコップのうえで紙を燃やして、壁にうつる影を見るの。十字架に見えたら、死がまってる。教会の丸屋根なら、結婚式。泣く娘やら、にこにこする娘やら……。運命は人それぞれだねえ……。寝るまえにくつをぬいで、片ほうを枕のしたにいれとくの。夜中に運命の人がやってきてくつをぬがせてくれる、その人を見て、顔かたちを覚えておくんだよ。あたしんとこへきたのはうちのアンドレイじゃなかった、だれかほかの、のっぽで色白の男だった。うちのアンドレイは背がひくかった、眉が黒くて、よくわらってた。「ああ、おれのおくさま……おれのおくさまは、おまえだ……」って。（わらう）うちの人とは六〇年つれそった……。三人の息子を世にだした……じいさまはいなくなった。息子らが墓地へ運んでった。死ぬまえにおわかれのキスをしてくれた。「ああ、おくさま、おまえはひとりぼっちになるなあ……」。あたしゃ知ってるんだ。長く生きれば、人生も薄れてくる、愛も薄れてくる。ほんと……。どうか神さま！　ほかにも、娘時代には枕のしたに櫛をつっこんだりした。髪をほどいて、そうやって寝るの。夢のなかに運命の人がでてきて、頼むんだよ。水を飲ませてくれ、馬に水をやってくれって……。

あたしらは井戸のまわりにケシの実をまいていた……まあーるくね……。夕方近く集まって、井戸のなかへむかってさけぶの。「運命の女神さま、ううううーっ！　運命の女神さま、ごおおーっ！」。こだまがかえってくるから、その音でよみとってた、だれになにがおきるか。あたしゃね、いまだって井戸へいきたかったんだ……自分の運命をききに……。あたしの運命はもうあんまりのこっちゃいないけどね。パンくずほど。干からびた穀粒ほどよ。なのに、村の井戸はぜんぶ兵隊さんたちにふたをされちゃった。板が打ちつけられてしまった。死んだ井戸だよ。ふさがれちゃって。のこってんのは、集団農場の事務所のそばの、鉄の給水栓だけ。村にはまじない師の女がいたんだよ、運命も占ってた。でも、町の娘っ子のところへでていっちまった。袋を……薬草のはいったジャガイモ用の袋をふたつもってった。どうか神さま！　ほんと……。薬を煎じていた古い小鉢……白い麻布……。そんなもんが町でだれにいるもんか。町の人らはテレビのまえにすわってチャンネルを変えたり、本を読んだりしてるんだ。ここじゃちがうよ、あたしらは……鳥のように……土や、草や、木々をよみとっていた。春、地面がなかなか顔をださない、雪が溶けないときは、夏のひでりがまってる。おつきさまの光が弱々しくて暗いときには、家畜の子はうまれない。ツルがはやばやと飛びさったら、きびしい寒さがやってくる……。（語りながら自分のことばに調子を合わせて、からだを静かに揺らしている）

息子らはいい子だよ、嫁らもまごらも、やさしい。でも、町の通りでだれに話しかけたらいいの。異郷だもの。心にとってはからっぽの場所よ。よその人となにを思い出せばいいの。あたしゃ森へいくのが好きだった。あたしらは森のめぐみで生きていた、そこにはいつも仲間がいた。まわりに人間がいた。いまじゃ森にもいれてもらえない……。警察が立ってんの、放射能をみはってんだ……。

二年間……どうか神さま！　二年間息子らにたのまれていた。「かあさん、町にでてこいよ」。で、とうとう根負けしちゃった。で、とうとう……。ここはほんとにいい場所よ、まわりは、森、森、みずうみ、みずうみ。みずうみは澄んでいて、ルサルカ〔スラブ民間信仰の水の精霊〕がいるの。むかしの人らが話してたよ、はやくに死んだ乙女らが、ルサルカになって住んでるんだって。あの子らのために灌木のうえに服をおいといてやった。寝間着を。灌木のうえや、ライ麦畑の細ひもにかけといてやったんだと。あの子らは水からあがって、ライ麦畑のなかをかけまわる。あんた、あたしの話を信じてるかい？　むかし、人びとはなんでも信じてた……。耳をかたむけてたよ……。あのころはテレビがなかった、まだ発明されていなかったからね。（わらう）ほんと……。あたしらの土地の、まあうつくしいこと。あたしらはここに住んでいたが、子どもらがここに住むことはない。そう……。あたしゃこの季節が好きなの……。おひさまが空高くのぼりはじめた、鳥たちがもどってきた。冬はいやになっちゃったよ。夜、家からでられないんだもの。イノシシが村のなかをうろうろしてるからね、森のなかのように。ジャガイモを選りわけた……タマネギも植えようと思っていた……。なにか仕事をしてなくちゃ、ぼーっとすわって死をまってちゃいけない。そんなことしてたら、いつまでまってもお迎えはきやしない。

ああ、そうそう、おねいさん……ドモヴォイ〔スラブ民間信仰の家の守護神〕のことだがな……。ずいぶんまえからうちに住んでるんだよ。どこにいるのやら、はっきりとはわからないが、ペチカのへんからでてくるの。黒い服に黒いぼうし、服のボタンはぴっかぴか。からだがないの、でも歩いてるんだよ。こりゃあ亭主があたしにあいにきてんだ、そう思ったときがあった。ほんと……。それがちがうの……ドモヴォイなんだよ……。ひとりぐらしじゃ話し相手がいないからね、夜、あたしの一日をそいつに話してやるの。「朝早くおもてにでたよ……おひさまが照ってた、あたしゃ立って大地をながめて、うれしくなるほどだった。とてもしあわせだったよ、あたしの心は……」。それなのにいかなくちゃ……故郷をはなれるだなんて……。聖枝祭の日曜日には、いつもネコヤナギの枝をとってきた。神父さまはいなさらん、だから川へいって自分で清めの儀式をやった。門にネコヤナギの枝を立てた。家にもってはいり、きれいにかざりつけた。壁や戸口や天井につきさした、屋根のしたにもおいた。歩きながらお祈りをいった。「ネコヤナギや、あたしの雌牛を救っておくれ。ライ麦がよくできますように、リンゴがなりますように。ヒヨコがかえりますように、ガチョウがたまごをうみますように」。そうやって歩きまわりながら、長くお祈りしなくちゃいけないんだよ。

むかしは春をたのしく迎えたもんだ……あそんで、うたった。牛飼いがはじめて牛を放牧にだす日からはじまった。魔女を追っぱらわなくちゃいけない……魔女が呪いをかけて牛を病気にしたり、乳をしぼったりしないように、でないと牛が乳をしぼりとられて、家に走ってくるんだよ。びっくりして。あんた、覚えるようにしとくれ、むかしのくらしがまたもどってくるかもしれないからね、そのことは教会の本に書かれているんだよ。村に神父さまがいなさったころ、読んでくださった。この世の命は終わることもある、でも、そのあともう一度はじまるんだと。つづきを聞いとくれ……もう覚えてる人も、あんたに話してくれる人もあまりいないからね。最初の群れを放つまえに……白いテーブル掛けを道に広げて敷くんだよ、牛にそのうえを走らせて、牛飼いの女たちはあとからついてくの。「悪い魔女よ、こんどは石をかじってろ、土をかじってろ……」。牛ちゃんたちや、おまえらは安心して野原や沼地を歩けるよ、なにもこわがらなくていいよ、悪人も猛獣も」といいながら歩くの。春になって地面からでてくるのは草の芽だけじゃない、いろんなものが這いでてくる。ありとあらゆるけがらわしいやつらが。そいつらは暗がりや家のすみっこや、ぬくい家畜小屋にひそんでるんだよ。ヨーロッパヤマカガシはみずうみから庭に這ってくる、朝つゆのうえをにょろにょろ、にょろにょろと。人間は身を守らなくちゃいけない。アリ塚からとってきた土を、木戸のそばに埋めるといいよ。いちばん効き目があるのは、門のそばに古い錠前を埋めとくことだね。けがらわしいやつらみんなの歯に、錠をかけてやるんだ、くちにね。で、畑は？　畑に必要なのは牛ぐわや馬ぐわだけじゃない、畑だって悪霊から守ってやらなくちゃ。自分の畑をふたまわりするの、歩きながらおまじないをとなえる。

「タネをまく、タネをまく、いっぱいまくよ……どっさり実っておくれ。そして、ネズミが穀物をたくさん食べないように」って。

ほかになにを思い出してあげようかな。ここらへんじゃコウノトリのことを「ブーセル・ブーシコ」というの、春にはコウノトリにもお辞儀をしなくちゃならない。古巣によくもどってきてくれたね、ありがとうさんって。ブーセルは火事から守ってくれる、あかんぼうを運んできてくれる。呼びよせるんだよ。「クリョ、クリョ、クリョ……ブーシコや、あたしらのとこにおいで、こっちにおいでよ」って。結婚したての若夫婦は、べつにお願いする。「クリョ、クリョ、クリョ、相思相愛の夫婦でいられますように。子どもたちがネコヤナギの穂のようにまるまると育ちますように」って。

パスハには、みんなが卵を染めていた……。赤、青、黄色の卵。不幸のあった家では黒い卵だけ。あわれみをさそう卵よ。悲しみのため。そして、赤いのは愛のため、青いのは長寿のため。ほんと。あたしみたいに……。生きて、生きて……もうすべてを知りつくしてる。春にはどうなるか、夏にはどうなるか……秋や冬には……。なぜか生きつづけてる。世の中をながめてる……。よろこんでないとはいえないよ。おねいさん……。あ、そうそう、こんな話も聞いとくれ……。パスハに赤い卵を水につけるの、しばらくつけたままにしといて、その水で顔を洗うんだよ。きれいになるの、汚れのない顔に。死んだ身内のだれかに夢のなかであいたくなったら、墓地へいって地面のうえで卵をころがすの。「おっかさん、あたしんとこへきてちょうだい。なぐさめてちょうだい」。そしてすっかり話して聞かせるの。自分のくらしをね。亭主にいじめられてるなら、おっかさんが知恵をかしてくれる。ころがすまえに、両手のなかに卵をちょっともって、目をつむってすこし考えるの……。墓地をおそれることはないよ。こわいのは、死者を運んでいくときだからね。死神が飛びこんでこないように、窓や戸口をしめるの。あいつはいつも白い服をきてる、全身白づくめで大鎌をもってるんだ。この目でみたことはないけど、人から聞いたよ……死神にであったという人から。あいつの目にとまらないように気をつけなくちゃ。「あっはっはっ……」とわらうんだとよ。

墓地にいくとき、あたしゃ卵をふたつもってくの。赤いのと黒いのと。ひとつはあわれみをさそう色。亭主のすぐそばにすわる。墓碑には写真があって、若くもなく年でもなく、いい写真なの。「きたよ、アンドレイ。ちょいと話そうかね」。ニュースをすっかり知らせてやるの。すると、だれかが呼びかけてくるんだよ……。ほら、どっからか声がする。「ああ、おくさま……」って。アンドレイの墓に参ったら、娘っ子のとこへいくの……。あの子は四〇で死んだ。がんのやつが娘にしのびこんだの、どこへつれてっても、どうにもならなかった。若い身で土のなかによこたわってしまった……器量よしだった……。あの世にだっていろんな人間が必要だ、としよりも若者も。器量のいいのも悪いのも。ちっちゃな子どもだって。でも、だれが子どもらをあっちへ呼ぶんだろ。子どもらはあっちでこの世についていったいなにを語れるんだろ。あたしにはわからんよ……。あたしにはわからんが、かしこい人にもわからんことだ。町の先生さまにだって。ひょっとしたら、教会の神父さまなら知っていなさるかもしれんな。こんどあったら、ひとつきいてみるか。ほんと……。娘っ子とはこんなふうに話すの。「ねえおまえ、あたしのべっぴんさんや！ 遠い果てからどんな鳥たちといっしょに飛んでくるんだい。ヨナキツグミかい、それともカッコウかい。どっちの方角でおまえをまってればいいのかい」。こんなことばであの子にうたってやり、まってるの。もしかしたらあらわれるかもしれない……合図を送ってくれるかもしれない……。でも、夜まで墓地にのこってちゃいけないよ、五時にはでなくちゃ。おひさまはまだ高いところにあるはず、陽が落ちはじめたら、落ちはじめたら……

さようならをするの……。あの人らはひとりになるときがほしいんだ……あたしらのように。おんなじよ。死んだ人には死んだ人のくらしがある、あたしらのとことおんなじ。よくわからんが、そんな気がする。そう思うのよ。それと……ほかにもつけたしていうよ。人が死にかけていて苦しみが長引き、家のなかにおおぜいの人がいるときには、みんな中庭にでていかなくちゃいけない、ひとりにしてやるためにね。おっかさんもおとっつぁんも、子どもだって外にでなくちゃいけないんだよ。

きょうは夜が明けるとすぐに中庭や畑を歩きながら、自分の人生を思いおこしてる。ここでいい息子らが育った、カシの木のような。しあわせがあった、でも、少なすぎた。一生働きづめだった。ジャガイモだけでも、あたしの手がどれだけ選りわけたことやら。運んだことやら。耕しては、タネをまいた……。（くりかえす）耕しては、タネをまいた……。いまも……。タネがはいったふるいをとってくるとするか……タネがのこってんの、豆、ひまわり、ビーツ……。ただまいておくよ、はだかの土のうえに。生きてておくれよね。そして「クヴェトチキ」も庭のあちこちにばらまいておくよ。「クヴェトチキ」って花のことよ、ここらへんのことばで……。ねえ、秋の夜、コスモスのかおりがどんなだか、知っていなさる？　とくに雨のまえは、つよいかおりがするんだよ。スイートピーも……。でも、タネにふれてもムダ、そんな時代がやってきた。土のなかにタネをほうる、それは育って、力をたくわえる。でも、人間のためじゃない。そんな時代よ……。神さまは、あたしらに合図を送ってくださった……。あの日、のろわしいあのチェルノブイリが起きた日、あたしはミツバチの夢をみた。たくさんたくさんのミツバチ。あとからあとから飛んでくの、どこかへむかって。ミツバチの群れがいくつもいくつも。ミツバチはね、火事のお告げよ。大地が燃えだすという……。神さまは合図を送ってくださった、人間はこの大地にお客としてくらしている、ここは人間の家じゃない、お

客にきてるんだって。あたしらはここのお客さんなの……。（泣きはじめる）
「かあさん」。息子のどちらかが呼んだ。「かあさん！　車がきたよ……」

役割と筋書に焦がれる

セルゲイ・ワシリエヴィチ・ソボレフ
共和国連盟「チェルノブイリの盾」副理事長

すでに何十冊も本が書かれている……。映画が撮影された。解説ずみなんです。それでもやはりこのできごとはぼくたちを超えている、どんな解説もおよばない……。

いつか聞いたのだか、読んだのだか、チェルノブイリの問題はぼくたちの前に、まず第一に、自己認識の問題としてたちはだかっているというのです。その通りだと思いました、ぼくの心情と一致している。ぼくはずっと待っているんです、だれか利口な人がぼくにすべてを説明してくれる……分析してくれるのを。スターリンやレーニン、ボリシェヴィズムについてぼくの目を開かせてくれているように。または「市場、市場、自由市場！」としつこく延々とくりかえしているように。ところが、ぼくたち……チェルノブイリのない世界で育った人間は、チェルノブイリとともに生きているんです。

じつは、ぼくの本業はロケット技師で、ロケット燃料の専門家なんです。バイコヌールで勤務していました。「コスモス」計画、「インターコスモス」計画はぼくの人生の大きな部分です。空を征服しよう！　北極地方を征服しよう！　処女地を征服しよう！　宇宙を征服しよう！　ガガーリンといっしょにソ連全国民が宇宙へ飛びたった、地球をはなれた……。ぼくたち全員が！　ぼくはいまもガガーリンが大好きなんですよ。すばらしいロシア人だ。笑顔がとてもいい。彼の死でさえもなにか演出されたかのようでした。飛翔へのあこがれ、飛行、自由への……。どこかへの脱出願望……。驚異的な時代でしたよ。ぼくは、家庭の事情でベラルーシに転勤になり、ここで所定の年数を勤めあげました。ここにきてから……チェルノブイリのこの空間にのめりこんでしまった。これはぼくの感覚を正してくれた。ぼくは時代の最先端をいく技術、宇宙技術とつねにかかわっていましたが、なにかこのようなものを想像することはできなかったんです。いまはまだ、簡潔にまとめていうのがむずかしい……。想像しようにも想像力がたりない……。なにか……。(考えこむ) ほんの一秒前、意味がつかめたような気がしたのですが……。ほんの一秒前……。哲学的思索に走りそうになります。チェルノブイリのことをだれと話しはじめても、みなが哲学的なことをいいたがるのです。

しかし、あなたには自分の仕事のことを話したほうがいいでしょう。ぼくたちはなんでもやるんですよ。教会の建設……。チェルノブイリの至聖生神女マリア教会。寄付の募集、病人や危篤の人のお見舞い。年代記の執筆。博物館の創設。ぼくにはやれないと考えていた時期があるんです、ぼくの感性ではこのような場所で働くのはむりがあると。最初の仕事をもらった。「ここに金がある、三五家族に分配してくれ。夫を亡くした三五人の女性に」。夫たちは全員が事故処理作業員でした。公平にやらなくちゃ。でも、どうやって。ある未亡人は病気の幼い娘をかかえている、べつの未亡人には子どもがふたり。また、自分自身が病気の女性もいるし、部屋代を払わなくちゃならない女性もいる。さらに四人の子持ちもいた。夜中に目が覚めたものです、「だれの分も減らすわけにいかないじゃないか」と考えながら。考えては計算し、計算しては考えた。まあ、たいへんでした……。そして、できなかった……。ぼくたちは等分に配ったのです、リストにしたがって。しかし、ぼくが手ずから作りあげたのは博物館。チェルノブイリ博物館です。(沈黙) しかし、時々こんな気がするのです、こここにできるのは博物館ではなく、葬儀社なのだ。ぼくは葬儀班で仕事をしているんだと！　今朝、ぼくがコートを脱ぐか脱がないかのとき、ドアが開いて、女性が号泣しながらはいってきた……号泣じゃない、さけんでいるんです。「夫の記章と表彰状ぜんぶひきとってちょうだい！　すべての特典をひきとって！　夫を返してちょうだい！」。長いあいださけんでいた。ご主人の記章をおいていった、表彰状をおいて。まあ、これらは博物館のガラスのしたにならべて……見てもらうことになるだろう……。しかし、あのさけび声、彼女のさけび声を聞いたのは、ぼく以外にはだれもいない。この表彰状をならべながら、ぼくだけが忘れずにいるのです。

いまヤロシューク大佐が死の床についています……。線量測定員で化学者です。がっしりした男でしたが、麻痺して寝たきりです。おくさんが身体の向きをかえている、クッションのように……。スプーンで食べさせている……。彼には腎結石もあって、結石を砕かなくてはなりませんが、ぼくたちには手術代を支払う金がない。ぼくたちの団体は極貧なのです、寄付でやっていますから。国のやり口は詐欺師同然で、この人たちをみすててしまった。死んだら、通りや学校や軍の部隊に彼の名をつけるんですよ。でも、それは彼が死んだあとのことだ……。ヤロシューク大佐は……立入禁止区域を歩いて、最高汚染地点の境界線を定めていた。つまり、生きたロボットそのものとして利用されたのです。大佐にはそのことがわかっていた。それでも、原発ぎりぎりのところから歩いたのです。徒歩で。線量測定器具類を手にして。放射能の「スポット」をさぐりながら、「スポット」の境界線にそって移動したのです、地図に正確に書きこむために……。

では、原子炉の屋上自体で作業した兵士たちはどうでしょうか。事故処理作業に投入されたのはぜんぶで二一〇部隊、およそ三四万人の現役軍人です。屋上を片づけていた連中は地獄の業火を味わうことになりました……。彼らには鉛の前掛けが支給されましたが、放射線はしたからきたのです。そこは無防備でした。彼らがはいていたのは、いつもの防水厚布の長靴……。一日に一分半ないし二分ずつ屋根のうえ……。その後、除隊となり、表彰状と報奨金一〇〇ルーブルが与えられた。そうして、わが国の広大無辺の空間に消えていったのです。彼らが屋上でかき集めていたのは、燃料、原子炉の黒鉛、コンクリートや鉄筋の破片……。担架に「ゴミ」を積むのに二、三〇秒、屋根から「ゴミ」を投げおとすのに二、三〇秒。この特殊な担架だけでも四〇キロもの重さがありました。ちょっと想像してください。鉛の前掛け、防毒マスク、この担架、そして、猛スピード……。すごいことでしょう？　キエフの博物館に黒鉛の実物大模型があって、帽子ほどの大きさですが、ほんものなら一六キロもあるそうです。黒鉛はそれほど密度が高く、重いのです。遠隔操作のマニピュレーターはしょっちゅう命令の実行を拒否したり、とんでもない動きをしたりでした。高線量の場で電子回路が故障していたのです。もっとも信頼できる「ロボット」は兵士でした。彼らは、軍服の色から「緑のロボット」と呼ばれていた。崩壊した原子炉の屋根を通過した兵士は三六〇〇人。彼らは地べたで寝ていたのです。はじめのうち、テント内で地面にわらを投げしいていたと、全員が話していました。わらは現地で調達したものです、原子炉のすぐそばの干し草の山から。

若い連中……。いま彼らもまた死んでいますが、彼らは理解している、もし自分たちがいなかったらどうなっていたか……。ほかにいえるのは、これは特殊な文化の人間だということです。功績の文化、自己犠牲の文化の。

爆発の危険があるようなときもあって、ウランと黒鉛の溶融物が水中に没するのをふせぐために、原子炉のしたから地下水を抜く必要にせまられた。もし溶融物と水が接触すれば、それらが臨界質量を与えるだろう。爆発は、三メガトンから五メガトン級。そうなれば、キエフとミンスクが死の町になっただけでなく、ヨーロッパの広大な地域でも人が住めなくなったことだろう。想像できますか!? ヨーロッパの大惨事ですよ。課題がだされた。だれがこの水にもぐって排水弁のコックを開くのか。車、住居、ダーチャ、そして、家族の生活を一生めんどうみようと約束された。志願者が募られた。それが、なんと、いたのですよ。男たちはもぐった、何度も何度ももぐってこのコックを開いた。志願者班には七〇〇〇ルーブルが与えられた。だが、約束した車や住居のことはそれっきりになった。もちろん、もぐったのはガラクタのためじゃない！　金銭的なモノのためじゃない、少なくとも金銭的なモノのためじゃないんだ。わが国の人間はそれほど単純で……わかりやすくはない。（ひどく興奮する）

この人たちはもういません。身分証明書だけがぼくたちの博物館にある。名前が……。しかし、もし彼らがこの仕事をやらなかったらどうですか。ぼくたちは、わが身を犠牲にする覚悟ができている……。この点において、ぼくたちの右にでる者はだれもいない……。

じつは、ある男と議論したことがあって……。彼の言い分はこうでした。これは、わが国では命の価値がきわめて低いことと関係している。アジア的運命論だ。自分を犠牲にする人間は、自分が、もう二度とあらわれることのない唯一無二の比類なき個だということを感じていない。役割に焦がれている。かつて彼はせりふのない人間だった、端役だった。彼には筋書がなかった、背景だった。ところが、ここにきて彼は突如主役におどりでた。意義に焦がれている。わが国のプロパガンダとはいったいなにかね。わが国のイデオロギーとは。命を捧げよ、そのかわりに意義を得よ。たたえられる。役が与えられる！　その死には大きな価値がある、死とひきかえの永遠だからね。彼はぼくを説得しようとした。いくつか例をあげて……。しかし、同意するもんか！　ぜったいに！　たしかに、ぼくたちは兵士たるべく育てられた。そういう教育だった。つねに心構えができている、つねになにか不可能なことにむかう用意がある。ぼくの父は、ぼくが高校卒業後は一般大学に進みたいといったとき、大ショックを受けたんです。「父親が職業軍人だというのに、おまえは背広を着るつもりか。祖国を守らねばならないのだ！」。何か月かくちをきいてくれませんでした。ぼくが陸軍士官学校に書類を提出するまで。父は戦争の参加者で、すでに他界しました。父の世代はだれでもそうですが、財産はないも同然。父の死後、なにも残っていませんでした。家も、車も、土地も……。ぼくが持っているもの？　図嚢です、父がそれをもらったのはフィンランド戦争の前で、なかに父の戦功勲章がいくつかはいっている。それと、父が前線からだした三〇〇通の手紙がはいったポリ袋。手紙は一九四一年にはじまり、母がたいせつにしていました。残っているのはそれだけ……。しかし、まぎれもなく貴重な財産だと思っています。

これで、ぼくがこの博物館をどんなものと考えているか、おわかりでしょう。ほら、あそこの小びんのなかにはチェルノブイリの土が……ひとつかみ……。むこうには炭鉱夫のヘルメット……これもあそこから……。立入禁止区域から持ってきた農村の生活道具……。ここには線量測定員を入れることはできません。高放射線量です！　しかし、ここにあるものはすべてほんものであるべきです。レプリカは不要だ！　ぼくたちを信じてもらわなくちゃならない。信じてもらえるのは、ほんものだけです。なぜなら、チェルノブイリをめぐってはあまりにもウソが多すぎるから。むかしもいまも。原子力は軍事と平和のために利用できるだけでなく、私的な目的にも利用できるのです。チェルノブイリのまわりは基金と営利組織だらけです……。

あなたはこのような本を書いておられるのですから、ぼくたちの無類のビデオ資料をごらんになるべきです。少しずつ集めているんです。チェルノブイリの映像記録は、ないと思ってもいいくらいですよ！　撮影は許されず、すべてが機密扱いだった。もし、カメラでなにかをうまくとらえた人がいても、しかるべき機関にすぐさま没収され、返却されるのは消去済みフィルムでした。わが国には、住民の疎開のようす、家畜の搬出のようすを撮った映画はないのです……。悲劇の撮影は禁じられていて、撮影されていたのはヒロイズムなんですよ！　それでもいま、チェルノブイリ写真集が刊行されていますが、映画やテレビのカメラマンは何度カメラを叩きこわされたことか。あちこちの機関に呼びだされたことか……。チェルノブイリについて正直に語るには勇気が必要だった、いまもそうなんです。うそじゃありませんよ！　しかし、あなたはごらんになるべきだ……これらの映像を……。最初に出動した消防士たちの、黒鉛のようにまっくろい顔。彼らの目は？　すでにこの世を去るのを察知している人間の目です。また、あるシーンには女性の両足。彼女は、大惨事の翌朝、原発のすぐそばの小さな畑を耕しにいったのです。つゆがおりた草のうえを歩いた……。両足はふるいのようだ、ひざまで小さな穴がぽつぽつ……。ごらんになるべきです、このような本を書いておられるのですから……。

ぼくは帰宅しても、小さな息子を抱っこしてやることができない。ウォッカを五〇グラム、もっといいのは一〇〇グラム、あおらなくちゃならないんです、抱っこしてやるために……。

博物館にはヘリコプター操縦士たちのための特別展示室があります。ヴォドラシュスキイ大佐は……ロシアの英雄で、ベラルーシの大地、ジューコフ・ルグ村に埋葬されています。彼は限界を超えた線量を浴びたあと、原発をはなれ、ただちに避難すべきでした。しかし、そのまま残って、さらに三三人の搭乗員の指導にあたったのです。彼自身は一二〇回の出動をこなし、二〇〇トンから三〇〇トンの積荷を投下しました。一昼夜に四、五回の出動、原子炉上空三〇〇メートルの高度、操縦室の気温は六〇度にも。砂袋が投下されたとき、したではなにが起こっていたか？　それは、もう……地獄……。放射線量は一八〇〇レントゲン毎時にも達していました。操縦士たちは空中で気分が悪くなっていた。ねらいを定めて落とし、目標の炎の孔に命中させるために、彼らは操縦室から頭をつきだして……下方を見ていた……。ほかに方法がなかった……。政府委員会の会議では、簡単に、日常的に、報告されていました。「これには二、三人が命をおとす必要があります。こちらのほうは、ひとりが命を」。簡単に、日常的に……。

ヴォドラシュスキイ大佐は亡くなりました。彼の原子炉上空における被曝線量集計カードに医者が記入したのは……七レム。実際は六〇〇レムだったんですよ！

では、原子炉のしたで日夜トンネルの穴を掘っていた、四〇〇人の炭鉱夫たちのことは？　工学用語でいう地盤凍結のために、液体窒素を流し込むトンネルを掘る必要があったのです。さもないと、原子炉は地下水に没したかもしれない……。モスクワ、キエフ、ドネプロペトロフスクの炭鉱夫たち……。ぼくは、彼らのことが書かれたものを読んだことがない。彼らははだかで、気温が五〇度を超えるなか、しゃがんでトロッコを押した。そこもまた……数百レントゲンです……。

いま彼らは死んでいる……。しかし、もし、彼らがこれをやっていなかったら？　ぼくが思うに、彼らは、なかったかのような戦争の犠牲者ではなく、英雄なのです。その戦争は、事故とか大惨事とか呼ばれています。でも、戦争だったのです。チェルノブイリの記念碑も戦争の記念碑に似ている……。

わが国ではふれないことになっていることがあるんです。スラブ的羞恥心から。でも、あなたは知っておくべきです……。このような本を書いておられるのだから……。原子炉やその至近距離で働いていた者は……ふつう、やられるんです……ロケット技師にも似た症状がみられることが以前から知られていて……ふつう、泌尿生殖器系がやられるんです。男性機能が……。しかし、わが国ではこのことは声高にいわない……。いわないことになっている……。あるとき、ぼくはイギリス人ジャーナリストに同行したのですが、彼はひじょうに興味深い質問を用意していた。まさにこのテーマで、彼が関心をよせていたのは問題のもつ人間的側面でした。すべてが終わったあとで人間になにが起きるのか――家庭で、日常生活で、男と女のあいだで。ただ、なにひとつぶっちゃけた会話にはならなかった。たとえば、ヘリコプター操縦士を集めてほしいと彼がいう……男だけの集まりでちょっとした話をするために……。彼らはやってきた、何人かは三五歳、四〇歳にしてすでに年金生活者で、片足を骨折した男は車でつれてこられた。老人性骨折、つまり、放射線の影響で骨がもろくなっているんです。車でつれてこられた……。イギリス人は彼らに質問する。「みなさんはいま家庭でどうですか、若いおくさんたちと？」。操縦士たちはだまっている。彼らは、いかにして一昼夜で五回の出動をやりこなしたか、それを話そうとやってきた。ところが……妻のこと？　あのことだって……。彼は一対一で話しはじめた……。みんな口をそろえて答える。健康状態は良好。国は高く評価してくれている。家庭には愛情があると。だれひとり……だれひとりうちあけなかったんですよ。彼らが去ったあと、イギリス人の落胆ぶりがわかった。「これでわかるだろ」と彼がいう。「なぜきみたちがだれにも信用されないのか。きみたちは自分で自分にウソをついているからだ」。この集まりはカフェでもたれ、ふたりのかわいいウェイトレスが給仕をし、すでにテーブルをきれいに片づけているところでした。そこで、彼はふたりにたずねた。「二、三、質問に答えてくれるかな」。そして、この女の子たちが彼にすっかりぶちまけたんです。「きみたち、結婚したいと思ってる?」「ええ、でもここじゃないところで。あたしたちみんなの夢は外国人と結婚することよ。だって健康な子どもを生みたいから」。さらにつっこんだ質問。「じゃあ、パートナーっている? どう、彼らは? きみたちを満足させてくれるかい。なんの話か、わかるよね」。「いまここにあんたたちといっしょにいた連中は」とくすくすわらう。「ヘリコプター操縦士よ。二メートル近くもある。記章をじゃらじゃらいわせてる。式の雛壇にはぴったり、でもベッドじゃねえ」。まあ、そう……。彼はこの女の子たちをカメラにおさめ、ぼくにはまたおなじことをいった。「これでわかるだろ。なぜきみたちがだれにも信用されないのか。きみたちは自分で自分にウソをついているからだ」

ぼくは彼と立入禁止区域にでかけたんです。統計上、チェルノブイリ近辺には八〇〇の汚染廃棄物捨て場があることが知られています。彼はなにかファンタスティックな工学的構築物を期待していたようだが、ごくふつうの穴なんです。そこにはいっているのは、原発の周辺一五〇ヘクタールにわたって伐採された「赤茶色の森」(事故後最初の二日間でマツやトウヒが赤く変色、その後、赤茶色になった)。数千トンの金属と鋼鉄、小さなパイプ、作業着、コンクリート建造物……。彼はイギリスの雑誌に載った写真を見せてくれた。パノラマ写真です。空からの……。キャタピラ車など数千単位の軍用車両、航空機……消防車、救急車……。原子炉近辺で最大の汚染廃棄物捨て場です。彼が撮りたがっていたのはそこの写真、一〇年後の、いまの姿。その写真にはすでに大金が約束されていた。そんなわけで、ぼくたちはあちこちさがしにさがしたのです。おえらがたからべつのおえらがたへとたらい回しにされた、地図がないだの、許可がないだの。ぼくたちはかけずりまわったのです、この汚染廃棄物捨て場が存在しないことがぼくの耳に届くまで。それは書類上あるだけで、もう残っておらず、かなり前に方々の市場、集団農場や自宅の部品用に持ち去られてしまっていたんです。ごっそり盗まれた、車で運びだされた。イギリス人には理解できないことだった。信じようとしなかった！ ぼくがほんとうのことをすっかり話しても、信じてくれなかった！ だからいま、ぼくは、もっとも思いきった記事を読むときでも、信じていない。潜在意識につねにこんな考えがまとわりついている。ひょっとしたら、これもウソかもな。作りばなしかもな。悲劇にふれるのは月並みな表現……よく知られた決まり文句になったのです。ホラー話に！（話をやめて長い沈黙）

博物館にあらゆるものを運んで……集めています……。しかし、たまに考えることがあるんです。「やめるんだ！ 逃げるんだ！」と。どうやって耐えぬけばいいんだろう。

若い司祭と話したことがある……。

ぼくたちは、サーシャ・ゴンチャロフ曹長のまあたらしい墓のそばに立っていた……。原子炉の屋上にいたひとりです……。雪。風。猛烈な冬の寒さ。司祭は追悼祈禱をおこなっている。祈りをささげている。頭になにもかぶらず。ぼくはあとでたずねた。「寒さを感じておられないようでしたね？」。「はい」と彼は答えた。「このようなとき、わたしは全能なのです。教会儀式のなかで、これほどのエネルギーをわたしに与えてくれるのは、追悼祈禱のほかにありません」。ぼくはそれを記憶にとどめている、つねに死の近くにいる人のことばを。ぼくは、ぼくたちのところにやってくる外国人ジャーナリストたちに、その多くはすでに数回きていますが、何度か質問してみたんです。なぜ汚染地にくるのか、なぜ願いでるのか。金や出世のためだけと考えるならばかばかしいですよ。「あなたたちのところが好きなんです」と打ちあけてくれた。「ここにいると強力なエネルギーが充電される」。まあ、そのう……。予想外の答え、でしょ? 彼らにとって、わが国の人間、その感覚、その世界は、どうも、なにか未知のものなのだろう。謎めいたロシア魂……。これについては、ぼくたち自身も、台所で一杯やりながら議論するのが好きなんです……。あるとき友人のひとりがいった。「ぼくらが満ちたりて、苦悩することをわすれたとしよう。そうなったら、だれがぼくたちに関心を示すだろうか?」。ぼくはそのことばがわすれられない……。しかし、結局つきとめられなかった、外国人はぼくたちのなにが好きなのだろう。ぼくたちそのものなのか。ぼくたちについて書けることなのか。ぼくたちを通して理解できることなのか。

なんだってぼくたちは死のまわりをぐるぐるまわっているのだろう。

チェルノブイリ……。ぼくたちにはほかの世界はもうない……。はじめに、基盤を奪いとられたとき、ぼくたちはこの痛みを思いのたけぶちまけたが、いまでは、ほかの世界がない、どこにも行き場がないという自覚ができた。このチェルノブイリの大地に定住する悲劇の実感が、まったくべつの世界観が、できた。戦場からもどってくるのは「失われた」世代……レマルク〔『西部戦線異状なし』の作家、一八九八―一九七〇〕を覚えてるでしょう。チェルノブイリとともに生きているのは「茫然自失の」世代……。ぼくたちは茫然自失していた……。変わらずに残っているのは人間の苦悩だけ……。ぼくたちの唯一の財産。減ることのない財産です!

ぼくは帰宅する……すべてのあとで……。妻はぼくの話に耳を傾ける。それから静かにいう。「あなたを愛してるわ、でも、息子はあなたにわたさない。だれにもわたさない。チェルノブイリにも、チェルノブイリにも……だれにもよ!」。妻の心にはすでにこんな恐怖が住みついているのです……。

人びとの合唱

クラヴディア・グリゴリエヴナ・バルスク（事故処理作業員の妻）、タマーラ・ワシリエヴナ・ベロオカヤ（医師）、エカテリーナ・フョードロヴナ・ボブロワ（プリピャチ市からの移住者）、アンドレイ・ブルティス（ジャーナリスト）、イワン・ナウモヴィチ・ヴェルゲイチク（小児科医）、エレーナ・イリイニチナ・ヴォロニコ（ブラーギン町の住民）、スヴェトラーナ・ゴヴォル（事故処理作業員の妻）、ナターリヤ・マクシモヴナ・ゴンチャレンコ（移住者）、タマーラ・イリイニチナ・ドゥビコフスカヤ（ナロヴリャ町の住民）、アリベルト・ニコラエヴィチ・ザリツキイ（医師）、アレクサンドラ・イワノヴナ・クラフツォワ（医師）、エレオノラ・イワノヴナ・ラドゥチェンコ（放射線専門家）、イリーナ・ユーリエヴナ・ルカシェヴィチ（助産師）、アントニーナ・マクシモヴナ・ラリヴォンチク（移住者）、アナトリイ・イワノヴィチ・ポリシューク（水文気象学者）、マリヤ・ヤコヴレヴナ・サヴェリエワ（母親）、ニーナ・ハンツェヴィチ（事故処理作業員の妻）。

しあわせそうな妊婦さんを長いこと見ません……しあわせそうなおかあさんを……。

ほら、お産が終わったばかり。われにかえって……呼ぶ。「先生、見せてください！　つれてきてください！」。ちっちゃな頭にさわる、おでこ、からだに。指の数をかぞえている……。両足の指、両手の指……。調べている。確かめたがっている。「先生、あかちゃんは正常ですか。だいじょうぶですか」。授乳のためあかちゃんがつれてこられる。不安がる。「わたしはチェルノブイリの近くに住んでいるんです……。黒い雨にあたったんです……」

妊婦さんたちが夢の話をしてくれる。八本足の子牛を生んだ夢とか、ハリネズミの頭をした子イヌを生んだ夢とか……。そんな奇妙な夢です。以前はそんな夢をみる女性はいませんでしたよ。聞いたこともありません。

三〇年、助産師をしていますが……。


わたしは、これまでずっとことばのなかで生きてきました……ことばとともに……。

学校でロシア語と文学を教えています。あれは、たしか、六月はじめだったと思います、試験中でしたから。とつぜん、校長がわたしたちを集めて告げたのです。「明日、全員シャベルを持参のこと」。校舎のまわりの汚染された表土を取り除かなくてはならない、そのあと兵士たちがやってきて、アスファルトを敷くというのです。質問がでた。「どんな防護用具が支給されますか。特殊な服や防毒マスクは届くんですか」。届かない、という返事。「シャベルを持参して、掘ってください」。拒否したのはふたりの若い教師だけで、ほかの人たちは行って掘りました。気持ちが落ちこむ、と同時に、義務をはたしているという思い。わたしたちの心にはそれがあるのです。困難な場所、危険な場所にいる、祖国を守るという思いが。わたしの生徒たちになにかほかのことを教えていたならべつですが、これしか教えていなかったのです。行動をおこす、火中に飛びこむ、守る、犠牲をはらう。わたしが教えていた文学、それは人生についてではなく、戦争について。死についてでした。ショーロホフ、セラフィーモヴィチ、フルマーノフ、ファジェーエフ……ボリス・ポレヴォイ……。拒否したのはふたりの若い教師だけ。しかし、彼らはあたらしい世代の人間。わたしたちとは人間がちがうのです。

朝から晩まで土を掘っていました。家に帰る途中、町の商店は営業していて、女たちがストッキングや香水を買っているのが奇妙に思えました。わたしたちの心には、すでに戦争が住んでいたのです。だから、パンや塩、マッチを求める行列がとつぜんあらわれたときのほうが、ずっとわかりやすかった。みんながあわてて乾パンを作りはじめたときのほうが……。一日に五回も六回もぞうきんで床をふき、窓の隙間をふさぎました。ラジオをいつも聞いていました。わたしは戦後生まれですが、この行動に覚えがあるような気がしました。自分の気持ちを分析してみながら、ひどくおどろいたのは、あれほど早くわたしの心理状態がきりかわったことです、なにかふしぎと戦争体験に覚えがあったのです。想像できたのです、わたしが家を去っている、子どもたちをつれてでていく、どんな物を持っていくのか、母になんと手紙をかくのか。まわりでは、まだいつもの平和なくらしがながれていて、テレビではコメディ映画をやっていましたけれど。

わたしたちにそっと教えていたのは、記憶……。わたしたちはいつも恐怖のなかで生きていた、恐怖のなかで生きるすべを心得ている。これは、わたしたちの棲息環境なのです。

これにかけて、わが国民にならぶ者はいません……。

わたしは戦場にいたことはありません。けれど、これは戦場を思い出させました……。

兵士たちが村にはいってきて、住民は疎開させられました。村の道は軍用車両でうめつくされた。装甲車、緑の幌つきトラック、戦車もあったんです。住民は、兵士立会いのもとで自宅をあとにしました。これは、とくに戦争体験者には、重くのしかかるものでした。最初に非難されていたのはロシア人――あいつらが悪いんだ、あいつらの原発が……。つぎに、共産主義者が悪いんだと……。この世のものとは思えない恐怖で、心臓がばくばくしていました。

わたしたちはだまされたのです。三日後に帰れるという約束だったのに。わたしたちがあとに残してきたのは、自分の家、蒸し風呂小屋、木彫装飾の井戸、古い果樹園。出発の前夜、わたしは果樹園にでて、花が開いたのを見ました。一年後に死にました。それが朝にはすっかり散っていたのです。母は移住をのりきることができなかった。一年後に死にました。ふたつの夢をみるんです、なんどもなんども……。ひとつは、わたしたちのからっぽの家。もうひとつは、わが家の木戸のそば。赤いダリア……母が立っている……生きている母が。そして、ほほえんでいる。

いつも戦争と比較されています。けれど、戦争……それなら理解できる……。戦争の話は父から聞いていた、本で読んだ……。でもここのは? わたしたちの村の名残は、三つの墓地です。そのひとつに眠っているのは村人たち、古い墓地です。ふたつ目には、わたしたちが見すてたイヌやネコ、銃で殺されて。三つ目には、わたしたちの家。

わたしたちの家ですら埋葬されたのです……。


毎日……わたしは毎日、思い出のなかを歩いてるの……。

あの通りを、あの建物のそばを。すごく静かな町でした。大きな工場はなく、お菓子工場がひとつあっただけ。日曜日……。寝そべって、日光浴をしていました。ママが走ってきていうの。「あらまあ、チェルノブイリが爆発してみんな家にかくれているのに、おまえときたら、おひさまのしたかい」。わたし、わらっちゃった。だって、チェルノブイリとナロヴリャは四〇キロもはなれてるのよ。

夜、わたしたちの家のそばに「ジグリ」が止まって、わたしの知人がご主人とはいってきたの。彼女は部屋着、ご主人は運動着に古い室内ばき。森を抜け、いなか道を走り、プリピャチ市をこっそりぬけだした。逃げる途中でした。道路には警察、軍の歩哨が見張りにたち、町からだれひとり出そうとしなかったのです。彼女がわたしに最初にさけんだのは「急いで牛乳とウォッカをさがさなくちゃ！　大至急！」。さけびにさけんでいた。「あたらしい家具を買ったばかりなのに。あたらしい冷蔵庫を。毛皮のコートもあつらえたの。ぜんぶ置いてきちゃった。セロハンに包んでしばっといた……。夜、眠れなかった……。どうなるの。どうなるの」。ご主人が落ちつかせようとしていた。ご主人が話してくれた。ヘリコプターが町の上空を飛んでいる、軍の車が通りを走って、泡みたいなものをまいている。男たちは、戦争にとられるように、半年間軍隊にとられる、と。わたしたちは、くる日もくる日もテレビにかじりついて、ゴルバチョフが演説するのを待っていた。政府は沈黙していた……。五月の祝日騒ぎが一段落したあと、ゴルバチョフがやっとくちを開いた。みなさん、心配しないでください。状況は管理下にあります……。火事です、ただの火事です。べつに変わったことはありません……。住民は現地でくらし、仕事をしています……。

わたしたち、信じていたの……。

このような光景……。夜、眠るのがこわかった……目を閉じるのが……。

家畜が追いたてられていた……。移住させられた村々の家畜がすべて、地区中心の町、わたしたちの町の受入拠点に追いたてられていたのです。気が動転した牛、羊、子豚が道路を走りまわっていた……。つかまえたい人はつかまえていた……。食肉コンビナートから枝肉を積んだ車がカリノヴィチ駅にいき、そこからモスクワ行きに積みこまれていた。モスクワでは受けとらなかった。それで、汚染廃棄物捨て場と化した車両がわたしたちの町にもどってきていた。輸送列車まるごと。そこで埋められていました。毎晩、肉の腐敗臭になやまされました……。わたしは思ったの、核戦争ってこんなにおいがするの？　戦争は煙くさいはずよ……。

最初の数日、町の子どもたちは夜中につれだされたのです。なるべく人目につかないように。災難がかくされていた、伏せられていたんです。住民はそれでもやはり気づいていました。子どもたちのバスが通る道まで、牛乳がはいった小さな缶を持ってきたり、パンを焼いてくれたりした。戦時中のよう……。ほかのなにと比べられますか。

州の執行委員会での会議……。戦時状況……。

全員が、民間防衛責任者の発言を待っていた。なぜなら、放射能についてなにか思い出す人がいたとしても、それは一〇年生用の物理の教科書の断片でしかなかったから。責任者が登壇して話しはじめたのは、本や教科書に書かれている核戦争のことだった。五〇レントゲン浴びたら兵士は戦線から離脱すべし……シェルターの建設法、ガスマスクの使用法、爆発の範囲……。しかし、ここはヒロシマやナガサキではない、ここではすべてがちがう……。ぼくらはすでにわかりかけていた……。

ヘリコプターで汚染地に飛びたった。装備は通達通り。下着はなし、コックが着るような綿のつなぎ、その上に防護シート、ミトン、ガーゼのマスク。全員が身体じゅうに計器をぶらさげている。村の近くに空からおりる。そこでは、子どもたちが砂場でころげまわっている、スズメのように。くちのなかには小石や小枝。チビちゃんたちはズボンをはいていない。おしりをまるだし……。でも、ぼくらは命令されていた。住民とかかわるな、パニックを起こすな……。

ぼくはいまもこのことを背負って生きているんです……。

とつぜん、テレビでたびたび放送されるようになった……。テーマのひとつ。おばあさんが牛の乳をしぼってびんに入れた。レポーターが軍用線量計を手にして近づき、びんをなでまわす……。ほら、ごらんください、まったくの基準値です。原子力発電所まで一〇キロのところですよ。プリピャチ川が映される……。泳いだり、肌を焼いたり……。遠くに原子炉とそのうえに立ちのぼるけむりが見える……。コメント。西側の声はパニックのタネをまき、事故についてあからさまな中傷を広めています。そしてまた、例の線量計を持って、魚スープの皿、チョコレート、露店のドーナツにあてている。インチキだったんですよ。当時、わが国の軍に装備されていた軍用線量計は、食品検査用ではなくて、空間放射線量を測ることができただけなんです。

わたしたちの意識のなかでチェルノブイリと結びついているウソの量、おなじくらいのウソがあったとすれば、一九四一年だけ……スターリン時代に……。

愛する人の子どもを生みたかった……。

わたしたち、はじめてのあかちゃんを待っていたの。夫は男の子、わたしは女の子が欲しかった。医者たちに説得されたんです。「中絶をする決心が必要ですよ。ご主人はチェルノブイリに長くいらしたんですから」。夫は運転手で、最初の数日に召集されてあそこに行き、砂とコンクリートを運んでいました。けれど、わたしはだれのいうことも信じませんでした。信じたくなかった。本で読んだの。「愛はすべてにうち勝つことができる、死にだって」

子どもは死産でした。指も二本たりなかった。女の子。泣きました。「指くらいあればよかったね。女の子なんだから……」

なにが起きたのか、だれにもわかっていませんでした……。

わたしは軍事委員部に電話をかけて、協力を申し出ました。わたしたち医者は、全員に兵役の義務がありますから。名前は覚えていませんが、少佐だという人が答えました。「必要なのは若者です」。わたしは説得しようとした。「若い医者は、第一に、準備ができていません。第二に、彼らはより大きな危険にさらされます。若い身体のほうが放射能に対する感受性が強いのですよ」。答え「命令なんです。若者を採用せよと」

覚えているんです……病人の傷が治りにくくなりました。ほかには……あの、最初の放射能の雨。雨のあと、水たまりが黄色くなりました。日にあたって黄色くなったのです。いまこの色を見るといつも不安にかられます。一方では、こうしたものに対して意識の準備ができていなかったということ、また一方では、わたしたちは、もっともりっぱで、もっとも非凡で、わが国はもっとも偉大な国だということ。夫は高学歴で技師ですが、まじめな顔でわたしにいったものです。ウソじゃないってば、これはテロ行為だ。敵の破壊工作だよ。わたしたちはそう考えていたのです……。そんなふうに育てられたから……。でも、わたしは、列車で用度係と乗り合わせたときのことを思い出していたのです。その人はスモレンスク原発建設の話をしてくれた。どれほどのセメントが、板、釘、砂が、現場から周辺の村々に横流しされていたかを。お金や、ウォッカひとびんとひきかえに……。

あちこちの村……工場では……党の地区委員会の職員が演説をしたり、車でまわって住民と接したりしていました。しかし、質問に答える力はだれにもなかったのです。除染とはなにか、どうやって子どもを守ればよいのか、放射性物質の食物連鎖への移行係数はどれほどか。アルファ粒子、ベータ粒子、ガンマ粒子とは。放射線生物学とは。アイソトープはいうまでもなく、電離放射線とは。彼らにとってこれは別世界のことでした。彼らが講義していたのは、ソ連人のヒロイズムについて、軍人的勇気のシンボルについて、西側秘密諜報部の陰謀について……。

わたしは、党の集会で発言したんです。専門家はどこにいるんですか。物理学者は？　放射線科医は？　脅されました、党員証を没収すると……。

説明のつかない死が多かった……とつぜんの死が……。

姉は心臓をわずらっていた……。チェルノブイリのことを聞いたとき、姉は感じたのです。「あんたたちはこれを生きぬけるわ。わたしには、むり」。姉が死んだのは数か月後でした……。医者たちはなにも説明してくれなかった。姉が受けた診断では、もっと長く生きられたはずなのに……。

こんな話があるんです……。老婆たちのなかに母乳がでた人がいたと。お産をした女性のように。この現象は、医学用語で乳汁漏出というものです。でも、農民たちにとっては？　天罰……。あるおばあちゃんにこんなことが起きました。夫も子どももいない、天涯孤独の身。気がふれたんです。村を歩きまわって、なにかを抱っこしてゆすっていた。薪、あるいは子どものボールを手に取って、ショールでくるんで……。ねんねんころり、ねんころりん……。

わたしはこの土地でくらすのがおそろしい……。

線量計をもらった、でも、なんでこんなもんをくれるの？　シーツを洗う、真っ白だというのに線量計が鳴る。食事の支度をしても、パイを焼いても、鳴る。寝床をのべても、鳴る。なんでこんなもんをくれるの？　子どもたちに食事をさせながら、泣くんです。「ママ、どうして泣いてるの」

子どもはふたり、男の子がふたりです。いつも子どもたちといっしょに病院から病院へ。医者から医者へ。上の子は、男の子とも女の子ともつかない。髪の毛がないの。子どもたちをつれて教授のところへも行った、祈禱師や治療師のおばあちゃんたちのところへも行った。クラスでいちばん小さいの。走るのも遊ぶのも禁じられている。もし、だれかがうっかりぶつかりでもしたら、血が流れだして、死んじゃうかもしれない。血液の病気。でも、病名はむずかしくていえない。この子につきそって入院し、考えるの。この子は死んじゃうって。それから、そんなふうに考えちゃいけないってわかったの、死神に聞こえちゃうかもしれないでしょ。泣くのはトイレよ。どのおかあさんも病室では泣きません、泣くのはトイレや浴室で。わたしは明るい顔をしてもどります。

「ほっぺがピンクよ。元気になってきてるね」

「ママ、ぼくを病院からつれて帰って。ここにいると死んじゃうよ。みんな死んでるんだもん」

どこで泣けばいいの？　トイレ？　あそこは行列よ……。わたしのような人ばかりだもの……。

招魂祭……追悼の日に……。

わたしたちは墓地に入れてもらえるんです。お墓に……。でも、自分の家屋敷には立ちよるなと警察がいう。警官たちはヘリコプターでわたしたちの上空を飛んでいる。だから、せめて遠くからでもと、わが家をながめるの。家に十字をきります。

故郷のライラックを一枝とってきて、一年間家に飾っておくの。

わたしたちの国の人間がどんなだか、話してあげます……。ソ連人が……。

「よごれた」地区では……。最初の数年、どの店もソバの実や中国製の肉の缶詰でいっぱいでした。住民はよろこんで自慢していた。ここから追いだそうったってそうはいかないよ。ここは快適だ、と。土壌の汚染にはバラツキがあって、おなじ集団農場のなかに「きれいな」畑と「よごれた」畑があるんです。「よごれた」畑で働く者には多く支払われる、だからみんながそっちへ行かせてくれという。「きれいな」畑に行くのをこばむ……。

最近、わたしの弟が極東から遊びにきました。「兄さんたちはここで「ブラックボックス」のようだな。「人間ブラックボックス」だよ」という……。「ブラックボックス」というのは、どの飛行機にもあって、飛行の全情報が記録されるんです。飛行機事故がおきると「ブラックボックス」がさがされます。

わたしたちは思っている、みんなのように生きている……歩いている、働いている、愛しあっている……と。ちがうんです！　わたしたちは記録しているんです、未来のための情報を……。

わたしは小児科医です……。

子どもとおとなとではすべてがちがうのです。たとえば、子どもには死の恐怖がない……。イメージが湧かないのです。子どもは、自分のことはなんでも知っています。病名、すべての治療と薬の名前。母親よりよく知っている。この子たちの遊びは？　病室から病室へ追いかけっこしながら、大声でいう。「ぼくは放射能だぞーっ！　放射能だぞーっ！」。死ぬときに、とてもおどろいた顔をしているような気がします……。とまどいの色が見られる……。

とてもおどろいた顔をして横たわっているんです……。

医者たちに告げられたんです、ご主人は助からない……。血液のがんだと……。

発病したのは、チェルノブイリの汚染地からもどったあと。二か月後でした。あのひとは工場から派遣された。夜勤から帰宅していう。

「朝、発つことになったよ……」

「あっちでなにをするの」

「集団農場で働くんだ」

夫たちは一五キロ圏内で干し草をかきあつめた。ビーツを収穫した。ジャガイモを掘った。家にもどってきた。わたしたちは夫の両親の家に行きました。あのひとは、父親がペチカのしっくいを塗るのを手伝っていた。そこで倒れたんです。救急車が呼ばれ、病院に搬送された。白血球が致命的レベルでした。モスクワに送られたの。

モスクワからもどったとき、夫の頭にあったのはひとつのことだけ。「ぼくは死ぬ」。黙りこむことが多くなった。わたしは説得しようとした。頼んでいたの。わたしのことばを信じてくれない。それで、あのひとの娘を生んだのです、信じてもらえるように。夢占いはしないことにしてる……。わたしが処刑台につれていかれる夢、全身に白いものをまとっている夢……。夢占いの本は読まないの……。朝、目を覚ましては夫のほうを見る。ひとりになったらどうしよう。せめて娘がもう少し大きくなっていて、パパの顔を覚えていてくれるといいのに。あの子は小さくて、最近、歩きはじめた。パパにむかって走る。「パア・ア……」。こんな考えを追いはらう……。

もしわたしが知っていたなら……戸口という戸口を閉めて、敷居に立ちはだかったわ。錠を一〇個もとりつけたわ……。


息子と病院でくらしはじめて、もう二年になります……。

小さな女の子たちが病室で人形ごっこをしている。人形は目をつぶっている。そうやって人形が死ぬんです。

「どうしてお人形さんは死ぬの」

「ここの子なんだもん。ここの子はね、生きられないの。生まれてきても、死んじゃうの」

わたしのアルチョムカは七歳、でも見た目は五歳。

この子が目を閉じると、眠ったわ、と思う。それで、わたしは泣きはじめる。見られないですみますから。

でも息子は気づいていう。

「ママ、ぼく、もう死ぬの？」

寝入ると、ほとんど息をしていない。あの子のまえにひざまずく。ベッドのまえに。

「アルチョムカ、目を開けて……なにかいって……」

おまえはまだあったかいわ……心のなかでそう思う。

息子は目を開けては、また寝入る。とても静か。死んじゃったみたいに。

「アルチョムカ、目を開けて……」

この子を死なせはしません……。

ついこのあいだ、あたしたち、新年のお祝いをしたの……。食卓にごちそうを並べてね。ぜんぶ自家製よ。薫製、サーロ、お肉、キュウリの酢漬け。パンだけはお店で買ってきた。ウォッカだって自家製、手作りよ。あたしたちふざけていうんだけれど、チェルノブイリ産。セシウム味、ストロンチウム味。だって、どこでなにを買えっていうの。村の店はどこも棚がからっぽ。それに、なにか売りにでたとしても、あたしらの給料や年金では手がでませんよ。

お客さんがきたんです。よき隣人たち。若い人たちよ。ひとりは先生、もうひとりは集団農場の機械技師とおくさん。お酒をのんだ。軽く食べた。そして、歌がはじまった。だれともなくうたいだしたの、革命歌、軍歌を。「朝はやさしき光にて、古きクレムリンの壁を染め」。わたしの好きな歌だわ。でね、いい夜になったのよ。以前のように。

このことを息子に手紙で知らせたの。息子は首都で勉強中。大学生よ。返事がきたわ。「かあさん、ぼくはこの光景を思いうかべてみたよ――チェルノブイリの大地。ぼくらの百姓家。新年のモミの木飾りが輝いている……。ところが、人びとが食卓をかこんでうたっているのは、革命歌と軍歌だ。彼らの過去には、強制収容所もチェルノブイリもなかったかのようだ……」

こわくなりました、自分の身を案じたわけじゃないの、息子のことを思って。あの子には、帰る場所がどこにもないのよ……。

第三章　悲嘆に心うたれる

死がこんなにうつくしいことがありうるなんて

ナジェジュダ・ペトロヴナ・ヴィゴフスカヤ
プリピャチ市からの移住者

　最初の数日、いちばん重要な問題は、だれが悪いのかということでした。わたしたちには原因となった人が必要だったのです……。

　あとで、さらに多くのことを知ってから、わたしたちは考えるようになりました。なにをすべきか。どうやって身を守ればいいのか。いまでは、もう仕方ないことだとわかっています。これは一年や二年ではなく、何世代にもおよぶのですから。わたしたちは、頭のなかで過去にもどり、一ページまた一ページとめくるようになりました……。

　あれが起きたのは、金曜日の夜から土曜日にかけて……。朝、だれもなにも疑っていませんでした。わたしは息子を学校におくりだし、夫は床屋にでかけました。昼食の用意をする。まもなく夫がもどってきた……もどってきて、すぐにいう。「原発が火事らしいぞ。ラジオを消すなという命令だ」。いい忘れましたが、わたしたちはプリピャチ市に住んでいたのです、原発のちかくに。いまでも目のまえに、明るいキイチゴ色の照り返しがうかぶ。原子炉が内側から光っているようでした。信じがたい色。ふつうの火事ではなく、ある種の発光です。うつくしい。もしほかのことを考えないなら、すごくうつくしい。このようなものは映画でも見たことがない、たとえようがありません。夜になって住人はベランダにどっとでました。ベランダのない人は、友人や知人のところに行ったのです。わたしの家は九階で、見晴らしが抜群でした。直線距離で三キロほど。子どもたちをつれだして抱きあげていた。「さあ見なさい。覚えておくんだよ」。しかも原発で働いている人たち……技師や労働者が……。物理の教師たちもいました……。汚い塵のなかに立っていた……雑談をしていた、呼吸していた。見とれていた。一目見ようと、数十キロの距離を車や自転車でかけつけた人たちもいました。わたしたちは知らなかったのです、死がこんなにうつくしいことがありうるなんて。けれど、その死に、においがなかったかというと、ちょっとちがう。春のでも、秋のでもないにおい、なにかまったくべつの、土のにおいともちがう……そう、ちがう……。のどがいがらっぽくて、涙がかってにでてきた。わたしは一晩じゅう眠れず、上の階ではどたどた歩く音、やはり寝ていないんです。なにかを引きずるような音、とんとんたたく音。おそらく、荷作りか、窓の目貼りでもしていたのでしょう。わたしはシトラモンを飲んで頭痛を抑えようとしました。朝、明るくなって、あたりを見まわして感じたのです。なにかおかしい、なにかが変わってしまったと。すっかり。これはいま思いついたのでも、あとで思いついたのでもありません。朝八時には、もうガスマスクをつけた軍人が通りを行ききしていました。町の通りに兵士や軍用車両を見たとき、わたしたちはおどろいたりしませんでした。逆に、安心したのです。軍隊が救援にかけつけたからには、もうだいじょうぶだと。ぜんぜん知らなかったんです、平和の原子力もやっぱり殺すことがある……。あの晩、町全体が目覚めないことだってありえたのだと……。窓のしたでだれかのわらい声がし、音楽が鳴っていた。

昼食後、ラジオでお知らせがはじまりました。疎開の準備をしてください。疎開は三日間です、そのあいだに洗って、検査をしますと。いまでもアナウンサーの声が耳に残っています。「近隣の村に避難する」「ペットの動物はつれていかないこと」「アパートの出入り口に集合」。子どもたちは教科書を必ず持っていくようにいわれました。夫はそれでも、書類かばんに身分証明書とわたしたちの結婚写真を入れたのです。わたしのほうは、悪天候にそなえて薄絹のスカーフを一枚……唯一持っていったのがそれ……。

わたしたちは、最初の日々から感じていました。わたしたちチェルノブイリ人が、すでに社会からつまはじきにされている。恐れられていると。わたしたちが乗っていたバスは、一泊するためにある村で止まったのです。人びとは学校や集会所の床で寝ました。身をおく場所もありません。すると、ひとりの女性が自宅に誘ってくれました。「さあいこう、寝床を用意してやるよ。ぼっちゃんがかわいそうだ」。ところが、となりにいたべつの女性が、その人を脇へつれていこうとしたんです。「ちょっとあんた、正気かい？　この人らは伝染病なんだよ」。モギリョフに移住したあと、息子は小学校にはいりましたが、一日目にして泣きながら家に飛びこんできたのです……。女の子のとなりの席になり、その子がいやがったのです。だってこの子、放射能の子なんだもん。となりにすわるとあたし死んじゃうかもしれない、と。息子は四年牛で、チェルノブイリの子どもはクラスに息子ひとりだったのです。子どもたち全員が息子をこわがっていた、あだ名がつけられた、「ほたる」……「チェルノブイリのハリネズミ」……。わたしはびっくりしました、息子の子ども時代がこんなに早く終わってしまったなんて。

わたしたちがプリピャチをでていくとき、むこうから軍の縦列がやってきたのです。装甲戦闘車両が。こわくなったのはそのとき。わけがわからない、なのにこわい。けれど、これはすべて他人に起きたことで、わたしにではない、という感じがずっとしていたんです。奇妙な感じが。自分でも泣き、食べ物や宿泊所をさがし、息子を抱いてなだめている、それなのに心のなかでは——思考ですらなく、たえず感じていたのです、わたしは観客だと。ガラス越しに見ている……。ほかのだれかが見えると……。キエフについてやっと現金が支給されましたが、なにも買えませんでした。数十万の人びとが移動させられたのです。ものというものは買いつくされ、食べつくされていました。多くの人が心筋梗塞や脳卒中を起こしました、すぐそこ——駅で、バスのなかで。わたしは母に救われたのです。母は、家とこつこつ築いた財産を、自分の長い人生で一度ならず失いました。最初は三〇年代、弾圧されてすべてを没収されたのです。牛も、馬も、家も。二度目は火事、炎のなかからとっさにつれだしたのは、幼かったわたしだけ。「のりこえなくちゃ」となぐさめられたものです。「だって、わたしたち、命があるんだもの」

そうそう、こんなことも……。わたしたちはバスのなか。泣いていた。最前列の席の男性が、おくさんを大声でしかっていたんです。「このバカもん！　みんなはなにか荷物を持ってきてんだぞ、おれたちときたらからっぽの三リットルびんかよ」。おくさんは、バスで行くのなら、途中で母親に酢漬け用のあきびんを渡そうと思ったんです。ふたりのそばには、ずんぐりしたばかでかい網袋がいくつか置かれていて、わたしたちは道中ずっとそれにつまずいていました。彼らはそのまま、びんといっしょにキエフに到着したのです。

わたしは教会の聖歌隊でうたっています。福音書を読んでいます。教会に通っているんです。永遠の命について語り、人間のなぐさめになるのは、教会だけです。こんなことばが聞ける場所はほかにありません、とても聞きたいのに。わたしたちがバスで疎開するとき、教会があるたびに、みながそこへむかいました。なかにはいれないほどの人で混んでいました。無神論者と共産主義者——全員がむかったのです。

よく夢をみるんです。陽光のふりそそぐプリピャチの町を息子と歩いている。いまはもうゴーストタウン……。歩きながらバラをじっくりながめます。プリピャチはバラの町で、バラの大きな花壇がいくつもあった。夢です……わたしたちのあの生活は——もう夢。あのころ、わたしはうんと若かった。息子はちっちゃかった……。わたしは愛していた……。

時がすぎ、すべてが思い出になりました。わたしはまたなんだか観客みたい……。

土になるのはとても簡単だ

イワン・ニコラエヴィチ・ジュムィホフ
化学技師

ぼくは日記をつけていた……。

あの日々を覚えておこうと努めていたんです……。あたらしい感覚がたくさんあった。そりゃあ、まあ、恐怖もね……。ぼくらは未知なる場所におどりでたんです、火星のような……。ぼくはクルスクの生まれで、一九六九年、近くに原発が建設された。クルチャトフ市に。クルスクから食料を買いに行ったものです。ソーセージを。原発職員には上級品が供給されていましたから。覚えているんです、大きな池があって、釣り人たちがいた。原子炉の近くに……。チェルノブイリの事故のあと、ちょくちょく思い出していました。いまではもうそんなことはありえない……。

まあ、それで。ぼくは呼出状をわたされ、規律正しい人間としてその日のうちに軍事委員部にでむいた。軍事委員はぼくの「ファイル」をめくって、「きみはまだ一度も短期召集されていないね」という。「いまちょうど化学者が必要なんだ。ミンスク郊外の野営地に二五日間、てのはどうかね」。ちょっと考えた。家族や仕事からはなれて一息つくのも悪くないかもな。新鮮な空気をすってしばらく行進でもするか。一九八六年六月二二日、身のまわり品、はんごう、歯ブラシをもって、一一時に集合場所に着いた。平時にしてはあまりにも大人数なのでおどろいた。戦争映画の思い出のシーンが脳裏をかすめた。しかも日付までおなじ。六月二二日……。〔独ソ戦〕開戦の日……。整列しろだの、解散しろだの、夕方までそんな調子。バスに乗せられたのは暗くなりかけたころ。「酒を持ってきたやつは、飲んどけ。夜中に列車に乗り、朝には部隊に到着する。すきっとした頭で列車からおりろ、余計な荷物はなしだ」という命令。きまってるさ。一晩じゅう飲んでさわいだ。

朝、森で自分たちの部隊をみつけた。ふたたび整列させられて、アルファベット順に呼びだされる。作業着を受けとる。一セット、もう一セット、さらにもう一セット。なるほど、ことは重大なんだな。そのほかに支給されたのは、外套、帽子、マットレス、枕、どれもこれも冬物。いまは夏、しかも二五日後には除隊という約束なのに。「なにいってんだ、きみたち」。ぼくらを引率してきた大尉がわらう。「二五日だと?! チェルノブイリに半年間とばされてるんだよ」。当惑。反発。すぐにぼくらは説得されはじめる。二〇キロ圏内に行った者は報酬が二倍だ、一〇キロ圏内なら三倍、原子炉のすぐそばまで行った者は六倍だ。計算をはじめる者がいる、六か月働けば自分の車で家に帰れるぞ。また、逃げられるものなら逃げたいという者がいたが、軍規がある。放射線とはいったいなにか。だれも聞いたことがなかった。ぼくのほうは、ちょうどその前に民間防衛の講習をおえていて、三〇年も昔の情報を与えられていたんです――致死線量が五〇レントゲンというやつ。教わったのは、衝撃波を頭上でやりすごし、ダメージを受けないたおれ方。被曝、熱線……。ところが、もっとも被害をあたえる要因が土地の放射能汚染だということについては、ひとこともなし。ぼくらをチェルノブイリまで引率した職業将校たちもあまりわかっておらず、知っていたのはひとつだけ、ウォッカを多めに飲まなくちゃならん、放射能に効くからということだけ。六日間ミンスク郊外に駐留し、六日間飲んでいた。ぼくは酒びんのラベルを蒐集していたんです。最初はウォッカを飲んでいた、あとになると、みるみるうちに、なんだか奇妙な飲料がでまわりはじめた。ニトヒノールやほかのガラス洗浄液。化学者として、ぼくには興味深かった。ニトヒノールを飲むと、足はへなへなになるが、頭ははっきりしているから、「立て」と自分に号令をかけるんですよ。でも、ひっくり返る。

まあ、それで。ぼくは化学技師で、修士なんです。大手生産連合工場の研究所長の職務についていたところを召集された。このぼくがどう使われたか。手に持たされたのはシャベル、実際に、これがぼくの唯一の道具でした。すかさず格言がうまれた。「原子力にはシャベルを持って」。防護用具は、防毒マスク、ガスマスク、しかし、だれも使っちゃいませんでした。なにしろ三〇度もの暑さ、かぶったら、即あの世いきですよ。追加の用具の受領書にサインをしたが、それっきりでした。もうひとつ細かいことを。道中で……バスから列車に乗り換えたら、車内の座席が四五、ぼくらは七〇人だった。交代で寝たんです。いまね、ふと思い出したものですから……。で、まあ、チェルノブイリとはいったいなんなのか。軍事機材と兵士たち。洗浄監視所。戦時状況。ひとつのテントに一〇人入れられた。家に子どもが残っているやつ、妻がお産だというやつ、アパートの部屋がないやつ。グチグチいうやつはいなかった。必要とあればしかたない。祖国が召集した、祖国が命じた。こんな国民なんですよ、ぼくらは……。

テントのまわりは空き缶の巨大な山。モンブラン山群だ。軍のどこかの倉庫に保管されていた非常用備蓄食。ラベルからすると、二、三〇年も保管されていた……。有事にそなえて。肉の空き缶、丸麦のおかゆの空き缶……小魚の空き缶……。ネコの群れ……ハエのようにたくさん……。村は移住させられ、無人。風にあおられて木戸がキーと鳴る。ぱっとふりむいて、人がでてくるのを待つ。人のかわりに、でてくるのはネコ……。

ぼくらは汚染された土地の表面をけずりとり、車につんで、汚染廃棄物捨て場に運んでいた。汚染廃棄物捨て場というのは複雑な工学的構築物かと思っていたら、ただの丘なんです。ぼくらは表土をもちあげ、大きな筒状にくるくる巻いた……じゅうたんのように……。草や花、根っこ……クモ、ミミズがくっついたままの緑の芝地を……。正常な人間のやる仕事じゃない。大地をすっかりはぎとっちゃいけない、大地からすべての生き物を奪っちゃいけないんだ。毎晩酒をがぶがぶ飲まなかったら、耐えきれたかどうか。精神がもたなかっただろう。数百メートルのはがされた不毛の大地。家、納屋、樹木、舗装道路、幼稚園、井戸が、残っていた、はだかにされたみたいに……。砂のあいだ、砂のなかに。朝、ひげをそらなくちゃならないが、こわいんですよ、鏡をのぞくのが、自分の顔を見るのが。ありとあらゆる考えがでていましたから……ありとあらゆる考えが……。住民がここにもどってきて、ふたたび生活がはじまるなんて、とても考えられない。しかし、ぼくらは屋根のスレートを交換し、屋根を洗っていた。ムダな仕事だということは、みなが百も承知だ。数千人の人間が。それでも、ぼくらは朝起きては、また仕事をしていたんです。不条理だよ！　無学のじいさんが通りかかっていう。「お若いの、ばかな仕事はおやめ。食卓においで。いっしょに食事をしよう」。風が吹いている。黒雲が流れていく。原子炉はくちをあけたまま……。表土をけずりとって、一週間後にもどったら、またやり直しでもおかしくない。ところが、けずりとる土はもうない。砂がさらさらこぼれ落ちる……。意味が理解できたのは一度だけ、ヘリコプターから特殊溶液が散布されたとき。砂地が移動しないようにポリマーの膜を作るためです。これは理解できた。しかし、ぼくらは掘りまくっていたんです……。

住民は移住させられていたが、いくつかの村には老人たちが残っていた。で、まあ……。ふつうの百姓家にはいって、すわって食事をする……それ自体が儀式なんです……。わずか三〇分間の人間らしいまともなくらしだとしても……。そこでなにも食っちゃいけないんだけど。禁止されていましたから。しかし、食卓の前にしばらくすわっていたくてたまらなかった……。古い百姓家で……。

ぼくらのあとに残ったのはいくつかの丘だけ。あとでコンクリート板でかこって有刺鉄線をはりめぐらすのだとか。そこに残されていたのは、作業に使われたダンプカー、ジープ、クレーン車。金属は放射線をとりこみ、蓄積する性質があるから。あとになって、これらはすべてどこかに消えてしまったという話です。ことごとく盗まれてしまったのです。だろうな、ぼくらの国では「なんでもあり」なんだ。一度、不安になった。線量測定員が検査をすると、なんと、食堂が作られている場所のほうが、ぼくらが作業に行っている場所よりも放射線値が高かったんですよ。ぼくらときたらもう二か月もそこでくらしていた。こんな国民なんだ、ぼくらは……。数本の柱、そのうえに胸の高さになるように打ちつけられた板——これが食堂とよばれていた。立って食っていた。身体を洗うのは樽の水。トイレはきれいな原っぱの長いみぞ。手にはシャベル。となりは原子炉……。

二か月が過ぎると、ぼくらはすでになにかがわかりかけていた。さあ、そろそろ要求するか。「ぼくらは決死隊ではない。二か月いた、もうじゅうぶんだ。交代の時期です」。アントシキン少将がぼくらと話し合いをし、ざっくばらんにいった。「諸君を交代させたんじゃ採算があわないのだよ。諸君には衣服を一セット、二セット、三セット支給した。諸君は熟練している。交代させるには金がかかるし、めんどうなことなのだよ」。そして、諸君は英雄であると力説。一週間に一度、全員が整列している前で、土地をりっぱに掘った者に表彰状が授けられた。ソ連邦優秀埋葬員というわけ。頭がどうかしてないか。

無人の村々……住んでいるのはニワトリとネコ。納屋にはいると、卵がごろごろ。焼いて食った。兵士というのは勇ましい連中だ。ニワトリをつかまえては、焚き火。自家製酒の大びん。毎日テントのなかで、三リットルびんの自家製酒をみんなで飲んでいた。チェスをするやつ、ギターをかきならすやつ。人間はなんにでも慣れるんです。酔っぱらうと寝るやつもいるし、どなりたがるやつ、なぐりあいをしたがるやつもいる。酔っぱらい運転をしたやつがふたり。事故ったよ。ガスで車を切断し、ぺしゃんこになった鉄のなかからひっぱりだされた。ぼくの救いになっていたのは、家族に長い手紙を書くこと、それと日記をつけること。政治部長がぼくに目をつけて、つけまわすようになった。どこにしまってるんだ。なにを書いてるんだ。となりのやつをそそのかしてさぐらせようとした。その男がきく。「なにを書きとばしてんだい」「修士論文にパスしたんだ。博士論文を執筆中さ」。そいつはけらけらわらう。「大佐にはそう報告しとくよ。ないしょだぞ」。いい連中だったよ。さっき話しましたよね、ぐちをこぼすやつはいなかった。腰抜けはいなかったと。ほんとうですよ、ぼくらに勝てる者なんてどこにもいませんよ！　将校たちはテントにこもりっきり。室内履きでぐうたらしていた。酒を飲んでいた。どうでもいいよ！　ぼくらは掘っていたんだ。肩章に新しい星でももらうがいいさ。どうでもいいよ！　こんな国民なんだ、ぼくらは……。

線量測定員は神さまなんです。だれもが人をかき分けてそばによろうとした。「なあ、お若いの、うちの放射線はどうかね」。知恵がまわる兵士がひとり、思いついたんです。そこらへんの棒きれをひろって針金を巻きつける。一軒の百姓家をノックして、この棒きれで壁をなでまわす。ばあちゃんがついてまわる。「にいちゃん、うちはどうだね？」「軍事機密なんだ、ばあちゃん」「教えておくれよ、にいちゃん。うちの酒を一杯ごちそうするよ」「よし、いいとも」。ぐいとやって「ばあちゃん、すべて正常だよ」。そうして、つぎにむかう……。

任期もなかばになって、ようやくぼくら全員に線量計が支給された。ちいさな箱で、なかにクリスタルがある。何人かが考えはじめた。朝、線量計を汚染廃棄物捨て場に持っていき、そこに置いてくる、一日の終わりに取りにいく。放射線量が多ければ多いほど、休暇が早くもらえるんです。あるいは、たくさん払ってくれる。地面に近くなるように、ブーツの留め具にひっかけるやつもいた。不条理劇ですよ！　なんたる不条理！　これらの測定器は測れる状態になっていなかったのです。カウントをはじめるには、まず、開始線量をいれてやる必要がありました。つまり、このちゃちな飾り、おもちゃは、目くらましのためにあたえられたのです。心理療法というやつ。実際には、これらは倉庫に五〇年ほどころがっていたケイ素の装置でした。任期を終えたとき、それぞれの軍人手帳にはおなじ数字が記入された。平均線量に滞在日数をかけたもので、この平均線量が測定されたのは、ぼくらが寝起きしていたテントのなかです。

小話なんだか、実話なんだか……。ある兵士が恋人に電話をかけた。彼女は心配して「そこでなにをしているの」ときいた。彼氏はちょっとはったりをかますことにした。「たったいま原子炉のしたからはいでて、手を洗ったところさ」。そのとたん、電話がプープープー。通話がきられた。ＫＧＢ

が盗聴している……。

二時間の休憩。灌木のしたで横になると、さくらんぼがもう熟れている。大粒で、あまそうだ。ぬぐっては、くちにポイ。クワの実……。クワの実を見るのは、はじめてだった……。

作業がないときは、行進につれていかれた。汚染された大地のうえを……。不条理だ！　毎晩映画を見ていた。インドの恋愛もの。朝の三時、四時まで。炊事当番が寝坊すると、朝食のおかゆは生煮え。新聞が届けられていた。ぼくらは英雄だと書いてあるんですよ！　志願兵だと！　パーヴェル・コルチャーギン〔『鋼鉄はいかに鍛えられたか』の主人公〕の後継者だと！　写真が載っていた。このカメラマンに会ったら、ただじゃおかないよ……。

近くに諸民族からなる部隊が駐留していたんです。カザンのタタール人たち。ぼくは、彼らの私刑を目にした。横隊の前を兵士が全速力で走らされている、立ち止まったり、わきに走って逃げたりすると、けられる。そいつは百姓家に忍びこんで盗みをやっていたんです。衣類や雑貨のつまったかばんを持っているのがみつかった。リトアニア人はべつのところに駐屯していた。彼らは一か月後に抗議して、帰宅させろと要求したんです。

あるとき、特別注文がきた。無人の村の一軒の家を至急洗浄せよ。不条理だ！「なんのために」「あしたそこで結婚式があるんだ」。屋根や樹木にホースで水をかけ、表土をけずりとった。畑のジャガイモの茎や葉っぱ、庭の草を刈りとった。まわりは空き地。翌日、花嫁と花婿がつれてこられた。客と楽団を乗せたバスが到着……。正真正銘の新郎新婦で、映画俳優ではなかった。彼らは移住してべつの村に住んでいたのに、説得されてきたんです、歴史にのこる映画を撮るのだと。プロパガンダの仕事。夢を作る工場……。ぼくらの神話を守ろうとしていたんですよ。われわれはどこでだって生きのこれる、死んだ大地のうえだって……。

出発の直前、隊長によびだされた。「なにを書いていたんだ」「若い妻にあてた手紙です」と答えた。「いいか、気をつけろ……」。命令がつづいた。

あの日々のなにが記憶に残っているか。ぼくらが掘りまくっていたこと……。日記のどこかに書いてあるんです、ぼくがあそこでなにを理解したか。最初の数日に……ぼくは理解したんです、土になるのはとても簡単だと……。

偉大な国のシンボルと秘密

マラト・フィリポヴィチ・コハノフ
ベラルーシ科学アカデミー核エネルギー研究所、元主任技師

思い出しているんです、戦争を思い出すように……。

五月の終わりごろ、事故のほぼひと月後には、すでに三〇キロ圏内の食料品が検査のためにわたしたちの研究所にとどきはじめていました。研究所は、軍の機関のように、二四時間体制で仕事をしていました。当時、専門家と専門設備を擁していたのは、白ロシア共和国〔旧ソ連邦の一共和国で現在のベラルーシ共和国〕ではわたしたちの研究所だけだったのです。家畜や野生動物の内臓が持ちこまれていました。牛乳の検査をしていました。最初のサンプルの検査後、わたしたちのところにとどいているのは肉ではない、放射性廃棄物だということが明らかになりました。交代作業方式で、立入禁止区域で牛の放牧がおこなわれていたのです。牧夫は通いで仕事をし、搾乳婦は乳をしぼるためだけに車でつれていかれました。牛乳工場が供出割当分を達成しようとしていたのです。検査をしました。牛乳で

はない、放射性廃棄物です。わたしたちは、ロガチョフ牛乳工場の粉ミルク、コンデンスミルク、濃縮牛乳を、標準線源として長らく講義で使っていました。ところが、当時この牛乳は店頭で販売されていたのです……。どこの食料品店でも……。住民はラベルにロガチョフ製だと書かれていると買おうとせず、在庫過剰になりました。それから、とつぜんラベルのない牛乳があらわれました。紙不足が原因ではないと思いますよ、住民はだまされていたのです。国家がだましていたのです。すべての情報が秘密にされはじめた……。まさにそんなとき、短寿命元素がきわめて強い放射線をだしていて、あらゆるものが「光って」いたのです。わたしたちは報告書をたえず書いていました。たえず……。しかし、結果について公然と発言することは……学位を失うことであり、ことによると党員証も……。(いらいらしはじめる)しかし、理由は恐怖心ではなく……恐怖心ではなく、もちろん、それもあったけれど……わたしたちが自分たちの時代の人間、自分たちの国ソ連の人間であったということです。国を信じていた、問題は完全に信念にあるのです。わたしたちの信念に……。(興奮してタバコを吸いはじめる)ほんとうですよ、恐怖心からではない……恐怖心だけということでは……。わたしは正直に答えているのです。自分を軽蔑しないために、いま正直であらねばなりません。そうでありたいと思う……。

はじめて汚染地に行ったとき、森の放射線量は、農地や道路の五、六倍もありました。いたるところで放射線量が高い。トラクターが仕事をしている……農民は自分の畑を耕している。いくつかの村でおとなと子どもの甲状腺の検査をしました。許容値の一〇〇倍、二〇〇倍、三〇〇倍の被曝です。わたしたちのグループに女性がひとりいました。放射線専門家です。ヒステリーを起こしてしまったのです、砂場にすわって遊んでいる子どもたち、水たまりに小さな船を浮かべている子どもたちを見たときに。店は開いていて、わが国の農村ではいつものことですが、衣料品と食料品が隣接して売られている。スーツやワンピース、そのとなりにソーセージ、マーガリン。むきだしのまま、ビニールもかけられていない。ソーセージを手にとる、たまごを……。測定する。食料品ではない、放射性廃棄物だ。若い女性が家の前のベンチにこしかけて、授乳している……。母乳の検査をした、放射性母乳。チェルノブイリの聖母マリアだ……。

わたしたちは問い合わせていたんです。どうしたものか、なにをすべきか。返事はこうでした。「緊急対策が講じられている」。テレビではゴルバチョフが安心させていた。「測定をしていなさい。テレビを見ていなさい」。わたしは信じていた……。技師として二〇年のキャリアがあり、物理の法則にはよく通じている。わたしは知っていたのですよ、すべての生きとし生けるものがこの土地をでていかなくてはならないことを。せめてしばらくのあいだだけでも。しかし、わたしたちは誠実に測定をし、テレビを見ていた。信じることに慣れていたのです。わたしは、この信念のなかで育った戦後世代のひとりです。この信念はどうして？　わたしたちは、あれほどの恐ろしい戦争で勝利した。あのとき、世界じゅうがわたしたちに深く敬服した。そういうことがあったのですよ！　コルディレラ山系の岩壁にはスターリンの名が彫られていた。これはなんですか。シンボルじゃないですか！偉大な国のシンボルなのです。

これが答えです。わたしたちは知っていたのに、なぜ沈黙していたのか、なぜ広場にでてさけばなかったのかという、あなたの質問にたいする答え。わたしたちは報告していた……お話ししましたよね、報告書を書いていたと。でも、沈黙していた、命令に絶対的に服従していた。なぜなら党規があり、わたしは共産党員なのですから。研究所の職員のなかに、わが身の危険を感じて汚染地への出張を拒否した者がいたという記憶はありません。それは党員証の返却をおそれたからではなく、信念があったからです。第一に、わたしたちの生活はうつくしくて公平である、わが国において人間は最上のものである、あらゆるものの尺度であるという信念。のちにこの信念が崩壊したため、大勢の人が梗塞をおこしたり自殺をしたりすることになった。レガソフ・科学アカデミー会員のように、胸に弾丸を……。なぜなら、信念を失い、信念を持たないままでいるなら、もはや参加者ではなく共犯者であり、弁解の余地はないのですから。わたしは彼をこのように理解している。

ちょっとした兆し……。旧ソ連の各原発の金庫には、事故収束マニュアルがはいっていました。ひな形となるマニュアルです。極秘の。このようなマニュアルなしでは、原発の稼動許可を得ることができなかったのです。事故の何年も前、マニュアル作成のモデルとなったのが、まさにチェルノブイリ原発でした。なにをいかにすべきか、だれがどんな責任をもつか、どの位置にいるべきか。微に入り細をうがって……。そして、とつぜんそこ、チェルノブイリ原発で大惨事が起きる……。これはなんだろう――偶然の一致なのか。神秘なのか。もし、わたしが神を信じる人間であったなら……。人は意味をみいだそうとするとき、自分を宗教的人間だと感じるものです。しかし、わたしは技師です。ほかのものを信じる人間だ。わたしのシンボルはほかのものです……。

いま、自分の信念をどうあつかえばいいのだろう。いま、どう……。

ゾーヤ・ダニーロヴナ・ブルーク
自然保護監督官

現実では恐ろしいことは静かにさりげなく起きる

そもそものはじまりから……。

どこかでなにかが起きた。地名すら聞きとれませんでした、わたしたちのモギリョフからどこか遠いところ……。弟が学校から走ってもどり、子どもたち全員になにか錠剤が配られているという。ほんとうになにかが起きちゃったみたい。あらら！　それでおしまい。メーデーにはすばらしい一日を過ごしました、もちろん、自然のなかで。夜遅く帰宅すると、わたしの部屋の窓が風であけっぱなしになっていた……。そのことが思い浮かんだのは、あとになってから……。

わたしは自然保護監督局で働いていました。そこでは上からなにか指示がくるのを待っていたのですが、きませんでした。待っていたんです……。監督局の職員のなかに専門家らしい専門家はいませんでした、とくに幹部のなかには。退役した大佐、党の元職員、年金生活者、あるいは上司にきらわれた人たち。よそでなにかやらかして、わたしたちのところにまわされた人です。すわって、書類をがさがさいわせている。彼らが騒ぎだし、しゃべりだしたのは、わがベラルーシの作家、アレーシ・アダモーヴィチがモスクワで演説し、警鐘を鳴らしはじめたあとでした。彼らがアダモーヴィチを憎んだことといったら！　なにか非現実的です。ここでくらしているのは彼らの子どもや孫なのに、世界にむかって「たすけて!!」とさけんだのは彼らではなかった、ひとりの作家でした。ふつうなら自衛本能が働いたっていいはずなのに。党集会の喫煙室は、三文文士たちの話題でもちきり。なんだってあの連中はひとのことに首をつっこむんだね？　やりたい放題じゃないか！　通達があるだろ！上には絶対服従だよ！　あいつになにがわかるんだ？　物理学者でもないくせに！　中央委員会があるんだ、書記長がいるんだよ！　あのとき、わたしは、たぶんはじめて理解できたんです、一九三七年がなんだったのか。どうであったのかが……。

当時、わたしが原発に抱いていたイメージは、きわめて牧歌的なものです。学校や大学で教わったんです、原発は「ゼロからエネルギーを生みだす夢の工場」で、白衣を着た人たちがすわってボタンをおしているのだと。チェルノブイリが爆発した背景には、未熟な意識、絶対的な技術信仰があったのです。おまけに情報はいっさいなし。「極秘」印が押された書類の山。「事故に関する情報を極秘あつかいにすること」、「治療結果に関する情報を極秘あつかいにすること」、「事故処理に参加した人員の放射線障害のレベルを極秘あつかいにすること……」。うわさが広まっていました。だれかが新聞で読んだとか、だれかがどこかで耳にしたとか、だれかがいわれたとか……。図書館からは民間防衛のしょうもないゴミ本(とあとでわかった)がすべてなくなっていた。西側のラジオを聞いていた人がいて、当時、必要な錠剤と正しい服用法を伝えていたのは西側の放送だけでした。しかし、もっぱらの反応は、敵は人の不幸をよろこんでいるが、わが国ではすべて順調、というものでした。五月九日には退役軍人たちがパレードにでてくる……ブラスバンドの演奏があると。原子炉の火事を消していた人たちでさえ、あとでわかったのですが、おなじようにうわさのなかで生きていたんです。黒鉛を手でつかむのはどうもやばそうだ……。どうも……。

どこからか気のふれた女性が町にあらわれました。市場をうろついては「あたい、放射能ってやつ、見ちゃった。まっ青で、きーらきら……」と話していました。住民は市場で牛乳や凝乳を買うのをやめました。牛乳を売っているおばあさんがいても、買う人はいません。「心配ないよ」とおばあさんが説得にかかる。「うちじゃ牛を原っぱにだしてないからね、あたしが自分で草を運んでやってんだ」。車で郊外にでると、道路沿いにかかしとおぼしきものが見える。ビニールをまきつけた雌牛が放されているのです、となりには、これまた全身ビニールのおばあさん。泣きたいような、わらいたいような気持ちです。わたしたちも検査のためにすでに派遣されはじめていました。わたしが派遣されたのは営林場。従業員たちは木材納入量を減らしてもらえず、供出割当はそのままになっていました。倉庫で測定器のスイッチを入れると、めちゃくちゃな値です。板材のそばではまあ正常なのですが、製品のほうきのとなりでは針が振りきれます。「このほうきはどこ製？」「クラスノポーリエです（のちにわかったのですが、わたしたちのモギリョフ州でもっとも汚染のひどい地区です）。のこっているのは最後の出荷分で、あとは出荷済みです」。方々の町に流れてたほうきを、どうやってさがせというの。

うーんと、なんだったかな、忘れないでおこうと思ったんだけど。気になること……あ、そうそう！　思いだしたわ。チェルノブイリ……。そしてとつぜん、わたしたち一人ひとりに自分のくらしがあるのだという、あたらしくて、なじみのない感覚、それまではそんなものは必要ないかのようでした。ところがいま、人びとはじっくりと考えるようになった。自分がなにを食べているのか、子どもになにを食べさせているのか。なにが健康に有害で、なにが安全か。ほかの場所に引っ越すか、引っ越さないか。一人ひとりが決めなくてはなりませんでした。ところが、わたしたちがなじんでいたのはどんな生活ですか。村単位、共同体単位、工場単位、集団農場単位。わたしたちはソ連人だったのです。たとえば、このわたし、ソ連人でした。すっごく！　大学在学中、夏になると毎年、学生共産隊とでかけたものです。学生共産隊という青年運動があったのです。わたしたちが働き、給料はどこかラテンアメリカの共産党に送金されていました。わたしたちの隊は、とくにウルグアイに……。

わたしたちは変わりました。すべてのものが変わりました。理解するにはたいへんな努力が必要です。なじんだものと縁を切るには……。わたしは生物学者です。卒論はスズメバチの行動について。

無人島に二か月いたんです。そこにわたしのスズメバチの巣がありました。ハチは一週間わたしをじっと観察してから、自分の家族に受け入れてくれた。三メートル以内にはだれもよせつけませんでしたが、一週間後にわたしは一〇センチのところまで近づくことができたのです。巣のうえでハチにマッチ棒でジャムを食べさせたりしました。「アリ塚を破壊するな、それは他者のりっぱな生活様式である」――わたしたちの先生のお気に入りの成句です。ハチの巣は森全体とつながっていて、わたしもだんだんとその景色の一部になっていくのです。子ネズミがかけよってきて運動靴のはしっこにすわる。森の野ネズミですが、すでにわたしを風景の一部としてとらえているのです――昨日も、今日も、明日も、そこにあるものとして……。

チェルノブイリのあと……。児童絵画展で。一羽のコウノトリが春の黒い野原を歩いている……。絵の題名は「コウノトリにはだれもなにもおしえなかった」。これは、あのときのわたしの気持ち。そのほかに仕事があった。日々の仕事が……。わたしたちは州内をまわり、水のサンプル、土のサンプルを採取し、ミンスクに届けていたのです。うちの女の子たちがぶつくさいったものです。「アッツアツのピロシキを乗せている」。防護用具も作業着もなし。前の座席にすわり、背後ではサンプルが「光っている」のです。放射性土壌を埋葬するための書類を作成していました。土のなかに土を葬っていた……人間のあたらしい仕事……。それが理解できる人はいませんでした……。通達では、地下水脈から四～六メートル以上離れているよう、地質調査をして埋めることになっていました。また、深く埋めないこと、掘った穴の周囲と底にポリエチレンシートを敷くこと。でも、これは通達のなかだけ。現実は、当然のことながら、べつ。いつものことです。地質調査はいっさいなし。指をさして「ここを掘ってくれ」。ショベルカーの運転手が掘ります。「で、どのくらい深く掘ったのですか？」

「知るもんか！　水がでてきたから、そこでやめたよ」。地下水にじかに放りこまれていたのです……。

　こういういいかたがあります。神聖な国民に、犯罪的な政府……。これについて……あとでお話しします、わたしが考えていることを……わが国の国民と自分について……。

　もっとも長い出張は、クラスノポーリエ地区でした。さきほどお話ししましたように、いちばんひどい地区です。放射性物質が畑から川に流れこむのを防ぐために、またもや通達にしたがって行動しなくてはなりませんでした。みぞをふたすじ掘り、間隔をおいてまたふたすじ、等間隔でそれをくりかえすのです。わたしはすべての小さな川沿いをまわって、チェックしなくてはなりません。地区中心の町までは路線バスでたどりつけますが、そのさきは当然ながら車が必要になります。地区執行委員会の議長のところへ行きます。彼は自分の執務室にいて、両手で頭をかかえていた。供出割当を撤回する命令がなかったのです。輪作体系を変更する命令がなかったのです。あいかわらずエンドウマメが植えられている。エンドウマメは、他のすべての豆類同様、放射能をもっとも吸収することが知られているのに。場所によっては四〇キュリー以上もあります。議長はわたしにかまってなどいられない。幼稚園では調理師と看護師が逃げだしていた。子どもたちはお腹がぺこぺこ。どんな手術をするにも、患者を「救急車」でとなりの地区まで搬送しなくてはなりません、六〇キロのでこぼこ道を。外科医が全員去っていったのです。車って、はあ？　ふたすじのみぞって、はあ？　議長はわたしにかまってなどいられないのです。そこでわたしは軍人たちを頼って行ったのです。若い兵士たち。彼らはあそこで半年ずつ任務についていていた。いま絶望的に病んでいます。乗務員つきの装甲車を自由につかわせてくれました。あ、ちがう、装甲車じゃないわ。機関銃つきの装甲偵察哨戒車で、彼らがBRDM（ヴェーエルデーエム）と呼んでいたやつ。すごく残念よ、そのうえで写真を撮らなかったのが。装甲板のうえで。

これもロマンチックなことです。その車で指揮をとっていたのは少尉補で、基地とたえず交信していました。「ハヤブサ！　ハヤブサ！　任務続行中」。わたしたちは走る……。わたしたちの道、わたしたちの森。でも、わたしたちの車は戦闘車。塀のそばに女たちが立っている。立って、泣いている。こんな車を見るのは大祖国戦争いらいのこと。戦争がはじまったのだという恐怖を抱いたのです。

通達によれば、このみぞ掘りをするトラクターの運転席は防護され、密閉されていなくてはなりません。そういうトラクターをわたしは見たし、実際に、運転席は密閉されていました。トラクターがとまっている、ところが、運転手は草のうえに寝ころがって休んでいるんです。「あなた、気は確かなの？　ほんとうになにも注意されていないの？」「だからよ、頭にちゃんと胴着をかぶってるだろ」という返事。住民はわかっていませんでした。彼らは、いままでずっとおどかされ、核戦争にそなえて準備をさせられてきた。でも、チェルノブイリにそなえてじゃないんです……。

あそこはことのほか美しい場所です。植林された森ではなく、古くからの自然の森が残っている。くねくね曲がった小川、そこを流れる水は薄茶色ですごく透明。緑の草地。村人たちが森のなかで声をかけあっている……。でも、このすべてが毒されていることは周知の事実――キノコもキイチゴも。ハシバミのなかをリスが走りまわっている……。

わたしたちはおばあちゃんにであいました。

「あんたたち、うちの牛乳は飲んでもいいのかね」

わたしたちは目をふせる。データを集めよという命令、しかし、住民と親密に接してはならない、と。

最初に機転をきかせたのは少尉補でした。

「おばあちゃん、おいくつですか」

「もう八〇すぎたよ。もしかしたら、もっとうえかもな。書類が戦争で焼けちまったもんでよ」

「じゃあ、飲んでいいですよ」

だれよりも気の毒なのは、農村の人たちです。なにも悪いことはしていないのに犠牲になった、子どものように。チェルノブイリを発明したのは農民ではない、彼らは自分たちなりに自然界とかかわってきたのです。それは一〇〇年前、一〇〇〇年前のように、信頼に満ちたもちつもたれつの関係なんです。神が意図されたとおりの……。だから、彼らはなにが起きたのかわからず、司祭を信じるように、科学者や知識人ならだれでも信じようとした。なのに、繰りかえし聞かされたのは「万事順調。心配なことはなにもない。ただ食事のまえに手を洗いなさい」。わたしが理解できたのはすぐにではなくて、数年後……わたしたち全員が加担していたのだと……犯罪に……。（沈黙）

支援物資や住民への特典として、コーヒー、肉の缶詰、ハム、オレンジなどが、汚染地に送られていましたが、すべて持ちだされていたんです。考えられないほどの量が。箱ごと、有蓋トラックごと。当時、このような食品はどこにもありませんでした。ふところを肥やしていたのは地元の店員たち、検査員の一人ひとり、全員が中なり小なりの役人でした。人間は、わたしが思っていた以上に悪かった。そして、わたし自身もまた……自分が思っていた以上に悪い……。いまはそれがわかっている……。（考えこむ）もちろん、お話しします……。わたし自身にとっても重要なことですから……。

また一例ですが……ある集団農場に、まあ、五つの村がはいっているとしましょう。三つは「きれい」で、二つは「汚れている」。村と村のあいだは二、三キロ。二つの村には「棺桶代」（補償金）が払われているが、三つの村にはない。「きれいな」村に畜産総合センターが建てられているんです。きれいな飼料が運ばれてくるのだと。そんなもの、どっからとってくるんですか。こっちの畑からあっちの畑へ風がほこりを運んでいる。おなじ土なんです。センターの建設には書類が必要です。それに署名するのは委員会で、わたしは委員のひとりなのです。どの委員もわかっている、署名をしてはいけない。犯罪だと！　結局、わたしは自分にいいわけをみつけていたんです、きれいな飼料の問題は、自然保護監督官の仕事じゃないわ。わたしは小さな人間だもの。なんにもできない、と。

一人ひとりが自分にいいわけをみつけていた。弁明を。そのような経験を自分でしていました……。そもそも、わたしはわかったんです――現実では恐ろしいことは静かにさりげなく起きるのだと……。

ロシア人はいつもなにかを信じたがっている

アレクサンドル・レワリスキイ
歴史家

あなたはほんとうに気づいておられなかったんですか。ぼくたちのあいだではこのことは話しさえしないんですよ。何十年後、何百年後に、これは神話的な時代になるんです。これらの場所に住みつくのは、おとぎ話と神話……伝説です……。

ぼくは雨をおそれている……。ほら、これなんですよ、チェルノブイリとは。雪をおそれている。森を。雲をおそれている。風を……。そう！　風はどっちから吹いてる？　なにを運んできている？　これは抽象的概念でも推論でもなく、個人的な感情なんです。チェルノブイリ……それはぼくの家にある……。ぼくのいちばんたいせつな存在、息子のなかに。息子が生まれたのは一九八六年の春……。病気です。動物はゴキブリでさえも、生むべき数と時期をこころえている。人にはそれができない、造物主は人に予知能力を与えなかったのです。最近新聞にでていたが、一九九三年にぼくたちの国ベラルーシだけでも人工中絶をした女性が二〇万人いる。いちばんの理由は——チェルノブイリ。ぼくたちはすでにこんな恐怖とくらしているんです……。自然はちぢこまったかのようだ、待ちながら。機を待ちながら。「わたしは不幸だ！　時はどこへ消えたのだ？」。ツァラトゥストラならこうさけんだことだろう。

ぼくはいろいろ考えてみた。意味をさがしていたんです……答えを……。チェルノブイリ——これはロシア人のメンタリティーの大惨事なのです。あなたは、これについて考えてみたことはありませんか。爆発したのは原子炉じゃない、以前の価値体系全体だと書かれている、もちろん、ぼくもその通りだと思う。しかしこの説明だけではなにかものたりなさがある……。

ぼくがいいたいのは、チャアダーエフ〔哲学者、一七九四—一八五六〕が最初にいったこと——進歩に対するぼくたちの敵対心について。ぼくたちの反テクノロジー的、反道具的な性格についてなんです。ヨーロッパを見てください。ルネサンス期にはじまり、ヨーロッパは、道具をもって理性的、合理的に世界をあつかうことを基調として生きている。これは職人に対する敬意、彼の手のなかの道具に対する敬意です。レスコフ〔作家、一八三一—九五〕に『鉄の性格』というすばらしい短編があります。これはなにか。ロシア的性格というのは——運は天まかせ。ロシア的テーマのライトモチーフです。ドイツ的性格というのは——道具をあてにする、機械を。ぼくたち……ぼくたちは？　カオスを克服し抑えようとする、その一方で、生まれつきの突進力。どこでも好きなところへ、まあたとえば、キジ島へ、行ってみてください。そこでなにが聞こえてきますか。どの観光ガイドも自慢気に語っているのはなんですか。この教会は斧で建てられました、しかも一本のくぎも使わずに！　ぼくたちは、りっぱな道路を作るかわりに、ノミの足に蹄鉄をうつんです。荷馬車の車輪はぬかるみにはまっている、そのかわり、ぼくたちは火の鳥を抱いている。第二に……思うに……そう！　これは革命後の急速な工業化にたいするツケなんです。十月革命後の……躍進にたいするツケ。話をヨーロッパにもどしますが、あそこでは紡績時代、マニュファクチュア時代があった……。機械と人はともに歩み、ともに変化していた。テクノロジー的な意識、思考が形成されていたのです。ぼくたちのほうは？　わが国の農夫は両手のほかに自宅の庭になにをもっていますか。いまにいたるまで！　斧、大鎌、ナイフ——これだけ。彼の全世界はこれでなりたっているんですよ。まあ、ほかにシャベル。ロシア人は機械とどんな会話をしていますか。くち汚くののしるだけ。あるいは、がんがんたたいたり、けとばしたり。機械が好きじゃないんです。憎み、ばかにし、自分の手にあるものがなんなのか、どんな力があるのか、じつのところ、完全には理解していない。なにかで読んだことがあるが、原発労働者は原子炉のことをたびたび、なべ、サモワール、石油コンロ、ガスコンロと呼んでいたんです。ここにすでに傲慢さがある。天日で目玉焼きを焼こうぜ！　チェルノブイリ原発で働いていた人のなかには、農村の人間がおおぜいいます。昼間は原子炉、夕方は自分の畑やとなり村の親のところ。そこではまだシャベルでジャガイモを植え、熊手で厩肥をまいている……。できたジャガイモを掘るのも手作業……。彼らの意識が存在していたのは、このふたつの落差、ふたつの時代——石器時代と原子力時代……。ふたつの時期。人間は振り子のようにたえず行ったりきたり。想像してみてください、輝ける鉄道技師によって敷設された鉄道を。汽車が疾走している、しかし運転席にいるのは、昨日まで辻馬車を走らせていた男。御者なんです。ふたつの文化を旅すること、これはロシアの宿命です。原子力文化とシャベル文化のあいだを。では、技術産業における規律は？　それは、わが国民にとって強制なにか特別なもの、なにか東洋的な無知に近いものがある……。

ぼくは歴史家です……。以前は言語学や言語哲学を多く研究していました。ことばを使って考えているのはぼくたちだけでなく、ことばもまたぼくたちを使って考えている。一八のとき、もう少し前だったかもしれないが、地下出版の本を読みはじめ、シャラーモフやソルジェニーツィンの存在を知った、そのとき、とつぜん理解できたのです。ぼくはインテリ家庭に育ったのですが（曽祖父は司祭、父はペテルブルグ大学の教授）、ぼくの子ども時代、戸外での子ども時代が収容所意識に貫かれていたことを。そして、ぼくの子ども時代の語彙がすべて囚人用語だったことを。ぼくたち少年少女にとって、父を親父(パハン)、母をお袋(マハナ)と呼ぶのはふつうのことだった。「複雑なケツにはネジ付きチ○○」――こんないいまわしを九歳でものにしていた。そう！　表社会のことばはひとつもない。遊び、言い回し、なぞなぞですら、囚人風だった。なぜなら、囚人というのはどこか遠い監獄に存在するべつの世界ではなかった。すべてがそばにあったからです。アフマートワ（詩人、一八八九―一九六六）が書いたように「国の半分が投獄していた、国の半分が獄中にいた」。思うに、ぼくたちのこの収容所意識は、文化とぶつかるべくしてぶつかったのです。文明と、シンクロファゾトロン（粒子加速器の一種）と……。

もちろん……これは事実です……。ぼくたちが育てられたのは、一種独特なソヴィエト教のなかです。人間は支配者である、創造の冠である。そして、自分の欲するままに世界をあつかう権利を持っているのだと。ミチューリン（生物学者、一八五五―一九三五）の決まり文句です。「われわれは自然のめぐみを待っていられない、それを自然から奪いとるのがわれわれの課題だ」。国民がもたない資質、性質を国民にうえつけようとする企てです。世界革命の夢——これは人間を作りかえる、まわりの全世界を作りかえる夢です。すべてを作りかえる夢。そう！　ボリシェヴィキの有名なスローガンがあります。「鉄の腕で人類を幸福へ追いこもう！」。強制者の心理です。穴居時代の物質主義。歴史への挑戦、自然への挑戦。それは終わっていない……。ひとつのユートピアが崩壊すると、つぎのユートピアが入れかわりやってくる。いま、みながとつぜん神のことをくちにしはじめた。神と市場のことをいっぺんに。なぜ収容所のなかで神を求めようとしなかったのか、一九三七年の監房のなかで、コスモポリタニズムが激しく非難された一九四八年の党集会で、聖堂が破壊されたフルシチョフ時代に。ロシア救神主義の現代版にかくされた意味は、狡猾で偽善的だ。チェチェンでは民家が爆撃され、誇り高き小民族が一掃されようとしている……。教会にはろうそくを手にした人たちが立っている……。ぼくたちは剣を使うやり方しかできない……ことばのかわりにぼくたちにあるのはカラシニコフ銃だ。グローズヌイでは焼け焦げたロシアの戦車兵たちが、シャベルや熊手でかきあつめられている……のこった肉片が……。すぐに大統領と将軍たちは神に祈る。国民はそれをテレビで見ている……。

ぼくたちに必要なのはなにか。問いに答えることです。ロシア国民には、自分たちの歴史全体を全面的に見直す力があるのか、第二次世界大戦後、日本人やドイツ人にその力があったように……。ぼくたちには知的勇気がたりているのか。これについては沈黙しているんです。話題にのぼるのは、市場、バウチャー、チェック〔いずれも一九九二年全国民に配られた私有化証券〕……。ぼくたちは今度もまた生きぬこうとしている、そのために全エネルギーを費やしている。心はみすてられたままだ……。人はまたしても孤独……。それなら、これらすべてはなんのためですか。あなたの本は？　ぼくの不眠の夜は？　もし、ぼくたちの人生がマッチをシュッとするようなものだとしたら？　ここに、いくつかの答えがありうるのです。原始的運命論。そして、偉大な答えもありうる。ロシア人はいつもなにかを信じたがっている。鉄道だったり、カエル(ツルゲーネフのバザーロフ)だったり、ビザンチン帝国風のものだったり、原子力だったり……。そして、いまはほら――市場なんです……。

ブルガーコフ〔ミハイル・ブルガーコフ、作家、一八九一―一九四〇〕の『偽善者たちのカバラ』に「わたしは一生涯罪を犯していました。女優だったのです」とあります。芸術の罪悪性の認識。その本質は不道徳である。他人の生活ののぞき見であるという認識。しかし、それは、感染者の血清のように、他人の経験の接種になりうるのです。チェルノブイリ――これはドストエフスキイのテーマです。人間を正当化する試み。もしかしたら、すべてはいたって簡単なのかもしれない。世界につま先立ちではいって、戸口で立ちどまってはどうでしょう?!

神のこの世界に驚嘆し……そのまま生きていくこと……。

小さな命は偉大な時代に無防備である

ニーナ・プロホロヴナ・リトヴィナ
事故処理作業員の妻

質問しないでください……いやなんです……このことは話したくない……。(放心したように黙る)ううん、あなたとちょっと話してもいいわ、理解するために……。手助けをしてくださるなら……。ただし、同情はいりません、なぐさめはいりません。お願いだから、それはやめて。どうか……。わたしはこんなに苦しんだ、こんなに考えた。それをムダにしちゃいけないんです。そんなのってありえない！　ありえないわ！(絶叫調になる)　わたしたちはいままた指定居住地にいる、いままた収容所でくらしている……。チェルノブイリという収容所で……。集会でさけばれている、スローガンが掲げられている。新聞に書かれている……帝国を崩壊させたのはチェルノブイリだ、わたしたちを救ったのはチェルノブイリだ……共産主義から、自殺に似た偉業から、恐怖の理念から、と……。もうわかっているの……。偉業って、国家が思いついたことばよ。わたしみたいな者のために。でも、わたしにはほかになにもない、なにもないの。このようなことば、このような人たちのなかで、わたしは育った。すべてが消えた、あの世界が消えてしまったんです。なにを支えにして生きればいいの。どうやって自分を救えばいいの。こんなに苦しむのは、なにか意味があるはずよ。（沈黙）ひとつだけわかっているの、もうけっしてしあわせになれないって……。

夫はあそこからもどってきた……。数年間生きていた、うわ言をいうようにして……。話していた、ひたすら話していた。わたしは記憶にとどめておこうとしていた……。

村のまんなかに、赤い水たまりがあるんだ。ガチョウやアヒルがよけて通っている。少年兵たち、素足ではだか。草むらに寝ころがっている。日光浴をしている。「こらっ、起きろよ。でないと、死んじまうぞ！」。少年たちは——げらげらっ！

おおぜいの人が自家用車で村から避難していたよ。車は汚染されている。「車からでなさい！」という命令。車は特別な穴に落とされる。人びとは立って、泣いている。でも、夜中にこっそり掘りだしているんだ……。

「よかったなあ、ニーナ。ぼくたちには子どもがふたりいて……」

わたしは医者にいわれたんです。夫は、心臓が一・五倍に肥大。腎臓が一・五倍に肥大。肝臓が一・五倍に肥大していると。

ある晩、きかれた。「ぼくがこわくないかい？」。夫はすでに夫婦のことをこわがりはじめていた。わたしからはあれこれ質問しませんでした。あの人のことはわかっていたの、心で聞いていたから……。わたしはあなたにたずねてみたかった……話してみたかった……。よく思うんです……。たまにもう限界、知りたくないって思うときがある。思い出すなんてだいっきらい！　だいっきらいよ！（ふたたび絶叫調）かつて……かつて、わたしは英雄たちがうらやましかった。偉大なできごとに参加した人たち、時代の変わり目、転換期にいあわせた人たちが。わたしたちは、あのころそんな話をし、そんな歌をうたっていた。歌はうつくしかった。（うたいだす）「ワシの子、ワシの子……」。いまじゃ歌詞もわすれちゃった……太陽より高く翔べ……だったかな？　うつくしい歌詞よ！　わたしたちの歌って、歌詞がうつくしかった。あこがれていたの！　残念だったわ、なんでわたしは、一九一七年や四一年に生まれなかったんだろうって……。でも、いまは考えかたが変わった。歴史を生きたいとは思わない、歴史的な時代を生きたいとは。わたしの小さな命は、そういうとき、たちまち無防備になる。偉大なできごとは、小さな命に気づかず、それを踏んづける。立ちどまりもせずに……。（じっと考える）わたしたちのあとに残るのは、歴史だけ……。チェルノブイリが残るんです……。わたしの生きた証はどこなの。わたしの愛した証は。

夫は話していた、ひたすら話していた。わたしは記憶にとどめておこうとしていた……。ハト、スズメ……コウノトリ……。コウノトリが野原をひた走りに走っている、飛び立とうとしているんだ、でも飛び立てない。スズメが地面をぴょんぴょんはねている、でも飛びあがれない、塀より高く飛びあがれないんだよ。

住人が去り、家に残ってくらしているのは写真……。

すてられた村を車で走っていると、おとぎ話のような光景にでくわすんだ。玄関先におじいさんとおばあさんがこしかけ、そのまわりをハリネズミがちょろちょろしている。ヒヨコの数ほどたくさんいる。ひとけのない村はしーんとして、まるで森のなか、ハリネズミはこわがるのをやめて、やってきては牛乳をねだる。キツネも、ヘラジカもやってくるという。仲間のだれかがこらえきれずいった。「おれって、猟師だぜ!」。「いかん、いかん」。おじいさんたちが手をふりだした。「動物に手をだしちゃいかんよ。わしらは親戚になったんだからな。いまじゃひとつ家族なんだよ」

あの人は知っていたんです、助からない……死が近いって……。で、あの人は決めた、友情と愛だけに生きることを。夫の年金だけではたりなくて、わたしは職場をふたつかけもちしていましたが、たのまれたんです。「よし、車を売ろう。新車じゃないが、ちょっとは金になるだろう。家にいてくれ。ただきみを見ていたい」。友人たちを家に呼んでいた……。あの人の両親がきて、長いあいだ泊まっていた。あの人はなにかを理解していた……人生について、以前は理解していなかったなにかを、あそこで理解したんです……。くちにすることばが変わっていた。

「よかったなあ、ニーナ。ぼくたちには子どもがふたりいて。娘と息子が……」

わたしは質問したものよ。

「わたしと子どもたちのこと、考えていた? あそこでなにを考えていたの」

「少年を見たよ。事故の二か月後に生まれた子だ。名前はアントン。でも、みんなはアトム(原子)ちゃんと呼んでいた」

「わたしと子どもたちのこと……」

「あそこじゃみんながかわいそうだ。ブヨだってスズメだって、かわいそうなんだ。みんな生きててほしいなあ。ハエがブンブン、ハチがチクリ、ゴキブリがカサコソ、そうであってほしいなあ……」

「わたしと……」

「子どもたちがチェルノブイリの絵を描いている……。絵のなかの木は、根っこをうえにして生えている。川の水は赤とか黄色。描きながら、自分たちは泣いているんだよ」

でも、あの人の友人は……友人がわたしに話してくれたのは、あそこはものすごくおもしろくて、たのしかった。詩を読んだり、ギターにあわせてうたったりした。優秀な技師、科学者がきていた。モスクワやレニングラードのエリートたちが。哲学的思索をしていた……。プガチョワが彼らのまえでうたった……原っぱで……。「おにいさんたち、寝つけないなら、朝までうたってあげるわよ」。プガチョワは彼らを英雄と呼んでいたって……。その友人なんです……最初に亡くなったのは……。娘さんの結婚式でおどり、小話をしてみなをわらわせた。乾杯のあいさつをするためにグラスをとり、そして倒れた……。わたしたちの男……男たちは死んでいく、戦場で死ぬように。でも、平和なくらしのなかで。もう、やだ、やだ！　思い出したくない……。（目を閉じて静かにゆれている）話したくない……あの人は死んだ、すごくこわかったの、暗い森のように……。

「よかったなあ、ニーナ。ぼくたちには子どもがふたりいて。娘と息子が。この子たちが残るよ……」

（つづける）

わたしはなにを理解したいんだろ。自分でもわからない……。（かすかにほほえむ）あの人の友人にプロポーズされたんです……。わたしたちがまだ在学中で、学生のとき、彼はわたしに言い寄っていた。そのあと、わたしの友だちと結婚して、じきに別れた。なにかがうまくいなかったのね。その彼が花束をかかえてやってきたの。「女王さまみたいなくらしになるぞ」。彼は、自分の店、町にしゃれたアパートの部屋、ダーチャを持っていた……。ことわったの。彼はムカッとしていった。「五年たったのに……おまえの英雄がどうしても忘れられないのか!? ははは……。おまえは記念碑と生きている……」。（絶叫調で）追いだした！　追いだしてやったの！「バーカ！　おまえの教師の給料でくらせ、おまえの一〇〇ドルで……」。くらしているわ……。（おちつきをとりもどして）わたしのくらしはチェルノブイリでいっぱいいっぱい、わたしの心は広がった……心が痛む……。胸に秘めた小さな鍵……。痛みのあとで話しはじめると、うまく話せるものです。わたしはそうやって話していた……。

そんなしゃべり方をしていたのは、愛していたときだけ。そしていまも……。あの人は空にいる、そう信じていなかったら、どうやってたえられますか。

あの人は話していた……。わたしは記憶にとどめておこうとしていた……。（まどろんだように話す）もうもうたるほこり……トラクターが農作業中。熊手を持った女たち。線量計が音をたてている……。

住民がいない、すると時間の流れ方がちがうんだよ……。一日がとてつもなく長い、子ども時代のように……。

葉っぱは燃やしてはいけなかったんだ……葉っぱは埋められていた……。

こんなに苦しむのは、なにか意味があるはずよ。（泣く）なじんだうつくしいことばがなくては生きていけない。あの人に与えられた記章だってなくては。家の戸棚にはいってるの……。あの人が残してくれた、わたしたちに……。

でも、ひとつだけわかっている、もう二度としあわせにはなれないって……。

わたしたち全員が夢中だった物理学

ワレンチン・アレクセエヴィチ・ボリセヴィチ
ベラルーシ科学アカデミー核エネルギー研究所、元実験室長

わたしは、あなたが必要としている人間です……。まちがっておられない……。わたしには若いころからなんでも記録する習慣がありました。たとえば、スターリンが死んだとき、世間でなにが起きていたか、新聞がなにを伝えていたか。チェルノブイリのことも一日目から記録していました。時の経過とともに多くのことが忘れられ、永久に消えてしまうことを知っていたからです。はたしてその通りになりました。わたしの友人たち、ことのまっただなかにいた核物理学者たちは、当時なにを感じ、なにをわたしと話していたか、忘れている。わたしはすべてを記録しているのです……。

あの日……。わたし、ベラルーシ科学アカデミー核エネルギー研究所実験室長は、職場に着きました。研究所はミンスクの郊外、森のなかにあります。すばらしい天気だ！　春です。窓を開けた。空気がきれいで、さわやか。おやっと思ったのです。今日に限ってなぜかシジュウカラが飛んでこないのです。冬のあいだ、窓の外にソーセージの切れ端をぶらさげて餌付けをしていたのですが、どこへ行ったんだろう。

このとき、研究所の原子炉ではパニックが起きていたのです。放射線モニタリング計器が放射能の上昇を示し、空気浄化装置のフィルター付近では二〇〇倍にはねあがっていました。守衛所付近では、

線量率が毎時三ミリレントゲンほど。きわめて深刻だ。これは放射線取扱施設内で作業をする場合でも、せいぜい六時間しかいられない限界の線量率です。第一の仮説。炉心内で核燃料のひとつの被覆管の機密性が失われたのか。調べてみた――正常だ。では、放射線化学実験室からコンテナを運んだとき、道中の振動が激しくて内部被覆管が損傷し、敷地が汚染されたのか。こんどはアスファルトのしみを洗い流してみてくれ！　いったいなにが起きたのか。そんなとき所内放送があった、職員は建物から出るのをひかえるようにと。棟と棟のあいだはひとけがなくなった。ひとりもいない。うす気味悪い。異常だ。

線量測定員たちがわたしの部屋を検査した。机が「光っている」、洋服が「光っている」、壁が……。わたしは立ちあがる、椅子にすわるのもいやだ。洗面台で頭を洗った。線量計を見た――効果はてきめん。それにしても、これはほんとうにここなのか、非常事態におちいっているのはわたしたちの研究所なのか！　放射能もれか。じゃあ、わたしたちを送って市内をまわる数台のバスの除染はどうする？　職員の除染は？　頭をしぼらなくてはなるまい……。わたしはうちの原子炉をたいへん誇りに思っていた、一ミリにいたるまで研究ずみでした……。

わたしたちはイグナリナ原発に電話をかける。となりのリトアニアです。そこの計器もやはり鳴りっぱなし。パニックだった。チェルノブイリ原発に電話する……。ひとつの電話もつながらない……。昼ちかく、あきらかになった。ミンスクの上空一帯に放射能雲がある。わたしたちは放射性ヨウ素をつきとめた。どこかの原子炉で事故が起きたのです……。

まっさきに考えたのは、自宅に電話して妻に注意しなくては、ということ。しかし研究所の電話はすべて盗聴されている。ああ、何十年もかけて頭にたたきこまれた永遠の恐怖！　しかし、家族はなにも知らないのだ……。娘は音楽院の授業のあとで、ともだちと町をぶらぶらしているだろう。アイスクリームを食っているだろう。電話をかけるべきか?! しかし、まずいことになるかもしれない。極秘の仕事につかせてもらえなくなる……。それでもやはりがまんできず、受話器をとる。

「いいか、よく聞いてくれ」

「なんなの」。妻が大声で聞きかえした。

「大声をだすな。換気窓を閉めろ。食料品はぜんぶポリ袋に入れろ。ゴム手袋をして、濡れぞうきんでふけるものをぜんぶふけ。ぞうきんもポリ袋にいれて、はなれたところにしまっておけ。ベランダに干した洗濯ものは洗いなおせ。パンは買うな。街頭で売られているケーキはぜったいにだめだ……」

「そっちでなにがあったの」

「大声をだすな。コップいっぱいの水にヨードを二滴たらして溶かせ。頭を洗え……」

「なにが……」

最後までいわせずに、受話器を置いた。わかったはずだ、妻もこの研究所の職員なのです。もしKGBが盗聴していたなら、そいつは自分と家族のために救命アドバイスをきっとメモしたことだろう。

一五時三〇分、つきとめた──事故はチェルノブイリの原子炉だ……。

夕方、職員用バスでミンスク市内にもどる。車中での三〇分、わたしたちは沈黙しているか、あたりさわりのない話をするか、どちらかだった。事故のことをくちに出して話しあうのはこわかったのです。一人ひとりのポケットには、党員証がある……。

玄関のドアの前に濡れぞうきんが置かれていた。妻はすべてを理解したということだ。家にはいり、玄関で背広、ズボン、ワイシャツを脱ぎすて、パンツ一枚になった。ふいにはげしい怒りがこみあげてくる……。こんな秘密などくたばっちまえ！　こんな恐怖など！　市内電話帳を手にとる……娘の電話帳、妻の電話帳……。かたっぱしから電話をかけはじめる。わたしは核エネルギー研究所の職員ですが、ミンスク上空に放射能の雲があります……。するべきことをこれから申しあげます。せっけんで頭を洗う。換気窓を閉める……。三、四時間ごとにぞうきんで床をふく。ベランダの洗濯物はとりこんで、洗いなおす……。ヨウ素剤を飲む。正しい飲み方は……。人びとの反応はこうでした。ありがとう。だれもくわしくたずねない、驚かない。思うに、わたしを信じていなかったか、事故の規模の大きさを把握する力がなかったか、どちらかでしょう。驚いた人はいませんでした。意外な反応。あっけにとられるような反応ですよ。

夜、友人が電話をかけてきた。核物理学者で、博士……。なんてのん気なんだ！　どれほどの信念をもってわたしたちは生きていたんだろう！　いまになってやっとそれがわかる……。彼が電話でいう、それはそうと、五月の祝祭日にゴメリ州の妻の実家に行くつもりだと。そこからチェルノブイリは目と鼻の先じゃないか。小さな子どもたちをつれていくのだと。「けっこうな考えだね！」。わたしはどなった。「気は確かか！」。専門家気質について。そして、わたしたちの信念について。わたしは大声をあげたのです。彼はおそらく覚えていないだろう、わたしが彼の子どもたちを救ったことを……。

（小休止のあとで）わたしたちは……わたしたち全員という意味ですが……チェルノブイリを忘れたのではなく、理解できなかったのです。未開人は稲妻を理解できていましたか？

アレーシ・アダモーヴィチのエッセイ本のなかに……原子爆弾についてのアンドレイ・サハロフと

の対談があるのです……。水爆の父、サハロフ・科学アカデミー会員は感嘆していった。「ところでごぞんじですか。核爆発のあと、オゾンのそれはいいにおいがするんですよ」。このことばにはロマンがある。わたしの、わたしの世代のロマンが……。すみません、いやな顔をなさっていますね……。あなたには、これが人間の非凡な才能にたいする感嘆ではなく、全世界の悪夢にたいする感嘆に思えるのでしょう……。しかし、いまでこそ原子力工学にけちがつき、汚名をきせられましたが、わたしの世代は……。原子爆弾を爆発させた一九四五年〔トリニティ実験〕、わたしは一七歳だった。SFが好きで、ほかの惑星に飛びたつことを夢みていて、わたしたちを宇宙に打ちあげてくれるのは核エネルギーだと信じていた。モスクワ・エネルギー大学に入学し、そこで最高機密の学部——物理エネルギー学部の存在を知ったのです。五〇年代、六〇年代……核物理学者は……エリートだった。未来の前でみなが有頂天になっていた。人文系の学者は疎外されていた。三コペイカ硬貨一枚ほどのなかに発電所が動くほどのエネルギーがあるのだと、学校の先生がおしえてくれた。息が止まりそうでしたよ！　アメリカ人のスマイスの本をむさぼり読みました。原子爆弾の開発過程、核実験の実施過程、爆発の詳細が書かれていた。わが国ではすべてが秘密にされていたのです。読んでは……想像をめぐらせたものです……。ソ連の原子力学者たちを描いた映画『一年の九日』が公開された。大人気でした。高給、秘密主義がロマンをかきたてていた。物理学崇拝！　物理学の時代！　チェルノブイリで爆発が起きたあとでさえも……。この崇拝を、わたしたちはなんとゆっくりすてていたことだろう。科学者たちが呼びだされた……。彼らは特別機で原子炉に到着したが、ほとんどの者がひげそり道具も持参していなかった。数時間でことたりると思ったのです。ほんの数時間で。原発で爆発があったことはつたえられていたのですが。しかし、彼らは自分たちの物理学を信じていた、彼ら全員がそれを信じる世代の人間でした。物理学の時代はチェルノブイリで終わったのです……。

あなたがたは世界を見る目がすでにちがうのです……。最近、わたしの好きな哲学者コンスタンチン・レオンチエフ〔一八三一―九一〕の本を読んで、こんな考えを知りました。物理化学の堕落は、わたしたち地球上の問題にいつの日か宇宙の知性の介入を余儀なくさせるのだと。だが、スターリン時代に育ったわたしたちは、なんらかの超自然的な力の存在をみとめることができなかった。パラレルワールドの存在を……。聖書を読んだのはあとになってから……。そして、おなじ女性と二度の結婚をした。自分からわかれて、自分からもどったのです。もう一度であえた……。このふしぎを説明できる人がいますか。人生とはふしぎなものだ。なぞに満ちている！　いまは、信じている……。なにを？　もはや三次元世界は現代人にとって窮屈すぎるということを……。今日どうしてこれほど関心がもたれるのでしょうか、ほかのリアリティーに。あたらしい知識に……。人が地球をはなれようとしている……。時間のべつのカテゴリーをつかっている、地球だけでなく、さまざまな世界の。アポカリプス……。核の冬……。これらすべては、西側の芸術ではすでに書かれている。絵画がある、映画がある。彼らは未来に向けてそなえていたのです……。大量の核兵器が爆発し、大規模な火災をひきおこす。大気圏にけむりが充満する。太陽光は地上に到達しない、地上では連鎖反応がはじまる――寒い、もっと寒くなる、もっともっと寒くなる。世界の終わりに関するこのような俗説は、一八世紀産業革命の時代から定着しています。しかし、原子爆弾は、最後の弾頭が廃棄されても消えることはない。知識が残るのです……。

あなたは黙っておられる……。わたしのほうはあなたとずっと論争しているのですよ……。世代間の論争だ……。お気づきですか。核の歴史は、軍事機密、秘密、呪詛、といったものばかりではない。

これはわたしたちの青春、わたしたちの時代なのです。わたしたちの宗教……。しかし、いまは？ いまはわたしもこんな気がするのです、世界を統治しているのはべつのだれかで、わたしたちは子どものように、大砲や宇宙船を手にしているのだと。しかし、まだ確信がもてないでいる……。はっきりとは……。人生とはふしぎなものです。わたしは物理学を愛し、物理学以外のことは決してやらないだろうと思っていた。ところが、いまは書いてみたい。たとえば、人間は科学に向いていないということについて。心のあたたかい人間、彼は科学のじゃまをする。小さな人間は自分の小さな問題を抱えている。あるいは、ひと握りの物理学者が世界全体を変えることができるということについて。あたらしい独裁。物理学と数学の独裁について……。わたしにはもうひとつの人生がみつかった……。

手術をひかえているんです……。がんだということはすでに知っていた……。残された日々がわずかだと思うと、死ぬのがひどくいやだった。とつぜん気づいたのです、葉っぱの一枚一枚、色あざやかな花、明るい空、きらきら光るグレーのアスファルト、そこの亀裂、なかでアリが行ったりきたりしている。ああ、いかん、よけて通らなくては。かわいそうだ。アリが死ぬのはいやだ。森のにおいをかぐと頭がくらくらした……。においのほうが色よりも強烈に感じられた。かろやかなシラカバ……ぼってりしたトウヒ……。すべてがもう見納めになるのか。一分でも一秒でも、長く生きていたい！ なんのために、わたしはあれほど多くの時間をテレビの前にすわってすごしたのだろう、何時間も、何日も、山積みの新聞にかこまれて。たいせつなのは生と死です。ほかにはなにも存在しない。ほかに秤皿にのせるものはなにもない……。

わたしは理解したのです、意味があるのは生きているあいだの時間だけ……生きているあいだのわたしたちの時間だけだと……。

コルィマよりも、オシフィエンチムよりも、ホロコーストよりも、もっと先――

リュドミーラ・ドミトリエヴナ・ポリャンスカヤ

農村の教師

わたしは、自分の胸のうちをお話ししなくてはならない……いろんな思いで胸があふれそうなんです……。

最初の数日……いろんな気持ちがないまぜでした……。覚えているんです、いちばん強かったふたつの感情は――恐怖感と屈辱感。すべてが起きたのに、情報がまったくない。政府は黙して語らず、医者はなにもおしえない。なにも答えない。地区では州からの、州ではミンスクからの、ミンスクではモスクワからの指示を待っていた。長い長い鎖……。実際、わたしたちは無防備だったんです。あのころ、もっとも感じていたのはそれ。どこか遠くに――ゴルバチョフがいて……ほかに数人……。わたしたちの運命を決めていたのは、ひと握りの人間です。みんなにかわって。数百万人の運命を。そして、わたしたちは、ほんの数人の人間に殺されるかもしれなかった……。殺人鬼でもなく、テロをくわだてる犯罪者でもなく、原子力発電所のごくふつうの当直運転員に。おそらくなかなかの若者たちでしょう。それがわかったとき、わたしは強い衝撃をおぼえました。ひらめいたのです、なにかこんなことが……。つまり、チェルノブイリは、コルィマよりも、オシフィエンチムよりも、もっと先だと……ホロコーストよりも……。わたしのいってること、わかりにくいですか。斧や弓を手にした人間、あるいは、擲弾筒やガス室を手にした人間は、全員を殺すことができなかった。しかし、原子力を手にした人間なら……。この場合……地球全体の危機なのです……。

わたしは哲学者ではありません、哲学的なことをいうつもりはありません。記憶していることをお話しします……。

最初の日々はパニックでした。薬局にとんでいってヨードを買いこむ人、市場に行くのをやめ、そこで牛乳や肉、とくに牛肉を買うのをやめた人。あのころ、わが家ではお金を節約せず、高いソーセージを買うようにしていました、原料がよい肉だろうと思って。しかしすぐにわかったのです、まさに高いソーセージのほうに汚染肉が混ぜられていることが。高ければ、買うのも少し、食べるのも少し、というわけです。わたしたちは無防備だったのです。しかし、あなたはもちろん、こんなことはすでにごぞんじでしょうね。べつのお話をしようと思います。わたしたちがソヴィエト世代であったことについて。

わたしの友人は医者や教員です。地元のインテリたち。わたしたちには自分たちだけのサークルがありました。わが家に集まったときのこと。コーヒーを飲む。大の親友がふたりすわっていて、ひとりは医者。ふたりとも小さな子どもがいます。

Aさん。

「あした両親のとこに行くの。子どもたちをつれだすわ。あの子たちが病気になったら、ぜったいに自分を許せないから」

Bさん。

「新聞にでてるわ、数日後に状況は正常になるって。あそこには軍隊がいる、ヘリコプター、装甲戦闘車が。ラジオでそういってた……」

Aさん。

「あなたもそうしなさい。子どもたちをつれて、でていきなさい！　かくしなさい！　戦争よりもっとこわいことが……なにか起きたのよ……。わたしたちには想像もつかないことなのよ、それがなんなのか」

思いがけずふたりの語気があらくなり、けんかになってしまいました。相手を責めながら。

「あなた、母性本能はどこいっちゃったの。わからずや！」

「あなたは、裏切り者よ！　一人ひとりがあなたみたいなことやってたら、わたしたちはどうなってた？　戦争に勝てたと思ってんの？」

わが子をこよなく愛している若くてうつくしい女性がふたり、言い争っていた。なんだかおなじようなことが繰りかえされていた……。聞き覚えのある音楽……。

その場にいた全員が……とりわけわたしが感じたのは、その音楽が不安をもたらしている。わたしたちの平静をうばっている。わたしたちが信頼することに慣れていたすべてのものへの信頼をうばっているということ。待つべきなのです。指示があるまで、発表があるまで。Aさんは医者で、人より多くを知っていた。「自分の子どもも守れないでどうするの！　あなたたちをおどす人なんて、だれもいないんじゃない？　それなのにやっぱりおそれているのね！」

あのとき、わたしたちがどんなにAさんを軽蔑したことか、憎みさえしたんです。わたしたちの集いをぶちこわしてしまったと。わたしのいってること、わかりにくいですか。わたしたちにうそをついていたのは、政府だけではないんです、わたしたち自身もほんとうのことを知りたくなかった。どこか……潜在意識の奥底で……。もちろん、わたしたちはいまそれを認めたくない、ゴルバチョフの悪口をいうほうが好きなんです……共産主義者の……。悪いのはあの人たちで、わたしたちはよい人間。被害者なのよって。

つぎの日、Aさんは町をでていき、わたしたちは子どもに晴れ着をきせて、メーデーの行進につれだしました。行ってもよかった、行かなくてもよかった。どちらでも好きにできたんです。強要する人も要求する人もいませんでした。しかし、わたしたちは自分たちの義務だと考えていました。そりゃそうでしょ！　あのようなとき、あのような日……全員がいっしょにいるべきです。わたしたちは通りへいそいだ、群衆のなかへ……。

壇上には党の地区委員会の書記が勢ぞろい、第一書記のとなりには彼の小さなおじょうちゃんがいて、みんなに見えるように立っていました。日が照っているのに、少女はレインコートに帽子。第一書記は軍人用防水マント。でも、彼らは立っていた……覚えているんです……。「汚染された」のはわたしたちの大地だけじゃなく、わたしたちの意識も。おなじようにこの先長く。

ここ数年でわたしは変わりました、これまでの全人生、四〇年間で変わったのよりもっと。わたしたちは汚染地にとじこめられている……。移住が打ち切られたのです。だから、収容所にいるようにして生きている……。チェルノブイリ収容所……。わたしは児童図書館で働いています。子どもたちがお話を待っている。チェルノブイリはどこにでもあって、まわりはチェルノブイリですね。わたしたちには選択の余地がないの――チェルノブイリといっしょの生きかたを身につけなくちゃね。とくに高学年の子どもたち、彼らは質問をする。でも、どうやって？　どこで知るの？　どこで読めるの？　本はない。映画はない。昔ばなしも、神話もない。わたしは愛を通して教えているんです、愛情で恐怖にうち勝ちたい。子どもたちのまえに立って話します。わたしは愛しているのよ、わたしたちの村を、わたしたちの小川を、わたしたちの森を……とてもたいせつなものよ……とても！　わたしにとってこれ以上のものはないの、と。うそはついていない。愛を通して教えているんです。わたしのいってること、わかりにくいですか。

教師の経験がじゃまをするんです……いつも少しもったいぶって、いまどき流行らない感激調で話したり、書いたり。しかし、あなたのご質問にお答えします。どうしてわたしたちは無力なのか。わたしは無力……。チェルノブイリ前の文化はある、でも、チェルノブイリ後の文化がないのです……。わたしたちは戦争思想のなかで生きている、社会主義の破綻と不確かな未来のなかで。あたらしい認識、目的、思考が不足している。わが国の作家たちはどうなっているんですか、哲学者たちは？　わが国の知識人たちについては、あえて申しません。彼らはだれよりも自由を待ちのぞみ、準備をしていましたが、いまは脇へほうりだされている。極貧で自尊心を傷つけられている。わたしたちは不必要な人間になってしまった。無用なのです。なくてはならない本でさえもわたしには買えない、本はわたしの人生なのに。わたしに……わたしたちに……いままでになく必要なのはあたらしい本、まわりはあたらしい世の中なのですから。けれどそこでは、わたしたちはよそ者。しかたないと受け入れるなんてできない。わたしの心にはいつも問いがある——なぜ？　だれが、わたしたちの仕事をやるのですか。テレビに子どもたちの教育はできない、子どもたちに教えるのは教師の仕事です。けれど、これはまたべつのテーマですね……。

わたしが思い出したのは……あの日々の真実とわたしたちの気持ちのため。わたしたちがどんなふうに変わっていたか、わすれないため……。それとわたしたちの生活が……。

自由のこと
そして、ふつうの死を夢みること

アレクサンドル・クドリャギン
事故処理作業員

あれは自由でした。ぼくはあそこで自分が自由な人間だと感じていた……。

驚きましたか。わかりますよ……驚いておられる……。これがわかるのは戦場にいた人間だけです。彼ら、戦ってきた男たちは、酒を飲みながら思い出している。ぼくは彼らの話を聞いたことがあるが、いまだになつかしがっているんですよ。あの自由、あの高揚を。一歩も退くな！――スターリンの命令。督戦部隊。もちろん……。これはすでに歴史だ……。しかし、撃って、生きのこって、定められた一〇〇グラムのウォッカとマホルカ煙草をもらう……。死ぬことはいくらでもあるんです、こなごなにふっとぶことは。しかし、がんばって、悪魔や鬼や、曹長、大隊長、異国のヘルメットをかぶって異国の剣を手にしたやつらのうらをかき、神そのものを呪文で封じこめば、生きのこることができるんですよ！　ぼくは原子炉にいた……そこは最前線の塹壕のなかのようなんです。恐怖と自由！　全力で生きる……。それはふだんの生活では理解できない。身体にしみていない。ぼくたちはいつも準備させられていましたよね、戦争があるからと。ところが意識の準備はできていなかった。ぼくは、準備できていなかった……。あの日……夜、妻と映画に行く予定だったんです……。工場に軍人がふたりやってきた。ぼくが呼ばれた。「軽油とガソリンの区別がつくかね？」。ぼくはたずねる。「どこへ送られるんですか」「どこへだって？　志願兵としてチェルノブイリだ」。ぼくの軍職は、ロケット燃料の専門家。秘密の専門職です。工場から直接召集され、着ていたのはランニングシャツとTシャッだけ、家に立ちよらせてくれなかった。「妻にひとことといっておかなくちゃ」と頼んだ。「われわれが伝えておく」。バスのなかには一五人ほど集まっていた。予備役将校です。ぼくはこの男たちが気に入った。必要だから、応じた。必要だから、働く……。原子炉に追いやられたから、原子炉の屋根に登った……。

移住させられた村々のそばに監視塔が立ち、塔のうえには銃をもった兵士たち。実弾入りの自動小銃だ。遮断機がある。標識が立っている。「路肩は汚染されている。進入および駐車厳禁」。除染液にまみれた白っぽい灰色の樹木。雪のように白い液体。すぐに頭がおかしくなった！ 最初の数日、ぼくたちは地面や草のうえにすわるのが恐ろしかった。歩くのではなく、走った、車が通り過ぎるとすぐに防毒マスクをかぶった。交代後はテントのなかでじっとしていた。はっはっは！ それが二、三か月後には……もうなにかふつうのこと、もう自分の生活なんです。スモモをもいだり、引き網で魚をとったりした。カワカマスがすげえーの！ ブリーム〔コイ科〕もいた。ブリームはビールのつまみ用に干した。この手の話は、きっともう聞いておられますよね。サッカーをした。川で泳いだ！ はっはっは！ 〔ふたたびわらう〕運命を信じていた。心の奥じゃぼくたちはみんな運命論者なんです、薬剤師じゃない。合理主義者じゃない。スラブ的メンタリティー……。自分の星を信じていたんですよ。はっはっは！ 二級障害者です……。すぐに発病した。クソいまいましい「放射線病」……。もちろん……。ぼくにはそれまで診療所にカルテすらなかったんです。ま、いっか！ ぼくだけじゃない……。メンタリティーなんだ……。

ぼくは兵士で、他人の家を封鎖していた、他人の住まいにはいっていた。なんだか……だれかをのぞき見しているような、そんな気持ち……。そして、種をまくことができない大地……。一頭の牛が木戸に鼻づらをつっこんでいる、木戸はしまっていて、家には錠がおりている。乳が地面にぼたぼた……。なんともいえない気持ちだよ。まだ移住させられていない村々では、農民たちが自家製の酒をつくってひと稼ぎしていた。ぼくたちに売るんですよ。金ならわんさとあった。職場の給料は三倍、出張手当も三倍。あとで命令がでた。飲んでるやつは二期目ものこすぞ。ところで、ウォッカはきくんですか、きかないんですか。まあ、せめて、心理的にでも……。あそこじゃ薬だと信じて疑わなかった。もちろん……。農民の生活はふつうに流れていた。植えて、育てて、収穫する。それ以外はすべて彼らのあずかり知らぬこと。彼らにはどうでもいいんです、皇帝も政府も……。中央委員会第一書記あるいは大統領……。宇宙船も、原発も、首都での集会も。だから、彼らは信じられなかったんです、世界が一日にしてひっくり返り、自分たちがすでにべつの世界に住んでいることが……チェルノブイリの世界に……。だって、彼らは村から出たことがないんだから。住民はショックで病気になっていた。おとなしく受け入れようとしなかった、いつも通りにくらそうとしていた。薪をこっそりとっていき、青いトマトをもいでびん詰めにしていた。中身が発酵してふたがふっとぶと、また作りなおすんですよ。処分するって？　埋めるって？　ゴミにするって？　なにいってんだい、と。ところが、ぼくたちがやっていたのはまさにそれ。彼らの労働をなかったことにしていたんです、彼らのくらしの昔からの意味を。村人にしてみればぼくたちは敵だった……。ぼくは原子炉そのものへ行く気まんまんだった。「そうあせるな」といって、知らされた。「最後の月、除隊前に全員を原子炉の屋上に送ることになっている」。ぼくたちは六か月間任務についていた。そして実際に、五か月後に部隊の配置がえがあり、こんどは原子炉のすぐそばだった。いろいろな冗談とまじめな会話。さあ、屋上を通過するぞ……。まあ、このあと五年は生きていたいな……七年……一〇年……。もちろん……。

なぜかよくでていたのが五という数字。どうして五なんだろう？　騒ぎもなし、パニックもなし。「志願兵諸君、一歩前進！」。全中隊が一歩前進。隊長の前にはモニター、スイッチを入れると、画面に原子炉の屋上。黒鉛の破片、溶けたビチューメン。「諸君、見てくれ、ここに破片がころがっている。きれいに片づけてくれ。それから、ほらこっち、この区画に穴をあけてくれ」。時間は四〇秒から五〇秒。指示ではそう。しかし、そんなことは不可能、少なくとも数分は必要だった。前進―後退、全力疾走―投下。だれかが担架に積む、つぎのやつが投げおとす。あそこ、瓦礫のなか、穴のなかへ。ぼくは投げおとした、だが、したを見ちゃいけない、禁止だ。それでもやはりぼくたちはのぞきこんだ。新聞に書かれていた、「原子炉上空の空気はきれい」。ぼくたちは読みながらケラケラわらった。下品なことばでののしったもんだ。空気がきれい、でも、ぼくたちはこんなに線量をとりこんでいる。線量計が支給されたんです。五レントゲン用のやつは、瞬時にふりきれた。つぎのは万年筆みたいなやつで一〇〇レントゲン用、これもいくつかの場所ではふりきれた。五年間は子どもを作るなといわれた……。五年間、ぼくたちが死んでいなかったらの話さ……はっはっは……（わらう）冗談はいいろ。でも騒ぎもなし、パニックもなし。五年か……。ぼくはもう一〇年生きている……。はっはっは……（わらう）表彰状をもらった。ぼくは二枚……。マルクス、エンゲルス、レーニン、赤い小旗……こんな絵がずらりとついている……。ひとりの若者が姿を消し、ぼくたちは、脱走したんだろうと思っていた。二日後に灌木の茂みのなかでみつかった。首をつっていた。みんなの気持ちは、なんかこう、おわかりでしょ……。そのとき、政治部長代理が演説したんです。あいつは家から手紙を受け取った、女房が浮気をしたんだ、とかなんとか。そんなことわかるもんか。一週間後にぼくたちは除隊だったんだから。だが、あいつは灌木の茂みのなかでみつかった……。ぼくたちの隊にコックがいて、そいつはとてもこわがりやで、テントではなく、倉庫で寝起きしていた。油や肉の缶詰がはいった箱のすぐそばに穴を掘って、マットレスと枕を持ちこんでいた……。地下で寝起きしていたんです……。作業命令書が届く。あたらしい班をつくって、全員を屋上へやれ。ところが、すでに全員が屋上へ行っていた。だれかさがせ！　まあそれで、そいつも数にいれられたんです。登ったのはたった一回……二級障害者……。しょっちゅう電話をくれる。つながりはなくしません、支えになるのは仲間と自分たちの記憶なんです……。ぼくたちが生きているうちは、ぼくたちの記憶も生きつづける。そう書いてください……。

新聞にのっているのはうそ……。まっかなうそだ……。ぼくはどの新聞でも読んだことがない、ぼくたちが鎖かたびらを縫っていたという記事を。鉛のシャツ、鉛のパンツを。ぼくたちに支給されたのはゴム製の上着で、鉛が吹きつけられていた。けれど、自分たちで鉛のパンツを四苦八苦してこしらえたんです……。あのことには気をつけていたから……。もちろん……。ある村で二軒の秘密の売春宿を見せられた……。みんな詰めかけていた。家からひきはなされた男たち、六か月間女っ気なし、極端な状況です。相手をしていたのは地元の娘たち、やはり泣いていた、あたしたち、じきに死んじゃうんだわと。鉛のパンツはズボンのうえにはいたんです……。書いてください……。くちからでまかせの小話をしたもんです。まあ、ひとつ。アメリカ製のロボットが屋上に送りこまれました。五分間仕事をして――ストップ。日本製のロボットは九分間仕事をして――ストップ。ロシア製のロボットは二時間仕事をしています。無線で指令が飛びます。「兵士イワノフ、したにおりて一服してよろしい」。はっはっは！

原子炉にでる前、隊長が指示をあたえる……。全員が整列している……。何人かが抗議した。「わわれわれはすでにあそこへ行きました。われわれを帰宅させるべきです」。ちなみに、ぼくの担当は燃料、ガソリンですが、ぼくも屋上へ送られたんです。しかし、ぼくはだまっていた。自分で望んでいた、興味があったから。でも、この連中は抗議した。隊長がいう。「屋上に行くのは志願者だ、それ以外の者は一歩外へ。きみたちとは検事が面談する」。まあそれで、この連中はちょっと立って、しばらく相談し、同意したんです。宣誓をした、つまり義務があるということだ、軍旗にくちづけをした……軍旗の前にひざまずいたんだから……。だれも疑っていなかったと思いますよ、刑期をくらってぶちこまれるかもしれないと。うわさが広まっていたんです、二、三年はくらうだろうと。もし兵士が二五レントゲン以上あびたら、部下を被曝させた罪で、隊長が投獄されることもありえた。二五レントゲン以上の者はいませんでした……。全員がそれ以下……。おわかりでしょ？　しかし、ぼくはあの連中が好きだった。発病したのがふたり。ひとりはこんなやつ。「やってもいい」となのりでたんです。その日そいつはすでに屋上に一度行っていた。尊敬のまなざし。報奨金は五〇〇ルーブル。もうひとりは屋上で穴をあけていたやつ。退去の時間になっても、ガンガンやっている。ぼくたちは手をふりまわす。「おりてこいっ」。そいつはさっとひざまずき、最後までやろうとする。ダストシュートをはめ込んでゴミをおろすために、屋上のその場所に穴をあける必要があったのです。そいつは、穴をあけおわるまで立ちあがらなかった。報奨金は一〇〇〇ルーブル。当時この金でオートバイが二台買えたんです。現在そいつは一級障害者。もちろん……。しかし、恐怖の代償はすぐに支払ってくれた。で、そいつが死にそうなんです。いま死にかけている……。ひどく苦しんでいる……。週末に見舞ってきた……。「ぼくがなにを夢みてるか、きいてくれ」「なんだい？」「ふつうに死ぬことさ」。そいつは四〇歳。女たちを愛していた。おくさんはきれいな人だ……。

除隊。ぼくたちは車に分乗した。汚染地を走っているあいだじゅう警笛を鳴らしつづけた。あの日々をふりかえってみる……。ぼくはなにかのとなりにいた……なにかファンタスティックなもののとなりに。「巨大」とか「ファンタスティック」――こんなことばでもすべては伝えきれない。あの気持ちは、なんというか……。どんなかって？（考えこむ）
あんな気持ちは、恋愛のときでも味わったことがない……。

奇形児ちゃん、それでもかわいがってもらえる

ナジェジダ・アファナシエヴナ・ブラコワ
ホイニキ町の住民

どうぞご遠慮なく……質問なさってください……。わたしたちのことはすでに山ほど書かれていて、慣れていますから。新聞もたまに送られてくるんです。でも読みません。わたしたちを理解できる人がいますか。ここで生きなくちゃならないんです……。

最近、娘がいいました。「ママ、わたしね、もし奇形児ちゃんを生んでもやっぱりかわいがってやるわ」。びっくりでしょ?! 娘は一〇年生ですが、もうこんなことを考えています。娘のともだち……みんながこのことを考えている……。知人に男の子が生まれたんです……。待望の、はじめてのあかちゃん。若くて美男美女の夫婦。でも、ぼうやのくちは耳までさけていて、片耳がない……。わたしは彼らのところにいかない、以前のようには。できない……。でも、娘はたまにたちよってる。足が向くのです、見て慣れようとしているんだか、自分のこととして考えてるんだか……。でも、わたしにはできないことです……。

ここをはなれてもよかったんですが、夫とよくよく考えたすえにやめました。よその人たちがこわいんです。ここでは、わたしたち全員がチェルノブイリ人です。地元の果樹園や畑のリンゴやキュウリをごちそうされても、おたがいに驚いたりしません。もらって食べます。あとですてようと、バツが悪そうにバッグやポケットにしまったりしない。わたしたちは記憶をともにし、運命をともにしているから……。ところが、ほかの場所ではどこへいっても、わたしたちはよそ者。こわごわと横目で見られる……。「チェルノブイリ人」「チェルノブイリの子どもたち」「チェルノブイリの移住者」、こんなことばにみなが慣れている……。チェルノブイリは……いまではわたしたちの生活のすべてにくっついている接頭辞なんです。けれど、あなたがたはわたしたちのことをなにひとつごぞんじじゃない。わたしたちをおそれている……。避けている……。もし、わたしたちがここから外に出されず、警察の監視所が置かれたとしたら、まちがいなく多くの人が安堵することでしょうね。（話をやめる）いいんですよ、あなたのご意見は……なにもおっしゃらないで！　わたしはそれを最初の数日に悟り、体験したんですから……。娘をつれてミンスクへすっとんだのです、妹の家へ……。実の妹は、家にあげてくれなかった。あかんぼうがいる、母乳を飲ませているからと。こんなのってこわい夢のなかでも見ないはずよ！　思いつかないはずだわ。それで、わたしたちは駅で夜をすごしたんです。やけっぱちな考えが頭に浮かぶ……。どこへ逃げればいいの。もしかして、自殺したほうがましかも、悩まないですむように、って……。最初の数日がこうだったんですよ……。だれもがなにかおそろしい病気を想像していました。思いもよらぬ病気を。でも、わたしは医者です。ほかの人たちに起きていたことは、推測するだけです……。うわさはつねにどんな正確な情報よりもおそろしいものです。どんなものより！　ここの子どもたちは、どこにいっても疎外感をいだいている。生きている怪談……

嘲笑の的だと感じている……。わたしはそれを見ているんですよ。娘は共産少年団の合宿所で一年間すごしましたが、娘にふれるのをみんながこわがったのです。「チェルノブイリのホタル。あいつ暗闇で光るんだぜ」。夜、娘は中庭に呼びだされました。ほんとうに光っているかどうか確かめるために。頭のうえに光輪があるかどうか……。

よくいわれています……戦争だと……。戦争世代……。比較されているんです……。戦争世代って？　あの世代はしあわせなもんですよ！　彼らには勝利があった。勝ったんだから！　それが力強い生きるエネルギーを彼らにあたえた。今風にいうなら、生きのびるための最強の目標設定を。彼らはなにもおそれなくてよかった。望んでいたのは、生きること、学ぶこと、子どもを生むこと。わたしたちのほうは？　わたしたちはあらゆるものをおそれている……。子どものこと……。まだいもしない孫のこと……。孫はいない、それなのにわたしたちはもうこわい……。人びとはわらうことがへり、以前なら祝日に歌をうたったものですが、うたわない。農地にかわって森や灌木がふたたびのびているとき、変化しているのは景色だけではないんです、国民の性格もまた変化している。みながうつ病……破滅の運命にあるという感じ……。ある人にとってチェルノブイリはメタファーであり、スローガンです。でもここでは、わたしたちの生活なんです。生活そのもの。

たまに思うんです。わたしたちのことを書かなくてもよかったんじゃないかと。脇から観察しなくても……放射線恐怖症とかなんとか診断をくださなくても、特別扱いしなくても。そうすれば、こんなにおそれられることはなかったのに。だって、がん患者がいる家では、その人のおそろしい病気のことはくちにしないものです。終身刑の囚人がいる監房では、刑期のことはだれも思い出さないものです……。（沈黙）いろいろ話しましたが、あなたのお役にたつかどうか……。（たずねる）お食事でもいかが？　お昼にしましょう、それともおそれていらっしゃる？　正直にお答えくださいい、わたしたちはもう気を悪くすることはありません。いろんなことを経験したんです。ひとりの特派員がわが家にたちよった……。のどが渇いているようでした。わたしはお水のはいったカップを持っていく、彼はバッグから自分の水をとりだす。ミネラルウォーターを。気がとがめるのか……いいわけをする……。もちろん、会話ははずまなかった、彼にたいして誠実になれなかったんです。だって、わたしはロボットじゃない、コンピュータじゃない。血が通っているんです！　彼は自分のミネラルウォーターを飲み、わたしのカップにくちをつけるのをおそれている。それなのに、わたしの心をはいどうぞ、というのですか……心をわたせというのですか……。

（わたしたちは食卓につき昼食をとっている）

昨夜は泣き明かしたの……。夫が思い出していった。「きみはあんなにうつくしかった」。わかってるの、あのひとのいいたいことは……。鏡のなかの自分を見るんです。毎朝……。ここの住民はふけるのが早い。わたしは四〇歳ですが、どう見たって六〇歳よ。だから女の子たちは結婚をいそぐ。若さを惜しんでいる、彼女たちの若い時間は短いんです。（急に声をあらげて）いやあね、あなた、チェルノブイリのなにがわかるんですか。なにを記録することができるっていうの。ごめんなさい……。

（沈黙）

わたしの心をどうやって記録できるというのですか。わたし自身、自分の心がいつも読めるわけじゃないとしたら……。

日常生活を理解するには、ちょっとしたものをつけたす必要がある――

ヴィクトル・ラトゥン
カメラマン

あなたに必要なのは、あの日々の事実、詳細でしょうか。それともぼくの個人的な話でしょうか。ぼくはあそこでカメラマンになったんです……。それまで写真を撮ったことは一度もなく、あそこでとつぜん写真を撮りはじめた。たまたまカメラが手もとにあった。それで、自分のためにと思って。いまではこれがぼくの仕事です。ぼくは新しい感覚を味わって、それを振り切ることができないでいる。それは短時間の経験ではなく、ぼくの心の一大物語だったんです。ぼくは人間が変わった……世界がちがって見えた……。おわかりですか。

（話しながら、テーブルのうえ、椅子、出窓に写真を並べている。荷馬車の車輪ほどもある巨大なヒマワリ。無人の村のコウノトリの巣。ぽつんとある村の共同墓地、門のそばに「高放射能。立入禁止」の立札。窓が打ちつけられた家の庭の乳母車、うえに一羽のカラスがわがもの顔ですわっている。荒畑の上空を昔ながらのV字飛行をするツルの群れ）

きかれるんです。「なぜカラーで撮らないのか、白黒でなく」と。しかし、チェルノブイリは……チョールナヤ・ブイリ（黒い草、にがよもぎ）……。ほかの色は存在しない……。ぼくの個人的な話ですか。これの（写真を指さす）コメントとして……。いいですよ。やってみましょう。そうですね、すべてはここにあるんです……。（ふたたび写真を指さす）あのとき、ぼくは工場で働きながら、大学の歴史学部の通信教育を受けていました。二級組立工です。班が編成され、ぼくらは急きょ送られたのです。前線に送られるように。

「ぼくらはどこへ行くんですか」

「命じられるところへ」

「なにをするんですか」

「命じられることを」

「しかし、ぼくらは建築技師です」

「だから建ててもらう。建設してくれ」

ぼくらが建てていたのは副次的な建物です。洗濯場、倉庫、軒。ぼくはセメントの荷おろしにまわされた。どんなセメントで、どこから運ばれてきたのか、だれもチェックしていなかった。ぼくらは積んではおろした。一日シャベルでかきあつめると、夕方には歯だけが光っている。セメント人間だ。灰色の。人も作業着もセメントまみれ。夜、作業着をパタパタふるって、いいですか、朝になるとまた着るんですよ。政治学習会がありました。英雄、功績、最前線にいる……軍事用語だ……。ところでレムってなんですか。キュリーは？ ミリレントゲンは？ ぼくらが質問しても、隊長は説明できない。士官学校で教わらなかったのです。ミリとか、マイクロとか……ちんぷんかんぷん。「きみたちが知る必要はない。命じられたことをやりたまえ。きみたちはここでは兵士なのだ」。ぼくらは兵士だ、しかし、囚人じゃない。

委員会の連中がやってきた。きやすめをいう。「まあ、きみたちのところはすべて正常だ。空気中の放射線量は正常。ここから四キロほど先では人が住めないから、住民は移住させられる。ここは平穏だ」。彼らのなかに放射線測定員がいて、肩にぶらさがっている箱のスイッチをいきなり入れて、長い竿でぼくらの長靴をなでた。そのとたん、ぴょんととびのく。無意識の反応だ……。

さあ、ここから、いちばんおもしろいことがはじまりますよ。とくに作家としてのあなたにね。この一瞬のできごとをぼくらがいつまで思い出していたと思いますか。せいぜい二、三日。まあね、わが国の人間は、自分のことだけ、自分の命のことだけを考えることができない、ああいう閉鎖的システムであることができない。わが国の政治家には命の尊さを考える頭がないが、わが国の人間自身もそうなんです。わかりますか。ぼくらは人間のつくりがちがう、素地がちがうんです。もちろん、ぼくら全員あそこで飲みましたよ、しかもけっこう飲んだ。夜までにはしらふのやつは残っていなかった。しかし飲むのは、酔っぱらうためではなく、話をするため。最初の二杯を飲むと、里心がつきはじめるやつがいて、妻子を思い出したり、自分の仕事のことを話したりするんです。上司をののしったり。しかしそのあと、一本、二本とあけると……話題は国の運命と宇宙の構造のことばかり。ゴルバチョフとリガチョフをめぐる論争。スターリンのこと。わが国は大国であるか否か、アメリカ人を追いこせるか追いこせないか。一九八六年でしたからね……。どっちの飛行機がすぐれているか、どっちの宇宙船のできがいいか。まあたしかにチェルノブイリは爆発した、しかし、最初に宇宙に飛びだしたのはわが国の人間だよ！　いいですか、声がかれるまで、夜が明けるまで。なんでおれたちには線量計がないんだ。なんで万一にそなえて粉薬をくれないんだ。なんで洗濯機がないんだ、一か月に二度じゃなくて、毎日作業着が洗えるように。こういう話がでるのは最後の最後なんです。ちらっと。ぼくらは、まあね、こんなふうにできているんですよ。まったくもう！

ウォッカは金よりも値打ちがあった。カネでは買えない。周辺の村々ではなんでもかんでも飲んでいた。ウォッカ、自家製酒、ローション。ニスやエアゾールにまで手をだしていた……。テーブルのうえには自家製酒の三リットルびん、あるいは、オーデコロン「シプル」がはいった網袋。そしてしゃべりにしゃべった。ぼくらのなかには教師や技師がいた……。ありとあらゆる民族がいた、ロシア人、ベラルーシ人、カザフ人、ウクライナ人。哲学的な会話……。ぼくらは唯物論の囚われ人である、唯物論はぼくらを物的世界に制限している。チェルノブイリ——これは無限への出口である。そうそう、ロシア文化の宿命とその悲劇志向について議論したことがあったんです。死の影なくしてはなにも理解することができない。ロシア文化の土壌があってこそ大惨事の意味がわかる。ロシア文化だけがその用意ができている、その予感に生きていたのだと……。ぼくらは爆弾をおそれ、キノコ雲をおそれていたが、結局こういうことになった……。ヒロシマ——これは恐怖だが、まだわかる……。でもこの場合……。ぼくらが知っているのは、マッチや爆弾で家が燃えること、ところが、こんどのはとんでもないことなんです。うわさが耳にはいっていた。地球外の炎、いや炎ですらない、光だ。光のゆらめき。発光。真っ青ではなく、あわい青。そして、煙でもない、と。かつて神の場所に鎮座していたのは科学者だったが、いまでは堕天使。デーモンなんですよ！　人間の本質は、彼らにとってむかしもいまもなぞのままだ。ぼくはロシア人で、ブリャンスク州の出身です。ロシアでは、いいですか、家が傾いていまにも崩れ落ちそうだというのに、ひとりの老人が敷居にすわって哲学的思索にふけり、世界を建て直そうとしているんです。工場の喫煙室、ビアホール、どこにでもその場のアリストテレスがかならずいる。ところが、ぼくらは原子炉のすぐそばにいるんだ……。

ぼくらのところに新聞記者がたちよったものです。写真を撮っていた。主題はでっちあげ。残された家の窓を撮っている、その前にバイオリンを置いて……。そして題は——チェルノブイリ交響曲。あそこでは、なにもでっちあげる必要はなかった。すべてを記憶に残しておきたかった。校庭の、トラクターにふみつぶされた地球儀。数年間もベランダに干しっぱなしの黒ずんだ洗濯もの。雨で劣化した人形たち……。荒れ放題の戦没者墓地……草は石膏の兵士像の胸の高さまでのび、石膏の銃のうえには鳥の巣。家のドアはたたきこわされ、すでに汚染地泥棒にひっかきまわされたあとだが、窓のカーテンはひかれている。住人が去り、百姓家には彼らの写真が住みつづけている。彼らの魂のように。どうでもいいもの、つまらないものはなにもなかった。すべてを記憶にとどめておきたかったのです、正確に詳細に。目にした日時、空の色、自分の感覚を。いいですか。人はこの地を永久にはなれた。それはいったいどういうことなのか。ぼくらはこの「永久」を体験した最初の人間なんです。どんな小さなものも見落とすわけにいかない。イコンそっくりの老いた百姓たちの顔……。なにが起きたのか、彼らはまったくわかっていなかった。彼らは、自分の家、自分の土地を一度もはなれたことがない。この世に生をうけ、愛しあい、額に汗して日々の糧を得、子どもをもうけてきた。孫の誕生を待っていた。そして、生をまっとうすると、しずかにこの大地をあとにしたのです、土のなかに去り、土となって。ベラルーシの百姓家ときたら！　家は、ぼくら町の人間にとっては生活の道具ですが、彼らにとっては全世界。宇宙なのです。無人の村々を車で走りぬける……。むしょうに人恋しくなるんです。掠奪された教会……。ぼくらはなかにはいる――ろうそくのにおい。神さまに祈りたくなった……。

こういうことをすべて記憶にとどめておきたかったのです。写真を撮りはじめた……。これがぼくの個人的な話です……。

最近、あそこでいっしょだった友人の葬式があったんです。血液のがんでした。追悼の会食。まあね、スラブのしきたり通り飲んで、食って。で、会話がはじまった、夜ふけまで。はじめは彼、故人のこと。でも、そのあとは？　そのあとは、これまた国の運命と宇宙の構造について。ロシア軍はチェチェンから撤退するのか、しないのか。第二次カフカス戦争ははじまるのか、それとも、すでにはじまっているのか。ジリノフスキイが大統領になる可能性はどれくらいか。エリツィンはどうか。イギリス王室とダイアナ妃のこと。ロシアの君主制のこと。チェルノブイリのこと。こんどはあれこれ憶測……。そのひとつは、異星人は大惨事のことを知っていた、それでぼくらを助けてくれたというもの。もうひとつは、これは宇宙的な実験だった、ある程度時がたてば、天才的能力をもつ子どもたち、非凡な子どもたちが生まれはじめるのだと。ひょっとすると、ベラルーシ人は絶滅するのかもしれない。むかし、ほかの民族が消えたように。スキタイ人、ハザール人、サルマト人、キンメリー人、アステカ人が。ぼくらは形而上学的な人間なんです……。大地のうえではなく、空想のなか、会話のなかで生きている。ことばのなかで……。日常生活を理解するには、それにちょっとしたものをつけたす必要があるんですよ。死ととなりあわせのときでもね……。

これがぼくの個人的な話……。どうしてぼくが写真を撮るようになったか……という話です。それは、ぼくに語彙が不足していたから……。

唖の兵士

リリヤ・ミハイロヴナ・クズメンコワ
モギリョフ文化啓蒙中等専門学校教師、舞台監督

汚染地そのものにはこれ以上いきません。以前はひかれていました。それを見たり、そのことを考えたりすれば、わたしは病気になって死んでしまう……。わたしの想像力が死んでしまう……。『来たりて見よ』〔邦題『炎628』〕という戦争映画がありましたよね。わたしはラストまで見ることができなかった、意識を失ったのです。雌牛が殺されていた。スクリーンいっぱいに雌牛の瞳孔……。

瞳孔だけ……。人間が殺されるところは、もう見なかった……。そうじゃないの！　芸術、これは愛なんです、ぜったいにそうなのよ。テレビはつけたくない、いまの新聞は読みたくない。殺して、殺してばかり……。チェチェンで、ボスニアで……。アフガニスタンで……。分別を失いそうです、視力が悪くなりそう。恐怖……それがふつうになり、陳腐にさえなっている。わたしたちはひどい変わりようで、今日テレビに映る恐怖は、昨日のよりもっとすごくないといけない。そうでなければ、もうこわくないんです。わたしたちは一線を越えてしまいました……。

昨日、トロリーバスに乗っていたときの一場面。少年がおじいさんに席を譲らなかったのです。おじいさんが諭します。

「きみが年をとったとき、席を譲ってもらえんぞ」

「ぼく、ぜったいに年をとらないもん」。少年が答える。

「どういうことかな」

「ぼくらみんな、もうじき死んじゃうから」

まわりでは死についての会話、会話。子どもたちが死のことを考えている。けれど、これは人生のはじめにではなく、終わりにじっくり考えることです。

わたしは一場面一場面のなかに世界を見ています……。わたしにとって街は劇場、家も劇場。人も劇場。できごとをまるまる覚えていることはありません。ディテールやジェスチャーだけ……。

記憶のなかでなにもかもごちゃごちゃ、ごちゃまぜになっているんです。映画で見たのやら、本で読んだのやら……。どこかで見かけたのやら、耳にしたのやら……。それともこっそり見たのだったかなって。

こんなの。狂犬病のキツネが荒れ放題の村の道をふらふら歩いていく。おとなしくて、やさしい。子どものように……。野生化したネコやニワトリに甘えている……。

静寂。あそこの静寂といったら！　ここのとはまったくべつの……。その静寂のなかでふいに人間の奇妙な話し声。「ゴーシャはいい子、ゴーシャはいい子」。古いリンゴの木で、扉があけっぱなしのさびた鳥かごがゆれている。ペットのオウムがひとりでしゃべっている。

疎開がはじまっている……。学校、集団農場の事務所、村役場が封印された。昼間、兵士たちが金庫や書類を運びだす。夜になると、村民たちが学校の備品をつぎつぎに持ちかえる。学校に残っている物を。図書室の本、鏡、椅子、便器や洗面台、ばかでかい地球儀……。明け方近く最後の人がかけつけたときには、もうからっぽ。理科室でカラの試験管を集めて持ち去った。

全員が知っているにもかかわらず――三日後には自分たちもつれだされる。すべてが残されたままになることを。

なんのためにわたしはこんな話を集めているんだろう、ためこんでいるんだろう。自分では、チェルノブイリのお芝居を上演することはないのに、戦争のお芝居を上演しなかったように。わたしの舞台に死人が登場することはありません。死んだ動物や小鳥だって。森のなかで一本の松の木にちかよった、なにか白いもの……キノコだと思って。でもそれは、ちっちゃな胸をうえにして死んでいる数羽のスズメでした。あそこ、汚染地で……わたしは死が理解できない。死の前で足をとめるんです、こわい気がくるわないように。あの世に……いってしまわないように……。戦争を上演するのなら、こわいものでなくちゃ、嘔吐させるほどに、病気になるほどに……。これは娯楽ではないのです……。

最初の日々……。まだ一枚の写真もでていませんでしたが、わたしはもう思いうかべていたんです。

落ちた天井、崩れた壁、けむり、割れたガラス。押し黙った子どもたちがどこかへつれていかれる。車の列、列。おとなたちは泣き、子どもたちは泣いていない。まだ写真が一枚もでていないときです……。いろんな人に聞いてみても、恐怖について抱くイメージは、爆発、火事、死体、パニック、これ以外にはおそらくないでしょう。わたしは、子ども時代の体験でそれを覚えているんです……。（沈黙）でも、そのことはあとで……べつの話として……。ここで……なにか未知のことが起きた……。いままでとはちがう恐怖です。それは耳に聞こえず、目に見えず、においもなく、色もない。それなのに、わたしたちは身体的にも精神的にも変化している。血液像が変化し、遺伝子コードが変化し、景色が変化している……。だから、わたしたちがなにを考えていても、なにをやっていても……。ほら、朝起きてお茶を飲む。学生たちのリハーサルに向かう……。でも、それがわたしにおおいかぶさっている。しるしのように。問いのように。わたしには比較できるものがなにもない。子ども時代の体験とは似ても似つかぬものですから……。

わたしが見た戦争映画で、すばらしかったのはひとつだけ。タイトルは忘れました。唖の兵士の映画です。彼は映画のなかでことばを発しない。ロシア兵の子を身ごもったドイツ人女性を荷馬車で運んでいる。あかちゃんが誕生する。途中、荷馬車のうえで。兵士はあかちゃんを持ちあげ、抱っこしている。その子は彼の自動小銃におしっこをかける……。男は声をたててわらう……。このわらい声が彼のことばなのです。彼はあかちゃんに目をやり、自分の銃に目をやり、わらっている……。ジ・エンド。

この映画にはロシア人もドイツ人もいない。いるのは戦争というバケモノです。そして生命という奇跡。しかし、いま、チェルノブイリのあと、すべてが変わった。これもそう。世界が変わった、いまではそれが永遠だとは思えない。地球が小さくなった、小さくなったかのようです。わたしたちは不死を奪われた――これがわたしたちに起きたこと。永遠という感覚が失われたのです。ところが、テレビでわたしが見るのは、毎日殺しているところ、撃っているところなんです。ひとりの人間がべつの人間を殺している。チェルノブイリのあとで。

なにかこう、ひどくぼやけている、遠くからのように……。三歳だったんです、母とドイツにつれていかれたとき。強制収容所に……。記憶にあるすべてがうつくしい……。ものを見るわたしの目がそんなふうにできているのかもしれません。高い山……。雪だか、雨だか、ふっていた。巨大な黒い半円形になって人びとが立っていた。全員に番号。番号は長靴に……。くっきりと、あざやかな黄色のペンキで長靴に。背中に。どこにでも番号、番号……。有刺鉄線がある。監視塔にヘルメットをかぶった人が立っている、犬たちが走りまわり、ワンワン吠えている。それでいて恐怖がぜんぜんない。ふたりのドイツ人。ひとりは大きくて太っていて、黒い背広。もうひとりは、小さくて茶色の背広。黒い背広の男が片手でどこかを示す……。黒い半円から黒い影が歩みでて、人になる。その人を黒い背広のドイツ人がなぐりはじめる……。雨だか、雪だか、ふっている……。ふっている……。

背が高くてハンサムなイタリア人を覚えています……。いつも歌をうたっていた……。母が泣いていた、ほかの人たちも泣いていた。わたしには理解できなかった、どうしてみんな泣くんだろう、あんなにきれいにうたっているのに。

わたしには戦争の即興劇がいくつかありました。試しにやってみたんです。完全に失敗。もう戦争のお芝居を上演することはありません。うまくいかないのです。

わたしたちは、楽しいお芝居『井戸さん、お水をちょうだい』を持って、チェルノブイリの汚染地を訪問しました。おとぎ話です。地区中心の町ホチムスクにつきました。そこに孤児院があるのです。子どもたちは移住させられていませんでした。

休憩時間。子どもたちは拍手をしない。立ちあがらない。黙ったまま。第二部。そして終演。またもや拍手がない。立ちあがらない。黙ったまま。

教え子たちは半泣きです。舞台裏にあつまった。あの子たち、どうしちゃったんだろう。あとでわかったのです。子どもたちは、舞台で起きていることをすっかり信じていたのだと。そこではお芝居のあいだじゅう奇跡が起きるのを待っているんです。ふつうの子どもたち、家庭にいる子どもたちなら、これが劇だとわかる。でもこの子たちは奇跡を待っていた……。

わたしたちベラルーシ人には、いまだかつて永遠のものがありませんでした。大地ですらわたしたちは永遠のものを持たず、いつもだれかが大地を奪ってはわたしたちの痕跡を一掃していた。そして、わたしたちは、旧約聖書に書かれているような、永遠を生きることもできなかった。この者はあの者を生み、あの者はまたつぎの者を……。一本の細い鎖、その輪っか……。わたしたちは、この永遠のものをどうあつかえばいいのかわからない、それと生きることができない。その意味が理解できないんです。ところが、ついにそれが授けられた。わたしたちの永遠のもの――それはチェルノブイリ。わたしたちのところにあらわれたのはそれなんです。で、わたしたちは？　わたしたちはわらっている……。古い寓話にあるように……。人びとが男に同情している、男の家は丸焼け、納屋も……すっかり焼けおちた……。それでも男は答えていう。「いやあ、そのかわり、ねずみがごっそりくたばっちまったよ！」。やったぜ、と床にぼうしを投げつける。これなんですよ、ベラルーシ人は！　泣きながらわらっているんです。

でも、ベラルーシの神さまたちはわらわない。わたしたちの神さまは、殉教者なのです。わらっている陽気な神々がいたのは、古代ギリシア人のところ。もし、ファンタジーや夢や小話もまたテキストだとしたら？　わたしたちが何者かというテキスト。しかし、わたしたちにはそれを読みとる力がない。いたるところでおなじメロディーが聞こえる……。ゆるゆると流れている……。メロディーではない、歌ではない、葬式の号泣です。それはあらゆる不幸にそなえて、わたしたち国民に組み込まれているプログラム。消えることのない不幸の予感です。では、幸福は？　幸福は、つかの間の、思いがけないもの。国民はいう。「不幸がひとつなら、不幸ではない」「棒では不幸から身を守れない」「手をひと振り、不幸がかならず歯にあたる」「家は不幸でいっぱい、クリスマスの歌どころじゃない」。わたしたちには苦悩のほかになにもない。ほかの歴史も、ほかの文化もないんです……。

教え子たちは恋をし、子どもを生んでいます。でも、子どもたちはおとなしくてひ弱。戦後、わたしは強制収容所からもどってきた……生きて！　あのとき必要だったのは生きぬくことだけ、わたしの世代は、自分たちが生きぬいたことを、いまだにふしぎがっているんです。わたしは水のかわりに雪を食べることができた。夏には川からあがらずに、一〇〇回ずつもぐることができた。彼らの子どもたちは雪を食べることができない。いちばんきれいで、いちばん白い雪であっても……。（沈思する）

芝居をどんなものとわたしが思っているか。やっぱり考えるのはそのこと。いつも考えています。汚染地からひとつのプロットを持ち帰ってくれたんです。現代版おとぎ話を……。

ある村に、おじいさんとおばあさんが残っていた。冬、おじいさんが亡くなった。おばあさんはひとりでおじいさんを埋葬した。一週間、墓地で小さな穴をほりつづけた。おじいさんが凍らないようにあったかい毛皮外套でくるみ、子ども用の小さなそりにのせてつれていった。道すがら、自分の人生をおじいさんとふりかえっていた。

おばあさんは追悼の食事のために最後の一羽のニワトリを焼いた。においにつられて飢えた子イヌがよろよろやってきた。おばあさんには、いっしょにしゃべって泣く相手ができた……。

あるとき、わたしの将来の芝居も夢にでてきた……。

こんなの。無人の村、リンゴの花が咲いている。ウワミズザクラが咲いている。華麗に。はなやかに。墓地には野生の梨の花……。

しっぽをたてたネコたちが草ぼうぼうの道を走りまわっている。だれもいない。ネコたちの愛のいとなみ。花が咲きみだれている。美と静寂。ほら、ネコたちが道路に走りでて、だれかを待っている。きっと、人間をまだ覚えているのだ……。

わたしたちベラルーシ人には、トルストイがいない。プーシキンがいない。でも、ヤンカ・クパーラ（一八八二―一九四二）がいる……。ヤクブ・コーラス（一八八二―一九五六）が……。彼らは大地のことを書いた……。わたしたちは大地の人間で、空の人間ではない。わが国の単一作物はジャガイモ、ジャガイモを植えたり掘ったりしながら、わたしたちはいつも大地を見ている。下方を！　下を！　頭をぱっとあげるとしても、せいぜいコウノトリの巣のあたりまで。そこはもう高みで、空でもあるんです。宇宙という名の空はわたしたちにはない、わたしたちの意識のなかに存在しない。だからわたしたちはなにかを借りている、ロシア文学から……ポーランド文学から……。おなじようにノルウェー人にはグリーグが必要だった、ユダヤ人にはショレム・アレイヘムが。結晶化の核として、彼らはそのまわりに結集し、自分を認識することができたのです。わが国では、それはチェルノブイリ……。

チェルノブイリはわたしたちをこねてなにかを作っている。創造している。いま、わたしたちは民族になった。チェルノブイリ人に。ロシアからヨーロッパへ、あるいは、ヨーロッパからロシアへぬける道ではありません。いまになってようやく……。

芸術、それは思い起こすこと。わたしたちが存在していたのを思い起こすことです。気がかりなのは……ひとつ気がかりなのは、わたしたちの生活のなかで恐怖が愛にとってかわりつつあるのではないかということ……。

なにをすべきか、だれが悪いのか、手におえぬ永遠の問題だ

——ウラジーミル・マトヴェエヴィチ・イワノフ
党スラヴゴロド地区委員会、元第一書記

わたしは自分の時代の人間なのです、確固たる信念を持った共産主義者だ……。

われわれは発言させてもらえない……。はやりだ……いま共産主義者をこっぴどく非難するのがはやりなんですよ……。いまやわれわれは人民の敵、全員が犯罪者なのです。今日、われわれはすべてに責任をおっている、物理の法則にも。わたしはあのとき、党の地区委員会第一書記だった。新聞に書かれているんですよ……。これは彼ら、共産主義者たちが悪い——お粗末で安価な原子力発電所を建てていた、でも、人間の命は数えていなかった。人間のことは考えていなかった、彼らにとって人間は砂粒、歴史の肥やしなのだと。さあ、やつらにかかれ！　かかれ！　手におえぬ問題なのですよ、なにをすべきか、だれが悪いのかというのはね。永遠の問題だ。わが国の歴史上不変の問題です。みながもう待てない、報復と血に飢えている。さあ、やつらにかかれ！　かかれ！　待っているんです

よ、切りおとされた頭を……パンと娯楽を……。

ほかの人はくちを閉ざしているが、わたしは話そう……。あなたがたは……あなた個人というわけではないが、新聞に書いておられる――共産主義者が国民をだましていた、国民に真実をかくしていたと。しかし、われわれはそうしなければならなかったのです……。党の中央委員会、州委員会からの電報、電報……。われわれは任務を課せられた、パニックを許すなと。パニックはたしかに恐ろしいものです。当時チェルノブイリからの報道は監視されていましたが、おなじように監視されていたのは戦時中の前線からの戦況報告だけです。恐怖とうわさ。人びとは放射能にではなく、できごとに打ちのめされていた。われわれはそうしなければならなかった……。われわれの務めだ……。すべてが即座にかくされたとはいえない、はじめのうちは起こっていることの規模をだれも理解していませんでした。最上位の政治的判断にしたがって行動したのです。しかし、もし感情をぬきにするなら、政治をぬきにするなら……認めなくてはならない、起こったことをだれも信じていなかったと。科学者ですら信じることができなかったのです。なにしろ似たような例がないのですから。わが国だけでなく、世界のどこにも。科学者たちは現場で、原発そのもので状況を調査し、その場で決定していた。最近、「真相の瞬間」という番組にアレクサンドル・ヤコヴレフがでているのを見たのです。彼は政治局員で、当時、党きってのイデオローグでゴルバチョフの片腕だった……。その男がなにを回想していたか。あそこ、彼ら上層部でも全容がつかめていなかったということ……。政治局の会議である将軍がこう説明したという。「放射能がなんだって? 核実験場で……核爆発のあと……夜、赤ワインを一本ずつ飲みました。で、われわれは平気ですよ」。事故のように、ありふれた事故のように、チェルノブイリが語られていたのです……。

あのとき、もしわたしが住民を通りにつれだしてはならんと、表明したなら。「なにをおっしゃる、メーデーをぶちこわす気ですか」。政治事件ですよ。党員証返却……。（少し落ちつく）こんな話があるんだが、小話ではなく、ほんとうにあった話だと思う。実話だ。爆発後の最初の数日に政府委員会のシチェルビナ委員長が原発に到着し、いますぐ事故現場につれていくよう求めたというのです。彼は説明される。黒鉛の堆積、すさまじい放射線場、高温、だからそこには行けないと。「物理学など知るか。わたしはこの目ですべてを見ておかなくちゃならんのだ」。彼は部下たちをどなりつけた。「夜、政治局で報告することになっているんだ」。軍人的紋切型行動ですよ。彼らはそれしか知らなかった……。理解していなかったのです、物理学が、連鎖反応が実際に存在することを……。そして、この物理学はいかなる命令や政令をもってしても変えることができない。世界の基盤は物理学であり、マルクス思想ではないということを。しかし、あのとき、もしわたしが表明したなら……メーデーのデモ行進を中止しようとしたなら……。（ふたたび興奮しはじめる）新聞に書かれているんですよ……。住民が屋外にいたのに、われわれが地下防空壕でじっとしていたかのごとく。わたしはこの太陽のしたで壇上に二時間立っていた……かぶり物なし、レインコートなしで。五月九日の戦勝記念日にも……わたしは退役軍人たちと行進した……。アコーディオンが鳴っていた。人びとはおどったり、酒を飲んだりしていた。われわれ全員がこの体制の一部だった。信じていたのですよ。高い理想を信じていた。われわれの勝利を！　チェルノブイリに勝つんだ！　身体を張ってやれば——勝てると。暴走する原子炉を鎮めようとする英雄的な闘いの記事をむさぼり読んだものです。政治学習会がおこなわれていた。理念をもたないわが国の人間とは？　大きな夢をもたないわが国の人間とは？　それもまたおそろしいものだ……。ごらんなさい、いまなにが起きていますか。崩壊。無政府状態。ばかげた資本主義……。しかし……判決はくだされた、過去にたいして……われわれの全人生にたいして……。残ったのはスターリンだけだ……。収容所群島と……。あの時代の映画はすばらしいものでしたよ。しあわせな歌でしたよ。おしえてください、なぜなのか。わたしに答えてください……。少し考えて、答えてください……。なぜいまはあのような映画がないのですか。なぜあのような歌がないのですか。人を鼓舞しなくてはならない、士気を高めなくては。理想が必要なのです……。そうすれば強い国家になります。ソーセージは理想にはなりえない、満杯の冷蔵庫は理想ではない。メルセデスも理想ではない。必要なのはかがやく理想なんですよ！　わが国にはそれがあったのです。

新聞で……ラジオで、テレビでさけんでいた。真実を、真実を！　集会で要求していた。真実を！　悪い、ひじょうに悪い……。ひじょうに悪い！　われわれはもうじきみんな死んでしまう！　民族が消えてしまうと！　真実がだれに必要ですか、このような真実が。フランス国民公会に群衆がなだれこんで、ロベスピエールの死刑を要求したとき、彼らがほんとうに正しかったといえるのですか。群衆にくみし、群衆になることが……。われわれは、パニックを許してはならなかった……。わたしの仕事……務めだ……。（沈黙）わたしが犯罪者だというのなら、なぜわたしの孫むすめは……。わたしのあの子は……。あの子も病気なのです。娘はあの春に出産し、おくるみにつつんだあの子をスラヴゴロドのわたしたちのもとにつれてきた。乳母車に乗せて。やってきたのは原発事故の数週間後だった……。ヘリコプターが飛び、道路には軍用車がいた……。妻がいう。「あの子たちを親戚の家にあずけなくちゃ。お願い、ここからつれだしてやって」。わたしは党の地区委員会第一書記だった……。そんなことは絶対にできんといった。「わたしが自分の娘と小さな孫をよそにつれだしたら、住民はなんと思うかね。彼らの子どもたちはここに残っているんだよ」。こそこそ逃げだそうとする連中、自分だけが安全でいようとする連中を……わたしは地区委員会の事務局に呼びだしたものだ。「きみは共産主義者か、それともちがうのか」。人物チェックができたんですよ。わたしが犯罪者だというのなら、自分の孫を殺そうとするどんな理由があるというのか。（このあと支離滅裂）わたし自身……。あの子は……。わたしの家に……。（少し時間がたって落ちつく）

最初の数か月……。ウクライナは大騒ぎだったが、わがベラルーシは落ちついたものだった。種まきの真っ最中でした。わたしはかくれてはいなかった、執務室に引きこもってはいなかった、農地や牧草地をかけずりまわっていた。住民は耕し、種をまいていた。お忘れですね、チェルノブイリ以前、原子力は平和な働き手と呼ばれ、原子力時代に生きていることを誇りに思っていたじゃありませんか。原子力の恐怖はおぼえていない……。あのころ、われわれはまだ未来をおそれていなかった……。しかしまあ、党の地区委員会第一書記がどれほどのものだというのですか。ふつうの大学を卒業したふつうの人間で、おおかたの者は技師や農業技師なのですよ。ある者は、さらに党の上級学校を終えている。放射能についてわたしが知っているのは、民間防衛講座でわれわれに講義するのが間に合ったことだけだ。そこでは、牛乳のセシウム、ストロンチウムについてはなにも聞かなかった……。われわれはセシウム入りの牛乳を牛乳工場に運んでいた。肉を供出していた。四〇キュリーの牧草を刈り取っていた。供出割当を達成しようとしていた……。全責任をもって……。わたしは強引に取り立てていたのです。上ではわれわれの供出割当を撤回してくれませんでしたからね……。

もうひと筆……いわば描写につけたすなら……。最初の数日、住民が感じていたのは恐怖だけではなかった、高揚感もあったのです。わたしは、自己保存本能に欠けている人間です。これがふつうなのです、なぜなら、強い義務感を抱いているから。こんな人間はあのころおおぜいいた、わたしひとりじゃない……。わたしの机のうえには数十通の請願書が置かれていた。「チェルノブイリへの派遣をお願いします」。心の呼びかけるままに！　人びとは自分を犠牲にする覚悟ができていた、迷うことなく、見返りを求めることなく。あなたがたがなにを書こうとも、ソヴィエト人気質というものがあったのです。そしていたのですよ、ソヴィエト人が。あなたがたがなにを書こうとも、どんなにたくみに否認しようとも……。あなたがたはこんな人間がまた惜しくなる。こんな人間のことを思い出すのですよ……。

科学者たちがやってきて、どなり合いになるほど、声がかれるほど、議論していた。わたしはひとりの科学者のそばによった。「ここの子どもたちは放射能の砂場で遊んでいるんですか」。彼は答えた。「騒ぎ屋だ！　素人だ！　放射能のなにがわかっているんですか。わたしは核物理学者です。核爆発の一時間後にジープで爆心地に行ったことがあるんですよ。溶けた大地を通って。なんだってパニックのタネをまくんですか」。わたしは彼らを信じていた。職員たちを執務室に呼びだしていた。「諸君、わたしが逃げだし、きみたちが逃げだせば、住民はわれわれのことをなんと思うだろうか。共産党員が職務を放棄したといわれるんだよ」。ことばや感情で説得できないときは、べつの手だ。「きみは愛国者か、それともちがうのか？　愛国者でないなら、党員証を机におけ。すてろ！」。何人かがすてましたよ……。

なにか変だと思いはじめた……。いろいろ気づいた……。われわれは核物理学研究所と契約し、土壌の検査を依頼したのです。彼らは牧草や黒土層を採取して、ミンスクの研究所に持ち帰った。そこで分析するのです。ところが電話がかかってきた。「車を手配して、土壌を引き取ってください」「ご冗談を。ミンスクまで四〇〇キロもあるんですよ……」。受話器が手から落っこちそうになった。土壌を引き取れだって？「いえ、まじめな話です」という返事。「あなたがたのサンプルは通達により放射性廃棄物埋設所に埋めなくてはなりません。鉄筋コンクリート製の地下貯蔵庫に。ベラルーシ全土からうちに持ちこまれるものですから、この一か月で満杯なんです」。どう思いますか。われわれはこの土壌のうえで耕し、種をまいている。子どもらが遊んでいる……。牛乳や肉の供出割当分をだせといわれている。穀物でアルコールを作った。リンゴ、梨、さくらんぼは、ジュース用にまわした……。

疎開……。だれかが空のうえからながめていたなら、第三次世界大戦がはじまったと思っただろう……。ひとつの村を疎開させ、つぎの村にはあらかじめ告げておく。一週間後に疎開だと。その一週間のあいだ、住民はわらを積みあげ、草を刈り、畑をほりかえし、薪を割っている。ふだんと変わらぬ生活。なにが起きているのか、理解していないのです。でも一週間後には、彼らは軍の車でつれだされる……。会議につぐ会議、出張につぐ出張、説教につぐ説教、不眠の夜。じつに多くのことがあった。ああそういえば、ミンスクの党市委員会の建物のそばに男が立っていたのです、「国民にヨウ素剤をあたえよ」というプラカードをもって。暑い日だった。男はレインコートを着ていた……。

（わたしたちの会話のはじめにもどる）

あなたはお忘れなのですよ……。あのころ……原子力発電所は、未来だった。わたしは一度ならず演説した。宣伝した……。ある原発を訪問したことがあるのです。静かで、厳粛。清潔だった。隅にいくつかの赤い旗と「生産性向上競争勝利者」のペナント。われわれの未来だ……。われわれは幸福な社会でくらしていた。われわれはしあわせなんだと教えられ、そしてしあわせだった。わたしは自由だった、わたしの自由が自由ではないと考える人間がいようとは、理解すらできなかった。こんどは歴史がわれわれを抹消した、われわれが存在していないかのように。いまソルジェニーツィンを読んでいるのです……。考えている……。（沈黙）孫むすめは白血病……。わたしはすべてに対して支払った……高い代償を……。

わたしは自分の時代の人間なのです……。犯罪者ではない……。

ソヴィエト政権擁護者

（名を明かさなかった）

おいこら……くそっ……おい！（ひどく汚い罵言）てめえら、スターリンがいないから勝手なことをやってるな！　鉄の腕がないから……。

なんでここで録音してんだ？　だれの許可をもらった？　写真を撮ってるな……。そのおもちゃをしまえ……。ひっこめろよ。でないとたたきこわすぞ。こいつめ、よくもきやがったな！　こっちはくらしてんだ。苦しんでんだ、なのにてめえらは書くつもりだ。へぼ作家めが！　国民を混乱させ……暴動を起こしている……いらぬことをさぐりだそうとしている。いまじゃ秩序がない、秩序ってもんが！　こいつめ、よくもきやがったな……。テープレコーダーを持って……。

そうだよ、おれは擁護しているんだ！　ソヴィエト政権を擁護している。おれたちの政権を。人民の政権を！　ソヴィエト政権の時代におれたちは強かった、みんなに恐れられていた。世界じゅうがおれたちに注目していた！　恐怖でふるえる者がいて、うらやむ者がいた。ケッ！　それがいまじゃどうだ？　いまじゃ？　民主主義の時代じゃ？　おれたちのところに運ばれてくるのは、「スニッカーズ」や店晒しのマーガリン、期限切れのくすり、ジーンズの古着だ。つい最近木から、ヤシの木からおりた原住民のところに運ぶように。国家を思うと胸が痛むよ！　こいつめ、よくもきやがったな……。強い国だった！　ケッ！　ゴルバチョフが皇帝の地位にかけあがるまではな……。アザつき悪魔め！　ゴルビーだよ……ゴルビーがやつらの計画通りにやりやがった。ＣＩＡの計画通りに……。てめえら、このうえなにか言い分でもあんのか。こいつめ……。チェルノブイリを爆破したのはやつらだ……。ＣＩＡと民主主義者だ……。新聞で読んだよ……。チェルノブイリが爆発しなかったら、国家が崩壊することはなかったと。大国が！　ケッ！（ふたたび汚い罵言）いいか……。共産主義者の時代にはパンひとかたまりが二〇コペイカだった、それがいまじゃ二〇〇〇ルーブルだ。三ルーブルあればウォッカ一本とつまみも買えたんだよ……。民主主義者の時代になったらどうだ？　おれは二か月もズボンを買うことができん。綿入れ上着もやぶれたのを着てんだよ。おれたちときたらなにもかも売っぱらった！　借金のカタにした！　おれたちの孫は返しきれんだろうよ……。

おれは酔っぱらいじゃねえぞ、おれは共産主義者に賛成だ！　あいつらはおれたちの味方、庶民の味方だった。おとぎ話はいらんよ！　民主主義だの……。検閲が廃止された。なんでも書きたい放題だ。自由な人間……。ケッ！　その自由な人間とやらが死んでも、埋葬してやるカネがないんだよ。おれたちのとこでバアさんが死んだ。ひとりぐらしで、子どももがいなかった。二日間、かわいそうによ、家に置かれたままだった。古いカーディガンをきて……イコンのしたに……。ひつぎが買えなかったんだ……。バアさんはその昔、スタハーノフ運動に熱心で、班長だった。おれたちは二日間農場にでなかったよ。集会をやったんだ。ケッ！　そしたら集団農場の議長が演説した……。みんなの前で……約束した。こんどは人が死んだとき、集団農場がタダでくれるとよ。木のひつぎ、このへんじゃ「トルナ」というんだが、それと追悼の会食用に子牛か子豚を一頭、ウォッカ二箱。民主主義者の時代には……ウォッカ二箱だ……タダでくれんのは！　ひとりに一本なら酒盛り、半本なら治療。放射能のくすりだ……。

てめえ、なんで録音せんのだ？　おれの話を。てめえに都合のいいことだけ録音してんだな。国民を混乱させ……暴動を起こしている……。政治資金が必要なのか？　ドルでポケットをぱんぱんにしたいのか？　こっちはここで生きてんだ……苦しんでんだ……。それなのに、責任をとるべきやつらがいない！　名前をおしえてくれよ、責任をとるべきやつらの。おれは共産主義者に賛成だ。あいつらがもどってきたら、すぐに悪いやつらをみつけてくれるよ。ケッ！　こいつめ、よくもきやがるもんだ……録音できるもんだ……。

おいこら……くそっ……。

ふたりの天使が小さなオーレンカを迎えにきた

イリーナ・キセリョワ
ジャーナリスト

わたしは資料を持っています……。家の本棚はどれもぶあついファイルでぎっしり。あまりに多くのことを知りすぎていて、もう書けないんです……。
七年間集めていました――新聞の切り抜き、通達。チラシ……。自分の小記事……。数字もあります。ぜんぶさしあげるわ……。わたしにできるのは闘うことです。デモやピケの組織、薬の入手、病気の子どもたちのお見舞い。でも、書くことはできない。やってください……。わたし自身は感じることが多すぎて、気持ちの整理がつかない、いろんな思いがわたしを動けなくする。ジャマをするんです。すでにチェルノブイリの汚染地にくわしい人たち、書きつづけている人たちがいる。でも、わたしは、このテーマにつけこんでいる人たちの輪のなかにはいりたくないんです。正直に書かなくてはならない、すべてを書かなくては……。（考え込む）

四月のあたたかい雨……。七年たってもあの雨が忘れられない……。雨粒が水銀のようにころがり落ちていた。放射能って無色なんですって？　でも、水たまりは緑色や明るい黄色でしたよ。近所の女性が小声でおしえてくれたんです、「ラジオ・フリー・ヨーロッパ」がチェルノブイリ原発の事故を報じたと。わたしはまったく重視しませんでした。もし、なにか深刻なことがあれば国民に正式に通告があるはずだと、絶対的な確信がありましたから。特殊機器も、特殊警報装置も、防空壕もあるんです。警告があるはず。わたしたちはそう信じて疑いませんでした！　全員が民間防衛講座で学んだのです。わたし自身、そこで講義をし……試験をしたことがあった……。ところが、その日の夜、近所の女性がなにか粉薬をもってやってきたんです。彼女はそれを親戚の男性からもらい、飲み方をおそわり、黙っていることを約束させられていた。他言無用だと！　その男性は核物理学研究所で働いていて、電話でのやりとりと質問をとくに恐れていたそう……。

そのころ、わたしの家には小さな孫がくらしていました……。わたし？　わたしもやっぱり信じられなかった。わたしたちのなかに、あの粉薬を飲んだ人はいないと思いますよ。わたしたちはとても信じやすい人間だったのです……。上の世代だけでなく、若い世代も……。

最初の印象、最初のうわさを思い出します……。ひとつの時代からべつの時代へわたしは移りつつある、ある状況からべつの状況へ……。こっちからあっちへ……。ものを書く人間として、この移行について考えていて、移行は興味深いことでした。わたしの内にどうもふたりの人間がいるみたいなんです――チェルノブイリ前のわたしと、チェルノブイリ当時のわたし。ところが、いまとなっては「前のわたし」を完全に正確に思い出すのはむずかしい。ものを見るわたしの目が変わってしまったから……。

最初の日々から立入禁止区域に通っていました……。覚えているんです、ある村で車を止めたとき、わたしを呆然とさせたのは――静寂！　鳥がいない、なにもいない……。通りを歩く……静まりかえっている。まあね、家々が死に絶えているのはともかく、住民が去って、だれもいないのですから。けれど、あたり一面がなりをひそめているんです、一羽の鳥もいない。はじめて見たんです、鳥のいない、蚊のいない大地を……。なにも飛んでいなかった……。

わたしたちはチュジャニ村につきました。一五〇キュリー……。マリノフカ村、五九キュリー……。住民の被曝線量は、核爆弾実験地区、核実験場の警備兵の数百倍もありました。数百倍も、ですよ！線量計が音をたて、針はふりきれんばかり……。それなのに、集団農場の事務所には掲示がさがっている。地区の放射線専門家の署名入りです。「タマネギ、サラダ菜、トマト、キュウリ、すべて食べられます」。どれも畑で育っていて、みんなが食べているんです。

いまになって彼らはなにをいっていますか。地区のこの放射線専門家たち、党の地区委員会の書記たちは？　なんといって自分を正当化していますか。

どこの村でもおおぜいの酔っぱらいにあいました。女たちですら一杯きげんで歩いていました。とくに、搾乳係、子牛の飼育係が。歌をうたっていた……当時はやりの歌です。「でも、おれたちゃへっちゃらさ。でも、おれたちゃへっちゃらさ」。要するに、知ったこっちゃない、と。映画『ダイヤモンドの腕』の歌です。

そのマリノフカ村(チェリコフ地区)で幼稚園によりました。子どもたちが庭であそんでいる……小さな子は砂場でハイハイ……。園長先生が説明してくれる、砂は毎月入れ替えている、どこからか運ばれてくると。想像がつきます、どこから運んでくることができたか。子どもたちは悲しげで……わたしたちが冗談をいっても、にこりともしない……。保母さんが泣きだした。「わらわそうとしないで。この園の子どもたちはわらわないんです。寝ながら泣いているんです」。通りで新生児をつれた女性にあいました。「ここで生んでもいいって、だれがいったの。五九キュリーもあるのに……」「放射線科の先生がきたんです。おむつを外に干さないように助言されただけ」。住民は説得されていたんです、村を出ていかないように、村に残っているように。そりゃそうでしょ、労働力なんだから! 村が移住させられたあとも……永久に、疎開させられたあとも……それでもやはり農作業のために住民がつれてこられていたのです。ジャガイモの収穫のために……。

いまになって彼らはなにをいっていますか。地区や州の委員会の書記たちは? なんといって自分を正当化していますか。だれが責任を負うべきだといっていますか。

通達をたくさんとってあるんです……極秘扱いの。すべてさしあげるわ……。汚染鶏肉の加工に関する通達……。鶏肉加工工場で求められていたのは、汚染領域で放射性元素に接するときと同様の服装です。ゴム手袋、ゴム製の上っ張り、長靴など。もし、鶏肉が何キュリーなら、塩水でゆで、ゆで水は下水にながし、肉はペーストやソーセージに加える。また何キュリーなら、家畜用飼料の骨粉に加える……。そうやって肉の供出割当が達成されていたのです。汚染地の子牛はほかの地区に安値で売られていました。きれいな地区に。子牛を運んでいた運転手が、子牛はこっけいだったと話していました。毛が地面に届くほどで、ボロ布でも紙でもなんでも食べるほど飢えていた。エサをやるのはラクだったと！　売られた先は集団農場でしたが、欲しい人がいれば引きとることができたのです。個人の農家用に。まちがいなく刑事事件ですよ。刑事事件なんです！

　道で一台の車にあいました……。トラックがのろのろ走っていた。葬列のように……。止めました。ハンドルを握っていたのは若者。たずねます。「具合でも悪いんじゃないの。こんなにのろのろ走って」「いや、放射能の土を運んでるんで」。この暑さ！　ひどいほこり！「あなた、気は確かなの！これからまだ結婚して子どもをつくらなくちゃいけないのに」「でも、ほかにありますか、一回運んで五〇ルーブル稼げるところが」。当時五〇ルーブルあればりっぱなスーツが買えました。放射能のことよりも、割増金のことをたっぷり聞かされたのです。割増金とスズメの涙ほどの上乗せの話を……。命の価値という観点からすれば、スズメの涙ほどの……。

　悲劇性とこっけいさがとなりあわせでした……。

　家のそばのベンチにおばあさんたちがこしかけている。子どもたちがあそんでいる。測ってみると、七〇キュリー……。

「この子たちはどこからきたの？」

「ミンスクからきただよ、夏のあいだな」

「えーっ！　ここはものすごい放射能ですよ！」

「放射能のことならおまえさんにおそわらなくてもけっこう！　あたしら見ちゃっただよ」

「放射能は目で見ることはできません！」

「ほれ、あっち見て。建てかけの家があるだろ、住人がほっぽりだしていっちゃっただよ。こわくなっちまっただ。あたしら、夜いって見るだよ……。窓からのぞくと……あいつ、放射能とかいうやつが、梁のしたにすわってるだよ。獰猛そうなやつで目がぎらぎら……まっくろけ……」

「ありえませんっ！」

「そんなら誓ってもいいだよ。十字をきってもいいだよ！」

十字をきる。女たちは楽しげに十字をきる。自分たちをあざわらっているのか、わたしたちをあざわらっているのか。

汚染地を訪問したあとは、編集部に集まります。「そっちはどう？」とたずねあう。「万事順調よ！」「順調だって？　鏡を見てごらん。白髪になってるじゃない！」。小話があらわれました。チェルノブイリの小話がいろいろ。いちばん短いのは「ベラルーシ人はりっぱな国民でした」。

課題をもらった――疎開の記事を書くこと……。ポレーシエにはこんな言い伝えがあります。家にもどってきたいなら、長旅のまえに木を一本植えよ。村に到着……。一軒の家の庭にはいる、つぎの家の庭に……。みんなが木を植えている。三軒目の庭にはいって、しゃがんで泣きだした。おくさんが見せてくれた。「娘夫婦はプラムを植えたよ、次女はアロニア、長男はガマズミ、下の息子はネコヤナギ。あたしと亭主はリンゴの若木をふたりで植えた」。別れぎわにおくさんに頼まれた。「イチゴの苗がいっぱいあるんだよ。庭にいっぱい。うちの苗を持ってってちょうだい」。おくさんはなにか残ってほしかったんです、自分が生きた証が……。

わたしは少ししか書くことができなかった。少ししか……。いつも先延ばしにしていたんです。いつかすわって思いだそうと。休暇にいったときとか……。

あ、いまね……ちらっと記憶に浮かんだの……。村の共同墓地が……。門のそばに標識が立ってた、「高放射能。立入禁止」。いわゆる「あの世」でさえも、そうやすやすとはいけないってことよ。（と

つぜんわらいだす。長い会話のなかではじめて）

原子炉のそばで写真を撮るのが厳禁だったという話は、お聞きになりましたか。特別に許可された場合だけでした。カメラが没収されていたんです。あそこで任務についていた兵士たちは、アフガニスタンとおなじように、出発前に所持品検査をされていました。写真も証拠品もなにひとつ持ちださせないために。テレビ関係者はKGBにフィルムをとりあげられ、返されたときには感光されていました。どれほどのドキュメントが葬られたことか。証拠事実が。科学にとっての損失、歴史にとっての損失です。それを命じていた人たちをみつければいい……。

彼らはなんといって自分を正当化するのでしょうか。どんないいわけをするのでしょうか。

わたしは、ぜったいに彼らを正当化できない……。ぜったいに！　ひとりの少女のために……。その子は病院でおどっていた、ポルカをおどってくれた。その日は九歳のお誕生日。それは見事におどっていた……。二か月後、母親が電話をかけてきた。「オーレンカが死にそうなの！」。それなのに、わたしにはその日病院にかけつけるだけの気力がなかった。悔やんでも悔やみきれません。オーレンカには妹がいました。その子が朝、目を覚ましていったのです。「ママ、夢のなかでね、天使がふたり飛んできて、うちのオーレンカをつれてっちゃった。オーレンカは天国で楽しいんだよって、天使がいった。もうどこも痛くないんだよって。ママ、うちのオーレンカをふたりの天使がつれてっちゃった」

わたしはだれも正当化することができない……。

他者にたいするひとりの人間の法外な権力

ワシーリイ・ボリソヴィチ・ネステレンコ
ベラルーシ科学アカデミー核エネルギー研究所、元所長

わたしは人文学者ではない、物理学者です。ですから事実を、事実のみを……。チェルノブイリの責任はいつかとることになるでしょう……。そういう時代がやってきますよ、一九三七年のように、責任を問われるときが。たとえそれが五〇年後であろうと！　老人になっていようと……死んでいようと……彼らは責任をとるのです、犯罪者なのですから！（しばらく沈黙）事実が消えてしまわないようにしなくてはならない……事実が！　事実が要求されるのです……。

あの日、四月二六日……。わたしは出張先のモスクワにいた。そこで事故を知りました。

ミンスクのスリュニコフ・ベラルーシ中央委員会第一書記に電話をかけたが、一度目、二度目、三度目、つないでもらえない。彼の補佐役をさがした（彼はわたしをよく知っている）。

「いまモスクワなんですが、スリュニコフ氏につないでください。大至急伝えたいことがあります。事故の情報です！」

政府の直通回線でかけたのですが、すでにすべてが極秘扱いにされていた。事故のことを話しはじめるだけで、すぐに通話が切られるのです。監視されている。当然ですよ！　盗聴しているのです。しかるべき機関……国家のなかの国家が……。それもですね、電話の相手は中央委員会第一書記だというのに……。わたしですか？　わたしはベラルーシ科学アカデミー核エネルギー研究所の所長。教授で、科学アカデミー準会員……。しかし、このわたしにも秘密にされていたのです……。

二時間かかって、それでもスリュニコフ自身が受話器をとった。わたしは報告する。

「事故は深刻です。わたしの計算では（すでにモスクワで何人かと話しあい、数字を出していた）放射能の雲はわれわれにむかって動いています。ベラルーシに。ただちに住民へのヨウ素剤予防投与を実施し、原発周辺に住むすべての住民を移住させる必要があります。一〇〇キロ圏内の住民と家畜をたちのかせなくてはなりません」

「すでに報告は受けているよ」。スリュニコフがいう。「あそこで火事があったが、鎮火したということだ」

わたしはこらえきれずにいう。

「それはうそです！ 歴然たるうそですよ！ 黒鉛の燃える速さは一時間に五トンです。物理学者ならだれでもあなたにそう教えてくれますよ。黒鉛がどのくらいの時間燃えるか、おわかりになるでしょ！」

いちばん早い列車でミンスクに発つ。眠れない夜。朝には家だ。息子の甲状腺を測ってみる――毎時一八〇マイクロレントゲン！ 当時、甲状腺はかっこうの線量計でした。ヨウ化カリウムが必要だった。これはふつうのヨウ素です。子どもにはコップ半分のキセーリに二、三滴、おとなには三、四滴。原子炉は一〇日間燃えていたから、一〇日間そうする必要があったのです。しかし、わたしたちのことばに耳をかす人間はいませんでした！ 科学者や医者のことばに。科学は政治に仕え、医学も政治にまきこまれていた。そうなんですよ。忘れちゃならないのは、このすべてが起きた背景にあった意識、一〇年前の、あのときのわたしたちがどんな人間であったかということです。KGBが活動していた、秘密捜査があった。「西側の声」は妨害電波でかきけされていた。タブーの山、山、党機密、軍事機密……。通達の数々……。おまけにわたしたち全員が、ソ連の平和の原子力は、泥炭や石炭と同様に、安全であるという教育をうけていた。わたしたちは恐怖と先入観でがんじがらめにされた人間だった。信念という迷信で……。しかし、事実、事実のみを……。

おなじくその日……四月二七日、わたしは、ウクライナに隣接するゴメリ州にでかけることにした。各地区の中心の町、ブラーギン、ホイニキ、ナロヴリャに。それらの町から原発まではわずか数十キロほどだ。わたしに必要なのは完全な情報。測定器を手にし、空気中の放射線量を測ることです。ブラーギンでは毎時三万マイクロレントゲン、ナロヴリャでは毎時二万八〇〇〇マイクロレントゲンだった……。住民は種をまき、耕している。パスハの準備をしている……卵に色をつけたり、クリーチを焼いたり……。放射能がなんだって？　はあ、なにそれ？　命令はなにもきてないよ。上から照会があるのは進行状況報告なのです。種まきは進んでいるか、進み具合はどうか。わたしは狂人を見るような目でみられた。「どこの方ですか。なんの話をしてるんですか、教授」。レントゲン、マイクロレントゲン……異星人の言語だ……。

ミンスクにもどる。大通りでは、ピロシキ、アイスクリーム、ひき肉、菓子パンがさかんに売られている。放射能雲のしたで……。

四月二九日。すべてを正確に覚えているのです……日時を……。午前八時、わたしはすでにスリュニコフの秘書室にいた。なんども執務室に入れてもらおうとする。通してくれない。そうやって夕方の五時半になった。五時半にスリュニコフの執務室から出てきたのはベラルーシの有名な詩人で、知人だった。

「ベラルーシ文化の諸問題について、スリュニコフ氏と論じていましたよ」

「その文化を発展させる人間がじきにいなくなるんですよ！」。わたしはカッとなった。「いますぐチェルノブイリ周辺の住民を移住させて救わなければ、あなたの本を読む人間もいなくなりますよ！」

「えーっ、そうなんですか⁉　あそこは完全に鎮火してますよ」

やっとのことでスリュニコフの執務室にはいることができた。きのう見てきた光景を話す。住民を救わなければならない！　ウクライナ（わたしはすでにウクライナに電話をかけていた）では疎開がはじまっている。

「あんたの研究所の放射線測定員はなんだね、町を走りまわって、パニックの種をまき散らしておるじゃないか！　わたしはモスクワに指示をあおいだんだ、イリイン・科学アカデミー会員に。ここは万事順調だ……。決壊箇所には軍隊、軍用車、軍用機が投入されている。原発では政府委員会、検察庁が活動している。あそこで解明している……。冷戦中だということを忘れるな。われわれは敵にかこまれているんだ……」

わたしたちの大地にはすでに、数千トンのセシウム、ヨウ素、鉛、ジルコニウム、カドミウム、ベリリウム、ホウ素、量不明のプルトニウム（チェルノブイリ原発のようなウラン・黒鉛原子炉ＲＢＭＫ型では、原子爆弾の原料となる兵器用プルトニウムが作られていた）が積もっていた――ぜんぶで四五〇種類の放射性核種が。これはヒロシマに投下された原子爆弾三五〇個に相当する量です。物理学について話す必要があった。物理学の法則について。ところが、話されていたのは敵のこと。敵をさがしていたのです。

この責任は早晩とることになるのです。「あなたはいつの日か釈明することになりますよ」。わたしはスリュニコフにいった。「自分はトラクターは作れるが（彼はトラクター工場長だった）放射能にはうとかったんだと。だが、わたしは物理学者なんです、結果がどのようなものかわかっているのですよ」。しかし、これはいかがなものか。一介の教授、物理学者らが党中央委員会にあえてもの申すというのは。いやいや、彼らはギャングの一味ではなかった。どうみても無知とコーポラティズムの結託。彼らの生活方針、機関で身につけたことは——でしゃばらないこと、ご機嫌とりをすること。スリュニコフはちょうどモスクワへ栄転することになっていた。それも近いうちに！　電話があったのでしょう、クレムリンの……ゴルバチョフから……。きみたちベラルーシ人は、そっちでパニックを起こさないでくれたまえ、ただでさえ西側が騒いでいるのだからと。ゲームのルールはこう。上にいるおえらがたの気に染まぬことをすれば、昇進はストップし、割りあてられるのはべつの旅行クーポン、べつのダーチャ……。気に入られなくてはならないのです……。もしわが国が、以前のように閉鎖体制のまま、鉄のカーテンに囲まれたままだとしたら、住民はいまだに原発のすぐとなりでくらしていただろう。極秘にされていただろう！　思い出してください、キシュティム〔ウラル地方にある核廃棄物貯蔵所、一九五七年核爆発事故が起きた〕、セミパラチンスク〔旧ソヴィエト連邦カザフ共和国の核実験場〕を……。スターリンの国。依然としてスターリンの国なのですよ……。

核戦争危機対応マニュアルでは、ただちに住民にたいしてヨウ素剤予防投与を実施するように指示されています。危機のときに、ですよ！　ところがいま……毎時三〇〇〇マイクロレントゲン……。しかし、彼らが心配しているのは人びとのことではなく、政府のこと。政府の国であって、人びとの国ではないのです。国家の優先性が明白だ。人の命の価値がゼロにされていた。方法はあったのですよ！　わたしたちは提案していた……。公表なしで、パニックなしで……。飲料水がとられている貯水池にヨウ素剤をいれるだけ、牛乳に添加するだけ。まあ、水の味……牛乳の味がちょっと変だと感じるかもしれないが……。ミンスクには七〇〇キログラムのヨウ素剤が準備されていた。倉庫に眠ったままだ……。貯蔵庫に……。上からの怒りのほうが原子よりも恐怖なのです。一人ひとりが電話や命令を待っていたが、自分からはなにもやらなかった。個人責任という恐怖です。わたしは書類カバンに線量計をいれて持ち歩いていた……。なんのために？　おえらがたはわたしにうんざりしていて、会ってくれなかった……。そんなとき線量計をとりだして、秘書や秘書室にいるお抱え運転手の甲状腺にあてるのです。彼らはぎょっとしたものだが、ときにこれが効を奏して、通してもらえることもあったのです。「教授、なんだってヒステリーを起こさせているんですか。あなたひとりだけじゃないでしょ、ベラルーシ国民のことに心をくだいているのは。人間はいずれにせよ、なにかで死ぬんですよ。喫煙、交通事故、自殺で」。彼らはウクライナ人を嘲笑していた。あいつらはクレムリンでへこへこして、金、医薬品、線量測定機器(不足していた)を無心しているが、うちのボス(スリュニコフ氏のことです)は一五分で状況報告を終えたと。「万事順調であります。われわれは自力でのりきります」。称賛の的だったと。「えらいぞ、ベラルーシの兄弟たちよ！」

この称賛のためにどれほどの命が失われたことか?!

わたしは、党幹部たちが自分たちだけヨウ素剤を服用していたとの情報をつかんでいます。うちの所員たちが彼らの検査をしたさい、全員の甲状腺がきれいだったのです。ヨウ素剤なしでこんなことはありえない。自分たちの子どももこっそりつれだしていた、難を避けるために。自分たちは、出張にでかけるとき、防毒マスク、特殊作業着を持っていた。ほかの人たちにはどれもなかったものです。さらに、ミンスク郊外に特別な家畜の群れが飼われていたことは、ずいぶんまえから公然たる秘密だ。一頭一頭の牛に番号札がつけられ、一人ひとりに割りあてられていた。個人に。特別な土地、特別ないないことだ。

温室……特別な管理……。もっとも嫌悪すべきは……。(少し沈黙して)この責任をまだだれもとって

わたしは面会してもらえなくなった。話を聞いてもらえなくなった。手紙を山ほど送りはじめた。報告書を。地図、数値を送りまくった。あらゆる機関にあてて。一冊のファイルに二五〇枚、ぜんぶで四冊になった。事実、事実のみを……。念のためコピーを二部とり、一部は研究所の自分の執務室におき、一部は自宅にかくした。妻がかくしてくれたのです。なぜコピーをとったのか、ですか。わたしたちには記憶があるはずだ……。このような国に住んでいるのです……。執務室はいつも自分で閉めていた。ある出張からもどってみると、ファイルが消えていた……。四冊の分厚いファイルがすべて……。しかし、わたしはウクライナ育ちで、先祖はコサックだ。コサックの血が流れている。書きつづけていた。発言しつづけていた。住民を救わなくてはならない！　ただちに移住させなくては！　わたしたちは休むひまなく出張していた。わたしたちの研究所は、最初の「汚染」地区の地図を作成したのです。南部全体が、赤い……ベラルーシ南部が赤く染まっていた。

これはもう歴史だ。犯罪史です……。

研究所の放射線モニタリング機器がすべて取りあげられた。没収されたのです。いかなる説明もなく。自宅には脅迫電話がかかってきた。「教授、住民をこわがらせるのはやめな！　マカールが子牛を放牧したことがない場所〔シベリア〕へ送ってやるぞ。意味がわからんだと？　忘れたのか。忘れるのが早すぎるな！」。所員たちも圧力をかけられ、おどされていた。

わたしはモスクワに手紙を書いたのです……。

ベラルーシ科学アカデミーのプラトーノフ総裁に呼びだされた。

「ベラルーシの民はいつの日かきみを思い出すよ。きみは、国民のために多くのことをした。しかしまずいな、モスクワに手紙を書いたのは。じつにまずい！　きみを解任しろといってきたよ。なんのために書いたのかね？　だれに向かって手を振りあげたのか、わかっているんだろ？」

わたしにあるのは、地図と数値。彼らにあるのは？　精神病院にぶちこむこともできるんだぞ……脅迫されていた。交通事故にあうかもしれないぞ……警告されていた。刑事事件で訴えられるかもしれなかった。反ソ的な言動を理由に。あるいは、研究所の管理主任が帳簿につけていないくぎの箱を理由に……。

刑事事件が提起された……。

彼らの思い通りになった。わたしは心筋梗塞で倒れたのです……。（沈黙）

すべてはファイルのなかにある……事実と数字……。犯罪的な数字だ……。

一年目……。

一〇〇万トンの「汚染」穀物が配合飼料に加工され、家畜のエサになり、その肉はあとでわたしたちの食卓にのぼった。ニワトリや豚はストロンチウム入りの骨粉をエサに与えられていた……。

村々は疎開させられていたが、農地には種がまかれていた。わたしたちの研究所のデータでは、集団農場および国営農場の三分の一がセシウム137に汚染された土地を有し、汚染密度が一平方キロあたり一五キュリーを超えることもめずらしくなかった。汚染されていない農畜産物の生産などありえない話で、長時間そこに滞在することもならなかったのです。多くの土地にストロンチウム90が降り積もっていた……。

村々では住民が自分の畑でとれたものを食べていたが、検査はされていなかった。いまどうやって生きるべきか、それを啓発する人間、教える人間がいなかった。そのような計画すらなかったのです。検査されていたのは、出荷にまわす分だけ……。モスクワへの国家納入分です……ロシアへの……。

わたしたちは村々で、無作為に子どもたちの検査をした……。数千人の少年少女たち。この子たちは——一五〇〇、二〇〇〇、三〇〇〇マイクロレントゲン。三〇〇〇マイクロレントゲン以上。この少女たち、この子たちはもう子どもは生めないだろう。遺伝子にキズがついている……。

多くの年月が流れた……。それでも、ときたま目が覚めて、寝つけないことがある……。

トラクターが農作業をしている……。わたしたちに同行する党の地区委員会の職員にたずねる。

「あの運転手は防塵マスクぐらいつけて身を守っていますか」

「いいえ、彼らは防塵マスクなしで仕事をしています」

「なんと、ここには届いていないんですか」

「とんでもない！　届いていますよ、二〇〇〇年まで十分もつほど。しかし、われわれは支給していません。そうでもしないとパニックが起きます。全員逃げだしますよ！　あちこちへ！」

「なにを奇妙なことやってるんですか」

「あなたには簡単でしょう、教授、あれこれいうのは！　職を追われても、あなたならべつの仕事が見つけられる。わたしはどこへ行けばいいんですか」

なんという権力だろう！　他者にたいするひとりの人間の法外な権力です。これはもはやだますというものではない、無実の民との戦争だ……。

プリピャチ川沿いに……テントが立ちならび、住民が家族づれでくつろいでいる。泳いだり、日光浴をしたり。彼らは、すでに数週間も放射能の雲のしたで泳ぎ、日光浴をしていることを知らない。

住民とは断じてかかわるなといわれていた。しかし、子どもの姿を目にしたときは……そばにいって説明をはじめる。おどろき……とまどい。「でも、なんでラジオやテレビはこのことをなにもいってないの」。同行者は……。通常わたしたちには、地元の役所、地区委員会の職員が同行していた。そういう規則だった……。彼は黙っている……。彼のなかでどんな感情が戦っているのか、その顔から見てとれる。報告すべきか？　やめとくか？　それにしてもかわいそうなのは住民じゃないか、と。この男だってふつうの人間なのです。しかし、わたしは知らない。わたしたちが去ったあと、どちらの感情が勝つのだろう。報告するのか、それともしないのか。一人ひとりが自分の選択をしていたのです……。（しばらく沈黙）

わたしたちはいまもなおスターリンの国……。くらしているのもスターリン時代の人間だ……。覚えているのです、キエフの……駅で……。数千人のひどくおどろいた子どもたちを乗せて、列車がつぎつぎにでていく。男たち、女たちが泣いている。わたしははじめて考えたのです、このような物理学がだれに必要なのかと。このような学問が。もし、このように大きな犠牲をはらうのであるなら……。このことはいまは知られている。チェルノブイリ原発は突貫作業で建設されたと書かれていた。ソ連式に建設されたのだと。日本人はこのような施設の建設を一二年かけてすすめているが、わが国では二、三年だ。この特殊な施設の品質と信頼性は、家畜飼育場並み。養鶏場並みなんですよ！　資材の不足が生じると、設計に目をつぶり、当時手許にあったもので間に合わせていた。そのためタービンホールの屋根にビチューメンがながされた。それなんですよ、消防士たちが消火していたのは。では、原発を運転していたのはどんな人間なのか。幹部のなかに物理学者・核物理学者はひとりもいなかった。動力技師、タービン運転員、政治教育担当者はいたが、専門家はひとりもいなかったのです。ひとりの物理学者も……。

人間は技術を発明したが、その技術への準備がまだできていない。人間は技術と対等ではない。子どもの手にピストルを持たせてよいものだろうか。わたしたちは、ムチャをしでかす子どものようなものだ。しかし、これは感情、わたしは感情を自分に禁じている……。

大地のうえ……大地のなか、水のなかに放射性核種がある、数十の放射性核種が。必要なのは放射線生態学者なのです……。しかし、ベラルーシにはいなかった、モスクワから呼ばれたのです。かつてわたしたちの科学アカデミーにはチェルカソワ教授がいた。彼女は、低線量の問題、内部被曝の問題を研究していた。彼女の研究室は、チェルノブイリの五年前に閉鎖された――わが国にはいかなる大惨事もありえない。あなたね、なにが問題なんですか。ソ連の原子力発電所は世界最先端で最高ですよ。低線量の問題って?　内部被曝の問題って?　放射能汚染食品って……と。研究者は解雇され、チェルカソワ教授は年金生活においやられた。どこかでクローク係の職につき、コートを手渡していた……。

そしてだれもなんの責任も取っていないのです……。

五年後……。子どもの甲状腺がんの発病率が三〇倍にはねあがった。先天性異常、腎臓や心臓の病気、小児糖尿病の増加が認められた……。

一〇年後……ベラルーシ人の寿命が六〇歳に縮んだ……。

わたしは歴史を信じている……歴史の裁きを……。チェルノブイリは終わっていない、はじまったばかりなのです……。

供物と祭司

ナターリヤ・アルセニエヴナ・ロスロワ
モギリョフ女性委員会「チェルノブイリの子どもたち」代表

人は朝早く起きて……自分の一日をはじめる……。

そして、考えるのは永遠についてではなく、日々の糧のこと。ところが、あなたは人びとに永遠について考えさせようとなさる。あらゆるヒューマニストがおかすあやまちです……。

チェルノブイリって、いったいなんですか。

わたしたちは村につく……。わたしたちはドイツ製の小型バスを持っていて(わたしたちの基金に贈られたものです)、子どもたちにかこまれる。「おばちゃん! おじちゃん! あたしたち、チェルノブイリ人よ。なに持ってきてくれた? なにかちょうだい。ちょうだい!!」

これなのよ、チェルノブイリって……。

汚染地へむかう途中、おばあさんにであう。刺繍いりのよそゆきのスカート、前かけ、背中に小さな包み。

「おばあちゃん、どちらまで。お呼ばれ?」

「マルキ村の……あたしんちまで……」

あそこは一四〇キュリーもあるのに! おばあさんは二五キロほども歩かなくちゃならない。一日かけて行き、一日かけてもどってくる。家の塀に二年間かかっていた三リットルびんを持ちかえる。一日けれど、おばあさんは自分の家でひとときをすごせる。

これなのよ、チェルノブイリって……。

最初の日々のなにを覚えているか。それはどうであったか、ですか。やっぱり、あそこから……。自分の人生を語るには、子ども時代からはじめるものよ。これもそう……。わたしには自分だけの起点があるんです。思い出しているのはほかのことみたい……。戦勝四〇周年記念日を思い出していました。あのとき、わたしたちのモギリョフではじめての花火が打ちあげられた。公式の式典のあと人びとはいつものように解散するのでなく、歌をうたいだした。まったく思いがけず。覚えているんです、ひとつになったあの気持ちを。四〇年たって戦争のことをみなが語りはじめた、意味づけができるようになった。それまでは、生きのびようとし、復興しようとし、子どもを生んでいた。チェルノブイリもおなじ……。いつかまたふりかえってみる日がくるんです、もっと深くわかる日が。チェルノブイリが聖地に、嘆きの壁になる日が。いまはまだ公式がない。公式がないんですよ。理念がないんです。キュリー、レム、シーベルト、これは意味づけではない。哲学ではない。世界観ではない。わが国の人間は、武器を持つか、十字架を持つか、そのどちらかでした。全歴史を通じて。そうでない人間はいなかった。いまのところいません。

わたしの母は市の民間防衛本部で働いていて、最初に知った人間のひとりです。すべての計器が作動した。各部屋にかかっていた指示書では、ただちに住民に通告し、防塵マスク、ガスマスクなどを支給することになっていました。母たちは封蠟で封印された秘密倉庫をあけた。しかし、内部はひどいありさまで、どれもこれも役にたたず、使いものにならなかった。学校のガスマスクは戦前のモデルで、サイズですら子ども用ではなかったのです。計器の針は振りきれんばかり、でも、だれもなにも理解できなかった、こんなことはいまだかつてなかったのです。計器のスイッチが切られただけ。だって、しかたないでしょ、と母はいう。「戦争が勃発したのなら、なにをすべきかわかっていたのよ。指示書があるから。でも、こんどのは？」。わが国の民間防衛のトップにいたのはだれですか。退役した将軍や大佐で、彼らの頭にある開戦はこうです。ラジオで政府声明が読みあげられる、空襲警報、フガス地雷、焼夷弾……。時代がかわったなんて、彼らにはわからない。心の切り替えが必要でした。そして切り替わった。いまではわたしたちは知っている。祝日の食卓につき、お茶を飲み……おしゃべりをしながら、わらっている、ところが、戦争はすでに進行中。自分たちが消えてしまうのに気づきもしないのだと。

民間防衛というのは、いい年をしたおじさんたちが遊んでいたゲームです。彼らはパレードと演習の責任を負っていた……。かかる費用は数百万ルーブル……。わたしたちは三日間仕事から引きはなされていた。いかなる説明もなく――ただ軍事演習だと。このゲームの名前は「核戦争にそなえて」。男たちは――兵士や消防士、女たちは――衛生協力隊員。つなぎの作業着、ブーツ、救急かばん、包帯と薬の包みが支給される。そりゃそうですよ！　ソヴィエト国民たるもの敵をりっぱにお迎えしなくてはならないのです。秘密地図、疎開プラン、これらはすべて封印された耐火金庫に保管されていた。警報が発令されたらこのプランにしたがって数分のうちに住民を立ちあがらせ、森に、安全地帯に車でつれだすことになっていた。サイレンの吹鳴。みなさん！　戦争です……。

カップや旗の授与があった。野外での打ち上げもあった。男たちは乾杯する、わが国の未来の勝利のために。そして、もちろん、女性のために！

ところが先日……これはいまの話ですが……。市内に警報が発令されたのです。みなさん！　こちらは民間防衛本部です！　一週間前のことでした……。住民は恐怖にふるえあがった、でも、いままでとはちがう恐怖です。攻撃してきたのはもうアメリカ人じゃない、ドイツ人じゃない。あそこ、チェルノブイリでなにが？　まさか、また？

一九八六年……。わたしたちはなに者でしたか。あの、科学技術による世界の終末説にみまわれたとき、どんな人間でしたか。わたしは？　わたしたちは？　わたしたち、地元のインテリには自分たちだけのグループがあった。まわりのものいっさいから距離をおき、べつの人生を生きていた。わたしたちなりの抗議の形です。自分たちだけのルールがあった。新聞『プラウダ』を読まないこと。でも、雑誌『アガニョーク』はまわし読みしていました。手綱がゆるんだばかりのころで、わたしたちはそれを満喫していた。地下出版の本を読んでいた。ついにこんな片田舎のわたしたちの手にもはいったのです。ソルジェニーツィン、シャラーモフ……ヴェネチカ・エロフェーエフを読んでいた……。おたがいの家を行ききし、台所でえんえんと語りあった。なにかに想いこがれていた。なんに？　どこかに俳優たちが住んでいる、映画スターたちが……。ねえねえ、わたしカトリーヌ・ドヌーヴになるわ……。だぶだぶのへんてこな服をきて、かわった髪に結う……。自由へのじりじりした想い……。あの、未知の世界……よその世界……自由の形としての……。けれど、これもまたゲーム。現実逃避なんです。グループのだれかは挫折して飲んだくれ、また、だれかは入党して出世階段をじょじょにのぼりはじめた。だれも信じてはいなかった、あのクレムリンの壁をぶち抜くことができるなんて。穴をあけることができるなんて、そして、壁が崩壊する日がくるなんて……少なくともわたしたちの生きている時代にはない、それはたしか。だったら、あそこで起きていることなんて、ほっとけばいい。わたしたちはここで生きていくわ、わたしたちの幻想の世界で……。

チェルノブイリ……。はじめのうちはまったくおなじ反応。わたしたちになんの関係があるの？　政府がおろおろすればいい……。あっちの問題よ、チェルノブイリって……。それに、遠くだし。わたしたちは地図でさえ見なかった。興味なし。真実なんてわたしたちにはもう必要なかった……。ところが、牛乳びんに「子ども用」と「おとな用」のラベルがあらわれたとき……。そのときになって、ええーっ！　なにかが近づいている……。そうよ、わたしは共産党員ではありませんが、やはりソ連人なんです。「今年のラディッシュの葉っぱはなんかへんだな、ビーツの葉っぱみたい」と恐怖にかられた。けれど、その晩テレビをつけると「挑発にのらないでください！」といっている。それですべての疑いが消えるんです……。メーデーのデモ行進、ですか。行けと強いる人はだれもいませんでした。ちなみに、わたしにも強制する人はいませんでした。行かないという選択もあったんです。でも、わたしたちはそうしなかった。あの年ほどおおぜいの人がいて、あんなに楽しかったメーデーの行進はほかにおぼえがありません。不安だった、もちろん、群れのなかにいたかった……。肩をくっつけて……みんなといっしょにいるために。だれかの悪口をいいたかった。おえらがたの……政府の……共産党員たちの……。いま考えているんです……。切断箇所をさがしにさがしている……。どこで切れちゃったんだろ？　切断箇所は――出発点にある……。わたしたちの自由のなさ……。自由な考えの最上級が「ラディッシュは食べてもいいのか、いけないのか」とうたがうことなんです。わたしたちの内面の自由のなさ……。

わたしは技師として化学繊維工場で働いていて、そこにはドイツの専門家グループがいました。新プラントの調整をしていたのです。わたしは、よその国の人、ほかの民族がどうふるまうかを知ったのです……ほかの世界の人たちが……。彼らは事故を知るやいなや、すぐに要求した。医者をつけてくれ、線量計を支給してくれ、食事の検査を毎回やってくれ。彼らはドイツのラジオを聞いていて、どう行動すべきかを知っていた。もちろん、なにも与えられなかった。すると、トランクに荷物をつめて、帰国の支度をした。切符を買ってくれ！　帰国させてくれ！　ぼくらの安全が保証できないのなら帰国する、と。ストライキをし、電報を打ちはじめた、自国の政府に……大統領に……。彼らは闘っていた、ここでいっしょにくらしている妻と子を守るために。自分の命を守るために！　で、わたしたちのほうは？　わたしたちのふるまいはどうだった？　おやおや、ドイツ人ってなんて人たちなの、ヒステリー持ち！　臆病！　ボルシチの放射線量を測っている、ハンバーグの……。よほどの必要がないかぎり屋外にでない……。ああ、ゆかい！　そこへいくとわが国の男たちは、これぞ男！さすがロシア男子！　命知らずよ！　原子炉と格闘中！　捨て身で立ちむかっている！　溶けた屋上にのぼっている、素手あるいは防水布のミトンをはめて（わたしたちはすでにテレビでそれを見ていた）。子どもたちは小旗をもってデモ行進に行ってる！　退役軍人たちも……。古つわものよ！（じっくり考える）けれど、これもまた一種の無知なんです、わが身にたいする恐怖心の欠落というのは。わたしたちはいつも「われわれ」といい、「わたし」とはいわない。「われわれはソ連人のヒロイズムを誇示しよう」「われわれはソ連人の気質を見せよう」。全世界に！　でも、これは「わたし」よ！「わたし」は死にたくない……「わたし」は恐れている……。

いま自分や自分の気持ちをたどるのは興味深いことです。それがどう変化していたか。分析するのは。だいぶ前に、まわりの世界により注意深くなっている自分に気づいたんです。自分のまわりと内なる世界に。チェルノブイリのあと自然にそうなっている。わたしたちは「わたし」で話すことを学びはじめた……。「わたし」は死にたくない！　「わたし」は恐れている……。でも、あのときは？わたしはボリュームを大にしてテレビをつける。生産性向上競争に勝った搾乳婦たちに赤旗が授与されている。でも、これってここのこと？　モギリョフ近くの？　セシウムのホットスポットのどまんなかにあることがわかった村でのこと？　あの村は移住が目前なのに。目前なのに……。アナウンサーの声。「住民は幾多の困難にもめげず献身的にはたらいています」「勇気とヒロイズムの奇跡」。たとえノアの大洪水が起きようとも！　革命的前進を！　そうよ、わたしは共産党員ではありませんが、やはりソ連人なのです。「みなさん、挑発にのってはいけません！」――テレビが夜も昼もがなりたてている。疑いが消えていくんです……。

（電話のベル。わたしたちが会話にもどったのは三〇分後）

わたしには、新しくであうすべての人がおもしろいんです。このことを考えている一人ひとりが……。

この先わたしたちを待っているのは、チェルノブイリを哲学として理解することです。有刺鉄線で分断されたふたつの国、ひとつは立入禁止区域そのもの、もうひとつは残りのすべて。立入禁止区域のまわりの朽ちた杭には、刺繍入りの白手ぬぐいがかかっている、十字架にかけるように。わたしたちの風習です。住民が、お墓参りをするようにそこに行くのです。テクノロジー後の世界……。時が逆行しはじめた……。そこに埋葬されているのは彼らの家だけでなく、ひとつの時代まるごとです。信仰の時代。信じていたのは科学！　平等な社会主義思想！　偉大な帝国はぼろぼろにほころびた。崩壊した。はじめにアフガニスタン、つぎにチェルノブイリ。帝国がばらばらになったあと、わたしたちだけがのこった。くちにだすのは恐ろしい、しかし、わたしたちは……わたしたちは、チェルノブイリが好きなのです。好きになった。これは、ふたたび見つけられたわたしたちの生きる意味……。わたしたちの苦悩の意味。戦争とおなじです。チェルノブイリのあと、わたしたちベラルーシ人のことを世界じゅうが知った。これはヨーロッパへの窓でした。わたしたちはチェルノブイリの供物であると同時にチェルノブイリの祭司でもあるのです。くちにだすのはこわい……。このことを理解したのは最近です……。

立入禁止区域そのものでは……。音だってちがいます。家にはいると……。『眠れる森の美女』から受けるような感じ。まだ略奪にあっていなければ、写真、調度品、家具がある……。どこかすぐそばに彼ら、住人のすがたがあってもいいはず。ときどき住人をみつけることがある……。でも、彼らが話すのはチェルノブイリのことじゃない、自分たちがだまされたということです。もらうべきものをぜんぶもらえるんだろうか、ほかの人はもっとたくさんもらうんじゃないかと、彼らは気が気じゃない。わが国の国民は、だまされているという思いをいつも抱いているんです。長い道のりのあらゆる段階において。一方ではニヒリズム、否定、他方では宿命論。権力を信じない、科学者も医者も信じない、そのくせ自分ではなにもやろうとしない。無邪気で周囲に無関心な人びと。苦悩そのもののなかに意味といいわけがみつかる、それ以外のすべてはたいして重要じゃないみたいです。農地にそって「高放射能」の立て札がならぶ。農地が耕されている。三〇キュリー……五〇キュリー……。トラクターの運転手たちは吹きさらしの運転席にすわり、放射能のほこりをすっている……。一〇年が過ぎたのに、いまだに気密運転室付きのトラクターがないんです。一〇年もたったんですよ！　わたしたちってなに者ですか。汚染された大地に住み、畑を耕し、種をまいている。子どもを生んでいる。それならわたしたちの苦悩の意味はどこにあるんだろ。あれはなんだったんだろ。あんなに多くの苦悩はなんのためだったんだろ。この頃これについて友人たちといろいろ議論するんです。たびたび意見をかわしています。なぜなら、立入禁止区域というのは、レム、キュリー、マイクロレントゲンのことじゃない。これは国民。わたしたちの国民のことだから。チェルノブイリは、わたしたちの、一度は死にかけた体制を「たすけて」しまった。また非常事態なーんちゃって……。分配。配給品。「あの戦争がなかったら」とかつて頭にたたきこまれたように、いままたすべてをチェルノブイリのせいにする手がでてきたんです。「チェルノブイリがなかったら」と。すぐに目をうるませる――悲しんでいるかのように。ちょうだい！　わたしたちにちょうだい！　分けるものがあるように。えさ箱よ！　避雷針よ！

チェルノブイリはすでに歴史です。しかし、これはわたしの仕事でもあるのです。そして日常生活。わたしは車でまわりながら……見るのです……。ベラルーシの古風な村があった。ベラルーシの百姓家。トイレもお湯もないけれど、イコンがあり、木の井戸があり、刺繍入りの白手ぬぐいがあり、敷きわらがある。もてなしの心がある。そんな百姓家の一軒にたちよって水を飲ませてもらったとき、その家のおくさんは自分とおなじくらい年季のはいった長持から刺繍入りの白手ぬぐいをとりだして、わたしにさしだす。「うちにきた思い出にもってって」。森があった、原っぱがあった。共同体と、自由の片鱗がのこっていた。家のすぐそばの土地、家屋敷、自分の雌牛が。彼らは、チェルノブイリから「ヨーロッパ」――ヨーロッパ型の町――へ移住させられはじめた。家を建てることはできる、りっぱで快適な家を。しかし、彼らとへその緒でつながっているこの広大な世界をまるごと新しい場所につくることはできない。人の精神は巨大な一撃をくらう。伝統の断絶、幾世紀も経たすべての文化の断絶。これらの新しい町に車で近づくと、それは地平線のうえに蜃気楼のようにうかぶ。さまざまな色に塗られて。空色、青色、黄色と赤。そして、町の名前は「五月の町」「太陽の町」。ヨーロッパ風コテージは百姓家の何倍も快適です。これは用意された未来なんです。しかし、未来にパラシュートでおりることはできない……。住民は原始人に変えられてしまった……。地べたにすわって待っているんです、飛行機が飛んできて、バスがやってきて、支援物資が運ばれてくるのを。チャンスが与えられたことをよろこべばいいのに。自分は地獄から抜けだせた、家がある、きれいな土地がある、だから、血液にも遺伝子にもすでにチェルノブイリがはいりこんでいるわが子を救ってやるんだ、と。彼らが待っているのは奇跡……。教会に通っている。神さまになにをお願いしていると思いますか。おなじこと――奇跡……。神さま、どうか健康を、どうか自分でなにかをやりとげる力をください、ではないんです。頼むのに慣れている……外国に頼んだり、天に頼んだり……。

彼らはこれらのコテージに住んでいる、檻のなかに住むようにして。それらはくずれかけている、ばらばらになりそうです。そこでくらしているのは自主性をもたない人間。命運のつきた人間。うらみと恐怖のなかでくらし、自分ではクギも打とうとしない。共産主義を望んでいる。待っている。汚染地に必要なのは共産主義……。そこではすべての選挙で「強硬な腕」に投票し、スターリン体制をなつかしんでいる、軍事体制を。それは彼らにしてみれば、公平の同義語なのです。そこではくらしも軍隊ふう。警察の監視所、軍服をきた人びと、検問制度、配給品。支援物資を分配する役人たち。箱にはドイツ語とロシア語で書かれている。「交換禁止。販売禁止」。たいていいつも売られているんです。どこの民営販売店でも……。

そしてまた、ゲームみたいな……宣伝ショー……。わたしは支援物資をつんだキャラバンをつれてまわるのです。他国の人びと……外国人が……キリストのために、ほかにもなにかのためにわが国にやってくる。水たまりやぬかるみのなかに、防寒着や綿入れ上着をきて立っているのはわたしの種族……。防水厚布の長靴をはいて……。「持ってこなくてもいいよ！　どうせごっそり横流しされちまうんだから！」――彼らの目はそう語っている。でも、そのすぐとなりには……小箱を、なにか外国製品のはいった箱をつかみとりたいという願いが見てとれる。わたしたちはすでに、どこにどんなおばあさんが住んでいるか知っています。自然保護区のように……。そして、とてもいやな、めちゃくちゃな願望……。だってくやしいじゃないの！　わたしはとうとつにいう。「では、いまからみなさんにごらんにいれます！　すごいものをみつけますよ！　アフリカでも見ることはできません。世界のどこにもこんなものはありません！　二〇〇キュリー、三〇〇キュリーです……」。おばあさんたち自身の変化にも、わたしは気づいています。なかなかの「映画スター」になったおばあさんも何人かいます。モノローグはすでにお手のもの、ここぞという場面では涙を見せるのです。最初の外国人がやってきたとき、彼らは黙りこくっていた、泣いていただけ。いまではもうちゃんと話せるようになった。もしかしたら、子どもたちにチューインガムが、ひと箱の洋服が……余分にころがりこむかもしれません……。そのほかにもなにか……。しかし、そのとなりにあるのは深い哲学、彼らがここで死や時間と自分たちなりに向き合っているということです。そして、自分たちの家や先祖代々の墓地をすてないのは、ドイツのチョコレートが……チューインガムがもらえるからではないのです……。

帰り道で……。わたしはいう。「ねえ、見て！　なんてうつくしい大地かしら」。太陽がひくく、ひくく傾いている。森や草原を照らしている。わたしたちはお別れです。「そうですね」。ドイツ人グループのロシア語を話せる人が答える。「うつくしい、けれども毒された大地です」。彼の手には、線量計。

それでわたしは理解するのです、この夕焼けを貴重に思うのはわたしだけなのだと。これは――わたしの大地。

子どもたちの合唱

アリョーシャ・ベリスキイ（九歳）、アーニャ・ボグシ（一〇歳）、ナターシャ・ドゥヴォレツカヤ（一六歳）、レーナ・ジュドゥロ（一五歳）、ユーラ・ジューク（一五歳）、オーリャ・ズヴォナク（一〇歳）、スネジャナ・ジネヴィチ（一六歳）、イーラ・クドゥリャチェワ（一四歳）、ユーリャ・カスコ（一一歳）、ワーニャ・コワロフ（一二歳）、ワジム・クラスノソヌィシコ（九歳）、ワーシャ・ミクリチ（一五歳）、アントン・ナシワンキン（一四歳）、マラト・タタルツェフ（一六歳）、ユーリャ・タラスキナ（一五歳）、カーチャ・シェフチュク（一四歳）、ボリス・シキルマンコフ（一六歳）。

あたし、入院してたの……。

痛くてたまらなかったから……ママにお願いしてた。「ママ、がまんできない。殺してくれたほうがいい！」って。

まっ黒な雲……。どしゃぶりの雨……。

水たまりが黄色や……緑になった……。ペンキを流したみたいに……。花粉だといわれていた……。

わたしたちは水たまりのなかを走ったりしなかった、見てただけ。おばあちゃんがわたしたちを穴蔵に閉じこめた。自分はひざまずいてお祈りを唱えていた。わたしたちにも教えてくれた。「お祈りをするんだよ！　この世の終わりなんだからね。あたしらの罪にたいして神さまが罰をくだされたんだ」。兄は八歳、わたしは六歳でした。自分たちの罪を思い出してみたんです。兄は、キイチゴのジャムのびんを割ったこと……。わたしは、ママにないしょにしてたことがあるの。新しいワンピースを塀にひっかけて破って……タンスにかくしてた。

ママはしょっちゅう黒い服をきてる。黒いスカーフをかぶってる。わたしたちの通りでは、いつもだれかのお葬式があって……泣いている。音楽が聞こえると、わたしはいそいで家にもどってお祈りをする、「われらが父よ！」を唱えるんです。

神さまに祈ります、ママとパパのために……。

兵隊さんたちが車に乗って、ぼくたちをつれにやってきた。ぼくは、戦争がはじまったんだと思った……。

兵隊さんたちの肩にはほんものの自動小銃がさがっていた。意味のわからないことばをしゃべっていたよ、「じょせん」とか「アイソトープ」とか……。旅の途中で夢をみたんだ。爆発が起きた！でもぼくは生きてる！　家がない、両親がいない。スズメだってカラスだっていない。こわくて目がさめたり、とびおきたりした……。カーテンを開けて……窓のそとを見たりした。空に、あの悪夢のキノコ雲がないかどうかって。

覚えてるんだ、兵隊さんがいっぴきのネコを追いかけてた……。ネコに線量計をあてると、自動小銃のように、カチャカチャ。ネコのあとから男の子と女の子……。その子たちのネコだ……。男の子は平気、でも、女の子はさけんでいた、「わたさないよーっ！」。走りながらさけんでいた。「ネコちゃん、早く、逃げて、逃げて！」

兵隊さんは大きなポリ袋を持っていた……。

家にぼくのハムスターを残してきたんです。閉じこめてきた。白いの。二日分のエサを置いといてやった。

でも、ぼくらは永久にもどれなくなっちゃった。

わたし、列車に乗るのははじめてでした。小さな子はわんわん泣いて、汚くなっていた。子ども二〇人に保母さんひとりで、どの子も泣いてるの。「ママーっ！　ママ、どこ？　おうちに帰りたいよーっ！」。わたしは一〇歳で、わたしくらいの女の子は小さな子のなだめ役になったの。プラットホームでおばさんたちが出迎えてくれ、列車に十字をきっていた。手作りのクッキーや牛乳、ほかほかのジャガイモを持ってきてくれた……。

わたしたちがつれていかれたのはレニングラード州です。そこでは、列車が駅に近づくと人びとがもう十字をきりながら遠くからながめていました。わたしたちの列車は恐れられていて、どの駅でも長いあいだ列車を洗っていた。ある駅でわたしたちが車両から飛びおりてビュッフェに走っていったら、もうほかの人をなかに入れないんです。「チェルノブイリの子どもたちがここでアイスを食べてるから」って。ビュッフェの女の人が電話でだれかに話していた。「あの子たちがでていったら、床を塩素で洗ってコップは煮沸します」。わたしたち、聞こえていたんです……。

お医者さんたちが出迎えてくれた。ガスマスクをつけて、ゴム手袋をはめていた……。わたしたちは洋服を取りあげられた。封筒も鉛筆もペンも、ぜーんぶ。セロハン袋に入れて、森に埋められちゃったんです。

わたしたち、すっごくこわくなっちゃった……。そのあと長いこと待ってたの、自分たちが死にはじめるのを……。

ママとパパがキスをして、わたしが生まれたの。

まえは、わたしってぜったいに死なないと思ってた。でも、いまは知ってる、死ぬんだって。いっしょに入院してた男の子がいてね……ワジク・コリンコフ……。小鳥の絵を描いてくれた。お家の絵を。死んじゃったの。死ぬのはこわくない……。うーんと長く眠ってて、ぜったいに目が覚めないってことよね。ワジクがいってたの、ワジクは死んだあと、ほかの場所で長く生きるんだって。年上の男の子がそう教えてくれたんだって。ワジクは恐れていなかったわ。

わたしが死んじゃった夢をみたの。夢のなかでママが泣いてるのが聞こえた。それで目がさめちゃった……。

わたしたちが出ていくとき……。

お話ししたいのは、おばあちゃんがどんなふうにわたしたちの家とお別れしたかということです。おばあちゃんは、父に頼んで物置からキビの袋を運びだしてもらって、庭一面にばらまいた。「神さまの小鳥たちに」って。卵をふるいに集めて、中庭にあけた。「うちのネコとイヌに」。サーロも切ってやった。自分のぜんぶの小袋からタネをふるいおとした。ニンジン、カボチャ、キュウリ、タマネギ……いろんな花のタネ……。畑にまいた。「大地で生きておくれ」。そのあとで家におじぎをした……。納屋におじぎをした……。一本一本のリンゴの木のまわりをまわって、おじぎをした……。おじいちゃんは、わたしたちが家を出るときに、帽子をとった……。

ぼくは小さかった……。

六歳、いや、八歳、だったかな。うんそうだ、八歳。いま数えてみたよ。いろんな恐怖を覚えているんだ。草の上をはだしで走るのがこわかった。死ぬよって、かあさんにおどかされたから。泳ぐのももぐるのも、すべてがこわかった。森でクルミをもぐのも、甲虫を両手につかむのも……。甲虫ってさ、地面をはってて、土が汚染されているから。アリ、チョウチョ、マルハナバチ、ぜんぶ汚染されている。かあさんが思い出していうには、ぼくにヨウ素を飲ませてはどうかって、薬局ですすめられたんだってさ、スプーン一杯ずつ！　一日三回。だけど、かあさんはこわいと思ってやらなかった……。

ぼくたちは春をまっていた。ほんとうにまたカミツレが生えてくるのかな。まえみたいに。ぼくたちのとこじゃみんながいってたんだ、世界が変化するって……。ラジオでもテレビでも……。カミツレが変わっちゃうって……変わってなんになるのかなあ。なにかべつのものに……。キツネには二本目のしっぽが生えて、針のないハリネズミが生まれて、バラには花びらがなくなるって。ヒューマノイドそっくりの人間が生まれてくるって、黄色の。髪の毛がなくて、まつげもなくて、目玉だけの。夕焼けは赤色じゃなくて、緑色になるって。

ぼくは小さかった……。八歳……。

春……。春には木の芽から、いつものように、葉っぱが顔をだした。緑色だ。リンゴの花が咲きはじめた。白だ。ウワズミザクラが香りだした。カミツレの花がひらいた。みんなまえとおなじだった。それで、ぼくらは川で釣りをしている人たちのところへ走っていった。コイにはまえとおなじように頭としっぽがあるかな？　カワカマスには？　ムクドリの巣箱を調べてみた。ムクドリが飛んできてるかな？　ひなが生まれるかな？

ぼくらはおおいそがしだった……。ぜんぶ確かめていたからね……。

おとなたちがひそひそ話していた……。ぼく、聞こえちゃったんだ……。

ぼくらの村では、ぼくが生まれた年、一九八六年から男の子も女の子も生まれていない。ぼくひとりだけ。お医者さんたちが許さなかった……。ママをこわがらせた……みたいなこと、いってたよ……。でも、ママは病院から逃げだして、おばあちゃんのとこにかくれた。そこでぼくが……みつけられちゃった……。つまりね、生まれたってこと。ぜんぶ立ち聞きしちゃった……。

弟も妹もいない。でもね、とっても欲しいんだ。子どもってどっからくるの。それがわかれば、自分でいって弟をみつけるのになあ。

おばあちゃんはいろんなふうに答えてくれるよ。

「コウノトリがくちばしで運んでくるんだよ。女の子は畑に生えてくることもある。男の子たちはキイチゴの茂みでみつかることがある、もし鳥がそこに投げこんでいればな」

ママはちがうことをいうんだ。

「あなたは空からママのとこへ落っこちてきたのよ」

「どうやって？」

「雨がふりだして、ママの腕のなかにあなたがまっすぐ落っこちてきたの」

ねえ、おばちゃんって作家だよね？　ぼくがいなかったかもしれないって、どういうこと？　そしたら、ぼくはどこにいるの？　どこか高い、空のうえ？　もしかしたら、ほかの惑星かな……。


以前は絵画展に行くのが好きでした……絵を見るのが……。

わたしたちの町にチェルノブイリ絵画展がやってきたんです……。子馬が森をかけている、足だけの子馬、足が八本も一〇本もある。頭が三つある子牛。檻のなかにすわっているのは毛のないウサギたち、プラスチックみたいなの……。草原を歩いている人びとは宇宙服……。樹木は教会よりも高くのび、花は樹木みたい……。最後まで見てまわることができなかった。こんな絵にでくわしたから。男の子が両手をのばしている、タンポポだかお日さまだかに向かって。その子の鼻は……ゾウの鼻なんです。泣きだしたくなっちゃった、さけびたくなっちゃった。「わたしたち、こんな絵画展なんかいらない！　持ってこないで！　そうでなくてもまわりではみんなが死の話をしてるのに。突然変異の話をしてるのに。見たくない！」。初日、絵画展には人がいました、訪れる人がいたんです。でも、そのあとはひとりもいなかった。モスクワやペテルブルグでは、新聞に書いてあったけど、人がおおぜいきたそうです。でもここの会場はがらがらでした。

わたしはオーストリアに治療に行ってきたんです。あそこには自宅にこんな写真をかけることができる人たちがいる。ゾウの鼻をした男の子の……。あるいは両手のかわりにアザラシのひれがついてる子の……。そして、毎日それをながめることができるんです、つらい人たちのことを忘れないために。けれど、ここに住んでいたら……これはＳＦでも芸術でもなく、現実なんです。わたしの現実……。もしわたしが選ぶのだったら、自分の部屋にはきれいな風景画をかけたいな、絵のなかのすべてがふつうのものであるように。樹木も、鳥も。ありふれたものであるように。うれしくなるものであるように……。

うつくしいもののことを考えたいの……。

事故が起きて最初の年……。

ぼくらの町ではスズメがいなくなっちゃった……。果樹園、アスファルトのうえ、どこにでもころがってた。かき集められて、落ち葉といっしょにコンテナで運ばれた。あの年は、落ち葉を燃やしちゃいけなかったんです、放射能がくっついてるから。埋められたんです。

二年後にスズメがあらわれた。ぼくらはうれしくて、大声をだしあった。「きのう、スズメを見たよ。もどってきたんだ」

コガネムシはどこかへいっちゃった。いまでもここにはいません。もしかしたら、ぼくらの先生がいうように、もどってくるのは一〇〇年後か一〇〇〇年後かもしれないなあ。ぼくだってもう見ることができないんだ……。たった九歳なのに……。

だったら、ぼくんちのおばあちゃんはどうなるの？　もうとしよりだよ……。

九月一日……。学校の始業式……。

でも、花束がひとつもないんです〔旧ソ連・ロシアでは九月一日に先生に贈る花束を持って登校する子が多い〕。

花には放射能がたくさんあるって、わたしたち、もう知ってたから。新学年がはじまるまえ、学校で働いていたのは以前のように大工さんやペンキ職人じゃなく、兵隊さんたちでした。花を刈りとり、土をとりのぞき、トレーラー付きの車でどこかへ運んでいた。古い大きな公園の樹木が伐採された。ボダイジュの古木が何本も。ナージャおばあさんは……おばあさんは、死んだ人がいる家にいつも呼ばれていた。泣き歌をうたって、お祈りをとなえるために。「雷は落ちなかった……。日照りは襲わなかった……。海はあふれなかった……。黒いひつぎのように何本も横たわっている……」。おばあさんは木を悼んで泣いた、人を悼むように。「ああ、あたしのかわいいカシの木よ……かわいいリンゴの木よ……」

一年後、わたしたち全員が疎開させられ、村は埋められました。わたしのパパは運転手で、そこに行ってきて話してくれた。最初に大きな穴を掘る……。深さ五メートル……。消防士たちがやってくる。消防用ホースで家を洗う、放射能のちりが舞いあがらないように、屋根の棟木から土台まで。窓、屋根、敷居、ぜんぶ洗うんです。そのあと、クレーンが家をひきはがし、穴に入れる……。人形、本、びんがころがってる……。ショベルカーがかき集める……。砂と粘土でぜんぶ埋めて、踏みかためる。村のかわりに平らな原っぱ。そこにはわたしたちの家が眠っている。学校も、村役場も……。わたしの植物標本と切手帳が二冊。取りにいきたかったなあ。

自転車も持っていたんです……。買ってもらったばかりの……。

わたしは一二歳です……。

いつも家にいます、障害者だから。わたしが住んでるアパートでは、郵便屋さんがわたしとおじいちゃんに年金を配達してくれます。クラスの女の子たちは、わたしが血液のがんだと知ってから、いっしょにすわるのをこわがってた。さわるのを。でも、わたしは自分の手を見てた……自分のカバン、ノートを……。ぜんぶまえとおなじ。なんでわたしをこわがるのかなあ？

お医者さんたちがいったの。わたしが病気になったのは、パパがチェルノブイリで働いてたからだって。でも、わたしが生まれたのはそのあとなのに。

わたしね、パパが好き……。

あんなにたくさんの兵隊さんを見たことがなかった……。兵隊さんたちは、木や家や屋根を洗ってた……。集団農場の牛を洗ってた……。わたし、思ったの。森の動物ってすっごくかわいそう。洗ってくれる人がいないいんだもん。みんな死んじゃう。森も洗ってくれる人がいない。森も死んじゃうって。

先生がいった。「放射能の絵を描いてください」。わたしが描いたのは、黄色い雨がふってるところ……。そして、赤い川が流れてるの……。

ぼくは小さいころから機械が好きだった……ぼくの夢は……大きくなったら父のような機械屋になることでした。父は機械に目がなかった。ぼくたちはいつもいっしょになにか組み立てたり、作ったりしていた。

父が出発した……。ぼくは、父が支度をしているのに気づかなかった。寝ていたんです。朝、母が泣きはらした顔をしていた。「パパはチェルノブイリよ」

ぼくたちは父を待っていた、戦争からもどるのを待つように……。父はもどってきて、また工場で働きはじめた。なにも話してくれなかった。でも、ぼくは学校でみんなに自慢していたんです。うちのパパはチェルノブイリからもどってきたんだ。パパは事故処理作業員なんだぞ。事故処理作業員っていうのは、事故の処理を手伝った人のことだぞ。英雄なんだからな！　男の子たちはぼくをうらやましがっていました。

一年がすぎて、父は病気になった……。

ぼくたちは病院の辻公園を散歩していた……。二度目の手術のあとだった……。そのときはじめて、チェルノブイリのことを話してくれたんです……。

父たちが作業していたのは原子炉の近く。静かで平和で、うつくしかったそうです……。でも、そのときなにかが起きていたんです。果樹園は花が咲いている。でもだれのため？　住民は村を去っていた。車でプリピャチの町を通りぬけた。ベランダには洗濯ものがさがり、鉢植えの花がある。低木のしたに郵便配達の自転車がとまっている。防水布のカバンには新聞や手紙がぎっしり。そのうえに小鳥の巣。ぼくが映画で見たような風景……。

父たちはすてなくてはいけないものを「掃除していた」。セシウムやストロンチウムに汚染された土壌をはがしていた。翌日には、すべてがまた「カチャカチャ」音をたてた。

「別れるとき握手をしてくれて、献身的行為に対する感謝のことばが書かれた証明書が手わたされた」……。父はひたすら思い出していた。最後に病院からもどったとき、ぼくたちにいった。「もし生きていられたら、化学も物理ももうこりごりだ。工場は辞めるよ……。なりたいのは牧夫だけ……」

ぼくは母とふたりになった。工科大学には進みません、母はいってほしいと思ってるけど。父が学んだ大学に……。

ぼくには小さな弟がいます……。

弟は「チェルノブイリごっこ」が好きです。防空壕を作ったり、原子炉を砂でうめたり……。あるいは、おばけのかっこうをしてみんなのあとを追いかけて、おどかしているんです。「こらあ、ぼくは放射能だぞ！　こらあ、ぼくは放射能だぞ！」

あれが起きたとき、弟はまだ生まれていませんでした。

ぼくは毎晩飛びまわっている……。

まぶしい光のなかを飛びまわっているんです……。これは現実じゃない、そして、あの世でもない。これは現実でもあり、あの世でもあり、もっとべつの世界でもあるんです。夢のなかでぼくにはわかっている、その世界のなかへはいることができて、そこにちょっといることができるって……。それとも残っていようかな。ぼくの舌はよくまわらないし、呼吸は乱れがち。でも、あそこじゃだれとも話す必要がないんだ。いつかよく似たことがすでにぼくにあった。でも、いつだったかなあ。覚えてないんだ……。ぼくの胸は、一体になりたいという願望でふくれている、でもぼくにはだれも見えない……。光しか……。それにふれることができそう、そんな感じ……。ぼくはなんて巨大なんだ！　ぼくはみんなといる、でもすでに少しはなれて、ぼくだけべつ。ひとり。まだ小さかったころ、色のついたある種の像を見たことがある、このごろ見ているようなのを。夢のなかで……。ほかのことはもうなにも考えることができない、そんな瞬間がやってきている。ただ……。とつぜん窓が開く……。不意の突風。これはなに？　どこから？　ぼくとだれかとのあいだにつながりができつつある……交流が……。でもジャマなんだよな、病院のこの灰色の壁が。ぼくってまだ弱いんだよな……。ぼくは頭で光をさえぎる、光があると見るのにジャマだからね……。ぼくはもっと高くなろう、高くなろうとした……。もっとうえのほうが見えるようになった……。

そして、母がやってきた。母はきのう病室にイコンをかけた。あのすみっこでなにかつぶやきながら、ひざまずいている。みんな黙っている。教授も、お医者さんたちも、看護師さんたちも。ぼくが気づいていない、知らないと思っている、もう先が長くないって。でも、ぼくは毎晩飛ぶ練習をしているんだ……。

飛ぶのはかんたんだって？　おおまちがいですよ。

かつて詩を書いていたことがあるんです……。五年生のとき女の子に恋をした。七年生のとき死の存在を発見した……。ぼくの好きな詩人はガルシア・ロルカ。彼の詩で覚えたんです、「悲鳴の暗い根」〔『血の婚礼』〕というのを。夜は詩がべつのひびき方をする。ちがうようにひびく……。ぼくは飛ぶ練習をはじめた……。このゲームは好みじゃない、でもしかたないよね？

ぼくのいちばんの友人はアンドレイという名前だった……。彼は二度手術をして家にもどされた。半年後に三度目の手術が待っていた……。彼は自分のベルトで首をつった……。だれもいない教室で、みんなが体育の授業に走っていったあと。走ったり跳んだりは、医者たちに禁じられていたんです。彼は学校一のサッカー選手とみなされていた。手術をするまえ……まえまではね……。

ここには友人がたくさんいたんです……。ユーリャ、カーチャ、ワジム、オクサーナ、オレグ……。

こんどはアンドレイ……。アンドレイはいってた。「ぼくらは死んだあと、科学になるんだ」。カーチャはこう考えてた。「わたしたち、死んだら忘れられちゃうのよ」。オクサーナは頼んでた。「わたしが死んでも、墓地に埋葬しないでね。墓地ってこわい、死人とカラスしかいないんだもの。原っぱに埋葬してちょうだい……」。ユーリャは泣いていた。「わたしたち死んじゃうんだ……」

ぼくにとって、いまでは空は生きたものです。空を見あげると……そこにみんながいる……。

孤独な人間の声

ワレンチナ・チモフェエヴナ・アパナセヴィチ
事故処理作業員の妻

わたし、ついこのあいだまでほんとにしあわせだったんです。どうしてって？　忘れちゃった……。すべてどこかべつの人生に残ったまま。理解できないんです……。わからないの、どうやってまた生きることができたのか。生きたい気持ちになれたのか。ほらね、わらっている、おしゃべりしている。さびしくてたまらなかった……。からだが麻痺したみたいだった……。だれかと話したかった、でも、人間じゃないだれかと。教会によく行ってた、そこはすごーく静かで、山のなかみたいなの。シーンとしている。そこでは自分の人生を忘れることができる。でも、朝になって目が覚めると……片手でさがすの……。夫はどこ？　あのひとの枕、あのひとのにおい……。見なれない小さな鳥が窓辺をかけながら小鈴をならす、さあ起きなさいって。こんな音、こんな声、以前は聞いたこともなかった。あのひとはどこ？　とてもすべては表現できない、ことばにできないものってあるんです。わからないの、どうやって生きつづけてこられたんだろ。夜になると娘がそばにくる。「ママ、もう宿題やっちゃった」。そこで思い出すんです、子どもたちがいるんだわって。でも、あのひとはどこ？「ママ、ぼく、ボタンがとれちゃった。つけて」。どうやってあのひとのあとを追いかけていけばいいんだろ。会いに。目を閉じてあのひとのことを考える、眠りに落ちるまで。あのひとは夢にでてくる。

ほんの一瞬、ちらっと。すぐに消えていく。足音だって聞こえる……。いったいどこへ消えちゃうの。あのひとは死にたくなんてなかった。窓の外をながめていた、ひたすら。空を……。背中のしたにクッションをいれてあげた、もうひとつ、またひとつ……。高くなるように。あのひとは長いあいだ死の床についていた……。まる一年よ……。わたしたち、別れられなかったんです……。（長い沈黙）

ううん、心配なさらないで。泣きだしたりしません……。泣きかたを忘れちゃった。話したいの……。つらくてつらくて、どうにもやりきれないときがあって、わたしの女友だちのように、自分にいいきかせたくなる、信じさせたくなるんです、なんにも覚えてないわって。気がくるわないために……。彼女は……。わたしたちの夫はおなじ年に死にました。いっしょにチェルノブイリに行ってたんです。彼女は、再婚するつもりよ、忘れたがっている、このドアを完全に閉じたがっている。あっちへのドアを。夫たちがでていったあとの……。ううん、気持ちはわかる。知ってるの……生きぬかなくちゃって……。彼女には子どもがいるんだもの……。わたしたちはどこかに、まだだれも行ったことがない場所に、ちょっといたんです。まだだれも見たことがないものを、見たんです。ずーっと黙っていたんですけど、あるとき列車のなかで見知らぬ人たちに語りはじめてしまった。なんのために？　ひとりじゃこわいから……。

夫がチェルノブイリに発ったのは、わたしの誕生日でした……。お客さんたちはまだ食卓についたままで、あのひとはみんなにお詫びをいった。キスをしてくれた。車はすでに窓のしたで待っていた。一九八六年一〇月一九日。わたしの誕生日……。夫は機械組立工で、ソ連全土をまわり、わたしは夫の帰りを待つ。何年もそんなくらしでした。恋人同士のようにくらしていたんです。別れては、また会って。でもあのとき……。恐怖にかられたのはわたしたちの母親のほう、あのひとの母親とわたしのママ。わたしと夫には恐怖がなかったんです。いまになって思うの、どうしてなんだろうって。だってわたしたちは知っていたんだもの、あのひとがどこへ行くのか。近所の男の子に一〇年生の物理の教科書を借りればよかった、ぱらぱらめくってみればよかった。夫はあっちで帽子をかぶっていなかったんです。一年後、仲間たちは髪の毛がすっかり抜けちゃったんですが、あのひとはぎゃくにふさふさになった。その仲間はもうだれもいない。夫の班は七人、七人全員が亡くなりました。若い男たちが……。ひとり、またひとりと……。最初の人が亡くなったのは、三年後。わたしたち、思ったんです、偶然よ。運命よねって。それから、二人目、三人目、四人目……。こんどは一人ひとりが待つようになった、いつ自分の番が、と……。そんなふうに夫たちは生きていたんです！　夫が死んだのは最後でした……。高所作業機械組立工たち……。夫たちは、移住させられた村の電気を切ってまわった、電柱にのぼった。ひとけのない家や通りをまわった。いつも高いところにいた。うえのほうに。あのひとは身長が二メートル近くあって、体重は九〇キロ、だれにこんな男が殺せたの。わたしたちは長いあいだ恐怖を感じなかったんです……。（ふとほほえむ）

ああ、わたし、ほんとにしあわせだったんです！　あのひとが帰ってきた……あのひとに会えた……。家のなかは祝日、夫が帰ってくるときはいつも祝日でした。わたしのネグリジェはすっごく長くて、すっごくきれいなの。それを着たものよ。わたしは高価な下着が好きだった、どれもすてきなの。でも、このネグリジェは特別。とっておき。わたしたちの最初の日……夜のための……。わたしは彼のからだのすみずみまで知りつくしていた、全身にキスをしてあげてた。夢に見ることだってあった、わたしが彼のからだのどこか一部で、わたしたちは一心同体だという夢。あのひとがいないとさびしくてたまらなかった、身体的につらかった。はなればなれでいると、いっとき方向感覚を失ったものです――自分がどこにいるのか、どの通りにいるのか、何時なのか……。わたしは時間の流れからこぼれ落ちていました……。帰宅したとき、すでに首のリンパ節が腫れていたんです。唇にふれたのでわかりました。大きくはなかったけれど、きいてみた。「お医者さんに行ってくれる？」。「なおるさ」とわたしを安心させた。「あっちはどうだった、チェルノブイリは？」「いつも通りの仕事だよ」。虚勢もなし、パニックもなし。ひとつのことを聞きだしました。「あそこもここともかわらない」。食堂で彼らに食事がだされ、兵卒たちは一階でヌードル入りスープや缶詰、二階ではおえらがたや将軍たちにくだもの、赤ワイン、ミネラルウォーター。清潔なテーブル掛け。一人ひとりに線量計があった。なのに、夫たちには、班全体に一台の線量計も与えられなかったんです。

海を……覚えているの。わたしと夫は海に旅行もした。記憶に残っているの、海ってとても大きい、空みたいに大きい。友人とご主人も……いっしょにでかけたんです……。で、彼女は思い出していうの。「海はきたない。コレラにかかるんじゃないかと、みんなびくびくしてた」。そのようなことが新聞に書かれていたんです……。でも、わたしの思い出はちがう……。まばゆい色で……そう、どこもかしこも海だった、空みたいに。どこまでも青い。そして、となりにあのひと。わたしって恋するために生まれてきたんです……しあわせな恋のために……。高校のとき、女の子たちの夢っていうのは、大学にはいりたいとか、共産青年同盟の建設現場に行きたいとか。でも、わたしの夢は結婚することだった。ナターシャ・ロストワ〔『戦争と平和』の登場人物〕のように大恋愛をすること。恋をすることだけ！　でも、こんなことはだれにもうちあけられなかった。だって、あのころ夢みてよかったのは共産青年同盟の建設現場だけ、でしたよね。そう吹きこまれていましたよね。シベリアへ、人跡未踏のタイガへ行くことを熱望し、うたっていましたよね。「霧をもとめて、タイガの香りをもとめて」。

高校を卒業した年、わたしは大学にはいれなかった、合格点がとれなかったんです。で、電話局で働きはじめて、そこであのひとと知りあった。わたしの当直のときに……。お嫁さんにしてもらおうって決めた、わたしのほうから頼んだの。「結婚して。めっちゃ好きなの！」。メロメロだった。すっごくハンサム……。わたしは……大空をとびまわっていた。自分から頼んだの。「結婚して」って。（ほほえむ）

たまに考えこむことがあって、自分のなぐさめになるものをいろいろさがすのです。もしかしたら、死は終わりではなく、夫は姿が変わっただけで、どこかべつの世界で生きているのかもしれない。どこか近くかなって。わたしは図書館で働き、本をたくさん読み、人とのいろんな出会いがある。死についてわたしは話したい。理解したい。なぐさめになるものをさがしている。新聞や本で知ろうとする……。劇場に行く、もし死について上演されていれば……。あのひとがいないと身体的につらい、ひとりではいられない……。

あのひとは医者に行きたがらなかった。「痛くもかゆくもないんだ。ちっともね」。でも、リンパ節はすでに卵ほどに肥大していた。むりやり車におしこんで病院につれていった。腫瘍学専門医にまわされた。ひとりの医者が診察し、べつの医者を呼んだ。「ここにまたひとりチェルノブイリの人だよ」。そして彼らはもう夫を帰さなかったのです。手術は一週間後でした。甲状腺を全摘し、喉頭をとって、何本かのチューブがその代わり。そう……。（黙りこむ）そう……。いまはわかるんです、それでもまだしあわせな時間だったって。ああ！　わたしったらなんてばかなことをやっていたんだろ。店から店へ走りまわり、お医者さんへの贈物を買っていたんです。箱入りのチョコ菓子、輸入もののリキュール。看護助手さんたちには小さな板チョコ。彼らは受け取っていました。夫にわらわれたものです。「いいかい、彼らは神さまじゃないんだ。この病院じゃ化学療法も放射線療法も全員がやってもらえるんだよ。お菓子がなくてもね」。けれど、わたしは「鳥のミルク」ケーキやフランス製の香水を買いに町はずれまで走ったりしたんです。あのころ、これらは店頭に並ばず、コネでしか手にはいりませんでしたから。退院の前に……。わたしたち……わたしたち、家に帰れるんです！　特殊な注射器をわたされ、使いかたを教わりました。この注射器で食事をさせるのです。すっかり覚えた。一日に四度なにか新鮮なものを煮る、かならず新鮮なものを。それをミンサーで挽いてうらごし器を通し、注射器にすいあげる。チューブのひとつ、いちばん大きなのに突き刺す、それは胃につながっている……。でも、あのひとはにおいを感じなくなっていた、区別できなくなっていた。「おいしい？」ときいても、わからないんです。

それでもわたしたちは何度か映画館に急いで行ったりしました。そこでキスをした。わたしたちがぶらさがっていたのは、いまにも切れそうな細い糸、それでも、ふたたび命をつかんだように思えていたんです。チェルノブイリの話題は避けていました。思い出さないようにしていた。禁断のテーマです……。禁断のテーマです……。電話には夫をだしません。さえぎっていました。仲間がつぎつぎに亡くなっている。そしてある朝、夫を起こして、部屋着をわたす。でも、あのひとは起きあがることができない。話せなくなっていた……声がでなくなっていた……。大きく見開かれた目……。そのときなんです、夫がおびえたのは……。そう……。（ふたたび黙りこむ）それからまだ一年あった……。その一年のあいだ死の床についていた……。容態は日に日に悪化し、そして、あのひとは、仲間たちが死んでいるのを知っていた……。だって、わたしたち、いつかはって……そんな思いで生きていたんですから……。チェルノブイリだといわれている、チェルノブイリだと書かれている。けれど、だれも知らないんです、それがなんなのか……。いま、わたしたちのところではすべてがちがう。生まれてくる子がちがう、死にかたがちがう。ほかのみんなとはちがっている。チェルノブイリのあとどんなになって死ぬか、というと。わたしの愛したひと、わが子であってもこれ以上は愛せないほどに愛したひとは、みるみる変わっていきました……怪物に……。リンパ節が切除されていて、そのために血液循環がみだれていた、鼻は位置がずれちゃったみたいで、三倍ほどに肥大し、目もすでにあのひとの目じゃない。両目がそっぽを向き、見なれない光があらわれ、あのひとではなく、べつのだれかがそこからのぞいているような表情。それから、片目が完全に閉じてしまった……。だけど、わたしが心配していたのは……。どうかあのひとが自分の姿を見ませんように、そのことだけ……あんな自分を記憶しませんように。それなのに、わたしに頼みだしたんです、両手でやって見せるの、鏡を持ってこいって。わたしは忘れたふり、聞こえなかったふりをして、台所ににげこんだり、なにかほかのことを思いついたり。そうやって二日間ごまかした。三日目、あのひとはノートに大きな文字で書いた、感嘆符をみっつもくっつけて。「鏡をくれ!!!」。小さなノートとペン、鉛筆、それがわたしたちの会話の道具でした。あのひとはささやき声ですらもうしゃべることができなかった、かすかな声もでなかった。くちがまったくきけなかったんです。わたしは台所にかけこんで、お鍋をがちゃがちゃならす。読まなかったわ、聞こえなかったわ。あのひとはまた書く。「鏡をくれ!!!」。あの符号をくっつけて……。鏡を持っていく、いちばんちっちゃいのを。あのひとは鏡をのぞくと、頭を抱えてからだをゆらしている、ベッドのうえでゆらゆら……。そばによって、なだめはじめた……「ね、少しよくなったら、いっしょにどこかの廃村に行きましょう。人が多い町に住むのがいやなら、そこに家を買ってくらしましょう。ふたりだけでくらすのよ」。あのひとにうそはつかなかった。夫とならどこへでも行くわ、いてくれるだけでじゅうぶんだもの、見た目はたいしたことじゃない。あのひと――それがすべて。うそはつきませんでした。

いわないでおきたいようなことはなにも思い出せません。でも、あらゆることがあった……。わたしは、はるか先をのぞき見てしまったんです、ひょっとしたら死のずっとむこうを……。（話をやめる）

あのひとと知り合ったのはわたしが一六のときで、彼は七つ上でした。二年間つきあいました。わたしは、ミンスクの中央郵便局に近い地区、ヴォロダルスキイ通りがとても好きで、あのひとが待ち合わせの場所に指定するのは、そこの時計のした。わたしは織物コンビナートの近くに住んでいたから、五番のトロリーバスで行くんです。それは中央郵便局のそばで停まらずに、少し通過して「子ども服」店のほうへむかうの。曲がり角までゆっくり走るから、それがよかったの。わたしはいつもちょっとだけ遅刻していた、窓からながめてうっとりするために。「なんてハンサムな若者がわたしを待ってるんだろ！」って。二年間なにも気づかなかった、冬がきたのも、夏がきたのも。コンサートにつれていってくれた……。わたしの好きなエディタ・ピエハの……。ダンスには、ダンス場には行かなかった、あのひとは踊れなかったから。キスをしてた、キスばかりしてた……。「ぼくのおチビちゃん」と呼んでくれた。誕生日、またわたしの誕生日……。ふしぎなことに、わたしのいちばん大事なことが起きるのはきまってこの日なんです。こんなことのあとでは運命を信じないわけにはいきません。わたしは時計のしたに立っている。デートの約束は五時、でも、こない。六時、わたしはしょぼんとして泣きながら停留所へとぼとぼむかう。道路をわたりながらふと感じてふりむくと、あのひとが追いかけてきてるの、赤信号なのに、作業着姿で、長靴をはいて……。職場から早く帰してもらえなかったんです……。狩猟服の彼、防寒着の彼、こんな姿のあのひとがいちばん好きだった。なにを着ても似あっていた。彼の家に行き、彼は着替えをすませた。わたしたち、レストランで誕生日を祝うことにしたのです。でもレストランにはもうはいれなかった。夜で、席がなかったのです。ほかの人のようにドア係に五ルーブルか一〇ルーブル(あのころのお金で)にぎらせることは、あのひともわたしもできなかった。「そうだ」。あのひとはとつぜん顔を輝かせた。「店でシャンペンとケーキの詰合せを買って公園に行こう。そこでお祝いだ」。満天の星のしたで! そんなひとだった……。ゴーリキイ公園のベンチに朝まですわっていた。あんなにすてきだった誕生日はわたしの人生でほかにありません。そのときなの。「結婚して。めっちゃ好きなの!」っていったのは。あのひとはけらけらわらいだした。「きみはまだ子どもじゃないか」。でもつぎの日、わたしたち、戸籍登録所に結婚のための申請書をだしたんです……。

ああ、わたし、ほんとにしあわせだったわ! だれかが天から警告したとしても、なにひとつ自分の人生を変えないと思うの。星から……合図があったとしても……。結婚式の日、あのひとの身分証明手帳がみつからなくて、わたしたち、家じゅうひっくり返してさがしたんです。戸籍登録所でなにかの紙に記入してもらいました。「ねえ、これは悪いしるしだよ」。ママが泣いた。身分証明手帳はあとになって屋根裏の古いズボンのなかからでてきました。愛! それは愛なんてものじゃなかった、長い恋です。朝、わたしは鏡の前で喜々としておどったものです。わたしはきれいで、若くて、あのひとに愛されている! いまでは自分の顔を忘れそうなんです、あのひとといっしょだったときのわたしの顔を。鏡のなかにあの顔が見えない……。

こんなこと、話してもいいのかな? ことばにしていっても……。秘密ってものがありますよね……。いまだに理解できないの、あんなことがあったのが。ふたりの最後の月ぎりぎりまで……。あのひとは、夜、わたしを呼んでいた……。その気があったんです。前よりずっと強く愛してくれた……。昼間、あのひとをながめながら信じられませんでした、夜あったことが……。わたしたち、はなれたくなかったんです。愛撫してあげた、撫でてあげた。そんなとき、いちばん楽しかったことを思い出していました。うれしかったことを。カムチャツカからひげ面でもどってきたときのこと、むこうで伸ばしたんです。公園のベンチで祝ったわたしの誕生日……。「結婚して」といったときのこと……。いったほうがいいのかな？　いっちゃっても平気かな？　わたし、自分からあのひとのところに行っていたの、男の人が女の人のもとに行くみたいに……。わたしになにがしてあげられる？　薬のほかに。どんな希望をあげることができる？　あのひとはほんとに死にたくなかったんです。あのひとは信じていた、わたしの愛がふたりを救ってくれるって。あのような愛が！　わたしのママにだけはなにも話しませんでした、話してもわかってくれなかったと思うの。わたしを責めて、ののしったと思う。だって、これはふつうのがんじゃないんです、ふつうのがんだってみんながこわがるのに。チェルノブイリのがんなんです、もっと恐ろしい。お医者さんたちが説明してくれました。からだの内部に転移していたら、あっというまに死んでいただろうって。でも、転移はじわじわと表面に……。からだ……顔に……なにか黒いものができた。あごはどこかにいっちゃって、首がなくなり、舌はそとにとびだしたまま。血管が破れては、出血がはじまったものです。「あっ！」とわたしはさけぶ。「また血よ」。首から、ほほから、耳から……。四方八方へ……。冷たいお水を持っていって冷やしてあげても、どうにもならないの。なにかぞっとするものです。枕はぐっしょり……。洗面器でうける、浴室からとってきて……。洗面器にあたって音がする……。搾乳桶にあたる……あの音……。

とても平和ないなかの音……。その音がいまも毎晩聞こえるんです……。意識があるうちは、手をぱんぱん打っていた。ふたりで決めた合図です。「呼んでくれ、救急車を呼んでくれ」。あのひとは死にたくなかったんです……。四五歳だもの……。救急医療センターに電話をしても、わたしたちのことはすでに知られていて、くるのをいやがる。「お宅のご主人にしてあげられることはなにもありません」。注射くらいしてよ！ モルヒネを。やりかたを覚えて、自分で注射をしてあげる。でも、注射液は皮膚のしたで青あざになり、散らない。あるとき呼んだらきてくれた、救急車がきたんです……。若いお医者さんでした……。夫に近づいたかと思うと、すぐにじりじりとあとずさり。「失礼ですが、ご主人は、ひょっとして、チェルノブイリの人じゃないですか。あそこへ行ってきた人では？」。わたしは答える。「はい」。そしたら先生は、おおげさにいってるんじゃないのよ、悲鳴をあげた。「ああ、かわいそうなおくさん、早く終わるといいですね！ 一刻も早く！ ぼくは見たんですよ、チェルノブイリに行った人たちがどんな死にかたをするか」。夫は意識があって、聞いていた……。それでもまだよかったんです、班の仲間で残っていたのは夫だけ、夫が最後のひとりでしたが、そのことを夫が知らなかった、気づいていなかったのは。べつのとき、病院から看護師さんが派遣されてきた。アパートの廊下にちょっと立っていて、家にはいらなかった。「ああ！ わたし、とてもできない」。じゃあ、わたしならできるの？ わたしはなんでもできる！ なにを思いつけばいいの？ 救いはどこ？ あのひとはさけんでいる……。痛がっている……。一日じゅう大声をあげている……。そのころ、わたしは解決策をみつけていました。ウォッカを一本、注射器でながしこんでいたんです。あのひとは意識を失う。もうろうとする。自分で思いついたんじゃありません、ほかの女の人たちがこっそり教えてくれた……。おなじ境遇の……。あのひとの母親がやってきてはいう。「なんでチェルノブイリに行かせたの？　よくもまあ行かせたもんだね」。あのとき、行かせちゃいけないと頭に浮かぶなんてありえないことでした。あのひとだって、行かなくてもいいとは思わなかったはず。だってべつの時代だったのです、戦時中のような。わたしたちもあのころはべつの人間でした。いつだったか、あのひとにたずねたことがあるのです。「行くんじゃなかったと、いま思ってる？」。首を横にふる——思っていない。あのひとは会話帳に書く。「ぼくが死んだら、車とスペアタイヤを売れ。トーリクとは結婚するなよ」。トーリクはあのひとの弟で、わたしに気があった……。

秘密を知っているんです……。あのひとのそばにすわっている……。あのひとは眠っている……。まだうつくしい髪をしていた……。ひと房手にとって、そーっと切りとった……。あのひとは目を開けて、わたしの手のなかのものを見ると、にこっとした。わたしに残ったのは、あのひとの時計、軍人手帳、そしてチェルノブイリの記章……。（長い沈黙）ああ、ほんとにしあわせだったの！　覚えているの、産院にいたとき、朝から晩まで窓辺にすわってあのひとを待っていた、あのひとの姿をみつけようとしていた。自分の身になにが起きるのか、自分がどこにいるのか、なんにもわかっていなかった。あのひとを見たいなあ……。いくら見ても見あきなかった、もうじき終わりがくるのを感じていたかのように。朝、食事をさせながらうっとりながめる、あのひとが食べている。あのひとがひげを剃っている、あのひとが通りを歩いている。わたしはちゃんとした司書ですが、仕事を熱烈に愛するなんて、理解できない。わたしが愛していたのはあのひとだけ。ひとりだけ。だから、あのひとがいなくちゃだめなんです。毎晩泣きさけぶ……。子どもたちに聞こえないように、枕に顔をうずめて……。

一瞬たりとも想像したことはなかった、わかれの日がくるなんて……。それは……すでにわかっていた、でも、想像できなかった。わたしのママ……。あのひとの弟……。ふたりしてわたしに心の準備をさせようとする、遠まわしにいうんです。要するに、ミンスクの近郊に特別病院があって、以前はそこで、アフガン帰還兵のような……両手のない、両足のない、絶望的な人たちが最期を迎えていた……。いまはチェルノブイリの人がそこへ運ばれている。お医者さんがそこをすすめている、紹介状を書いてくれるって。わたしを説得しようとするんです。あそこにいるほうが彼のためなんだよ。お医者さんがいつもそばにいるんだからって。いやでした、そんな話、聞くのもいやでした。そしたら、ふたりは夫のほうを説き伏せてしまい、夫までがわたしに懇願するようになった。「そこへつれてってくれ、苦しまないでくれ」って。でも、わたしは就労不能証明書を請求したり、職場でなんとか無給休暇をとろうとしたりしていたんです。法律では就労不能証明書がもらえるのは病気の子どもの世話をするときだけで、無給休暇は一か月まででしたから。でも、あのひとは会話帳のすべてのページに書きなぐった。そこへつれていくことをわたしに約束させた。わたしは彼の弟と車ででかけたんです。村はずれに、グレビョンカという村でしたが、大きな木造家屋が立っていた。くずれた井戸。戸外のトイレ。黒い服をきた、なんだかよくわからない老女たち……。熱心に神に祈っているような……。わたしは車からでなかった。立ちあがれなかったのです。夜、あのひとにキスをする。「こんなことを頼むなんてあんまりじゃない？　ぜったいにいやよ！　ぜったいに！　ぜったいに!!」。全身にキスをしてあげた……。

すごくこわかったんです、最後の数週間は……。おしっこをするのを手伝ってあげた、半リットルの小びんのなかに三〇分かけて。目をあげない。恥ずかしがっている。「ねえ、そんなこと思わなくてもいいんじゃない？」。キスをしてあげる。最後の日にはこんな一瞬がありました。あのひとが目をあけて、すわって、にっこりして、いったんです。「ワリューシカ……！」。わたしはしあわせでしあわせで、ことばがでなかった……またあのひとの声が聞けた……。

　あのひとの職場から電話があった。「表彰状をお持ちします」。夫にたずねる。「職場の仲間がきたいって。表彰状をわたしたいって」。首を横にふる、こなくていいよ！　でもやってきた……。なにかのお金と、レーニンの写真がついた赤いファイルの表彰状を持って。わたしは受けとって考える。「いったいなんのために夫は死にかけているんだろ。新聞に書かれている、チェルノブイリだけでなく共産主義も爆発したって。ソヴィエト社会は終わったって。それなのに赤いファイルの横顔はそのまま……」。彼らは夫になにかよいことばをかけようとしたけれど、夫は毛布をかぶってしまい、髪の毛だけがはみでていた。見おろしてちょっと立っていて、帰っていった。あのひとはもう人間を恐れていた……。恐れていなかったのはわたしだけ。けれど、人はひとりで死んでいくのです……。名前を呼んでも、もう目をあけなかった。呼吸していただけ……。葬式のとき、あのひとの顔にハンカチを二枚かぶせた。見せてと頼まれたら、ハンカチをとった……。ひとりの女性がたおれた……。彼女はかつてわたしの夫を愛していて、あやしいと嫉妬したことがあった。「おわかれに見たいわ」「どうぞ」。まだ話してなかったけど、あのひとが死んだあと、だれもあのひとのそばによることができなかった、みんながこわがったのです。でも、遺体を洗って衣服を着せるのは、親族はしないことになっている。わたしたちスラブのしきたりです。屍体安置所から看護員がふたりつれてこられ、彼らはウォッカをくれといった。「おれたちはあらゆるものを見た」とうちあけた。「つぶれた死体、切り殺された死体、子どもの焼死体……。しかし、こんなのははじめてだよ……」。（沈黙）　あのひとは死んで、熱をもったまま横たわっていた。軽くふれることもできないほど……。わたしは家の時計をとめた……。午前七時……。そして、時計はいま現在もとまったまま、ネジを巻けなくなったのです……。修理屋さんを呼びましたが、お手あげ。「これは機械工学や物理学ではどうにもなりません、形而上学の問題です」

あのひとのいない……最初の数日……。二日間眠った、いくら起こされても目が覚めなかった。立ちあがっては、水をのみ、食事もせず、また、枕のうえにばたん。いまとなってはふしぎよ、よくもあんなに眠れたものです。友人のご主人は死が近づいたとき、彼女に食器を投げつけていた。泣いていた、なんでおまえはそんなに若いのか、うつくしいのか、と。うちのひとはひたすらわたしをながめていただけ……。会話帳に書きこんだ。「ぼくが死んだら、遺体は火葬にしてくれ。きみがこわがるのはいやだから」。なぜあのひとはそう決めたのか。まあね、いろんなうわさがあったから。チェルノブイリ人は死んだあとも「光っている」とか……。夜になると墓のうえに光が立ちのぼっているとか……。自分でも読んだことがあるんです、モスクワ郊外のミチノに、モスクワの病院で亡くなったチェルノブイリの消防士たちのお墓があって、そのお墓を人びとは遠まわりして行くのだと、身内の遺体もそばに埋葬しないのだと。生きている人はいうまでもなく、死んだ人が死んだ人をこわがるんです。なぜなら、チェルノブイリってなんなのか、だれも知らないから。憶測だけ。予感だけ。夫はチェルノブイリから白い上着とズボンを持ち帰っていました。それを着てあそこで仕事をしていたんです。ズボン、作業着……。それはあのひとが死ぬまで廊下の天井棚におかれていた……。あとになってママは決心した。「あの子の持ち物はぜんぶすてなくちゃ」。ママはこわかったんです……。わたしは、夫のその服でさえ大事にしていた。ほんと、罪な母親よ。家には子どもたちがいるというのに。娘と息子が……。郊外に持っていって埋めました……。わたしは本をたくさん読んだ、本にかこまれて生きている、けれど、本はなにも説明できない。小さな骨壺が持ってこられた……。こわくない……。手でさわってみた。なにか小さな、海辺の、砂のなかの貝殻みたいなもの、それが骨盤の骨。それまで、あのひとの遺品に軽くふれてもなにも伝わってくるものがなく、なにも感じなかった。でも、こんどは抱きしめたような気がした。覚えているの、夜、あのひとは死んでいて、わたしはそばにすわっていた。すると、とつぜん煙みたいなものが……。二度目にあのひとのうえにその煙を見たのは火葬場……。あのひとの魂……。それはだれにも見えなかった。でも、わたしには見えた……。わたしたち、もう一度会えた、そんな気持ち……。

ああ、わたし、ほんとにしあわせだったんです。ほんとにしあわせ……。あのひとが出張に行く……。わたしは数えるの、あと何日であえる、あと何時間で。あと何秒でって！　あのひとがいないと身体的にだめなんです……。だめなの！（両手で顔をおおう）思い出すわ……。わたしたち、いなかのあのひとのお姉さんのところによく行ってたの。夜になるとお姉さんがいう。「あなたの寝床はこの部屋に用意しといたわ。弟はあっちの部屋よ」。あのひとと顔を見合わせておおわらいしたものよ。想像できなかった、はなればなれで寝るなんて。べつべつの部屋で。いっしょでなくっちゃ。あのひとがいないとだめなんです……。だめなの！　多くの男性に求婚された……。あのひとの弟に求婚された……。そっくりなの……。背の高さ。歩き方だって。でも思うんです、もしほかのだれかがふれてきたら、わたしは泣きっぱなしよ。泣きやむことはもうないわ……。

あのひとをわたしから奪ったのはだれですか。なんの権利で？　赤い帯のついた呼出状が手わたされたのは、一九八六年一〇月一九日……。

（アルバムを持ってきて、結婚式の写真を見せてくれる。暇乞いをしようとすると、ひきとめる）

このさき、どうやって生きればいいの。話したのはすべてじゃなくて……まだ話してないことが……。わたしはしあわせだった……自分を忘れるほど……。秘密があるんです……。もしかして、わたしの名前はいらないかな……。祈りはひそかに唱えるもの。心のなかで……。(沈黙) ううん、やっぱり名前をだしてください！　神さまに思い出させてください……。知りたいの……。なんのためにこのような苦悩がわたしたちに与えられているのか、わかりたいの。どういう理由で。はじめは思っていたんです、すべてが終わったら、わたしの目になにか暗いものがあらわれるだろう。わたしではないなにかが。耐えられないだろうと……。なにがわたしを救ってくれたのか。生にむかってぐいとひと押ししてくれたのか。もどしてくれたのか……。わたしの息子。わたしには息子がもうひとりいるんです……。わたしとあのひとの最初の子……。あの子はずーっとまえから病気……。大きくなったけれど、子どもの目で世界をながめている、五歳の男の子の目で。こんどはあの子といっしょにいたい……。ノヴィンキにもう少し近い部屋と交換するのが夢です。そこに精神病院があって、息子は生まれてからずっとそこでくらしている。医者に宣告されたんです。生きていくためには、そこにいなくちゃいけないと。わたしは毎日面会に行く。あの子は迎えてくれる。「ミーシャパパはどこ。いつくるの」。ほかにだれがわたしにこんなことをきいてくれますか。あの子はパパを待っている。

わたしたち、いっしょに待つことにします。わたしは自分のチェルノブイリの祈りを唱えながら……。息子は子どもの目で世界をながめながら……。

歴史的情報

ベラルーシ……。わたしたちの国は世界にとって「テラ・インコグニタ」――無名で、未知の大地である。「白いロシア」――わたしたちの国の名は、英語ではおよそこんなふうに聞こえる。チェルノブイリについてはみなの知るところだが、それはウクライナとロシアに関することでしかない。わたしたちは自分のことをこれから語らなくてはならない。

『ナロードナヤ・ガゼータ』紙、一九九六年四月二七日

一九八六年四月二六日午前一時二三分五八秒――一連の爆発によってベラルーシ国境近くにあるチェルノブイリ原子力発電所四号機の原子炉と建屋が崩壊した。チェルノブイリの惨事は科学技術がもたらした二〇世紀最大の惨事となった。

ベラルーシには一基の原発もないが、人口一〇〇〇万人の小国にとってこれは国家的惨禍であった〔二〇二〇年一一月ベラルーシ初のオストロベツ原子力発電所運転開始〕。わが国は従来より農業国で、ほとんどが農村の住民である。大祖国戦争の時期に、ドイツファシストはベラルーシの大地で六一九の村を住民ごと焼き払った。チェルノブイリのあと、わが国は四八五の村と町を失い、そのうち七〇はすでに永久に土中に埋葬された。戦時中、ベラルーシ人の四人に一人が命を落とし、今日では五人に一人が汚染された国土に住んでいる。その数は二一〇万人で、そのうち七〇万人が子どもである。人口減少

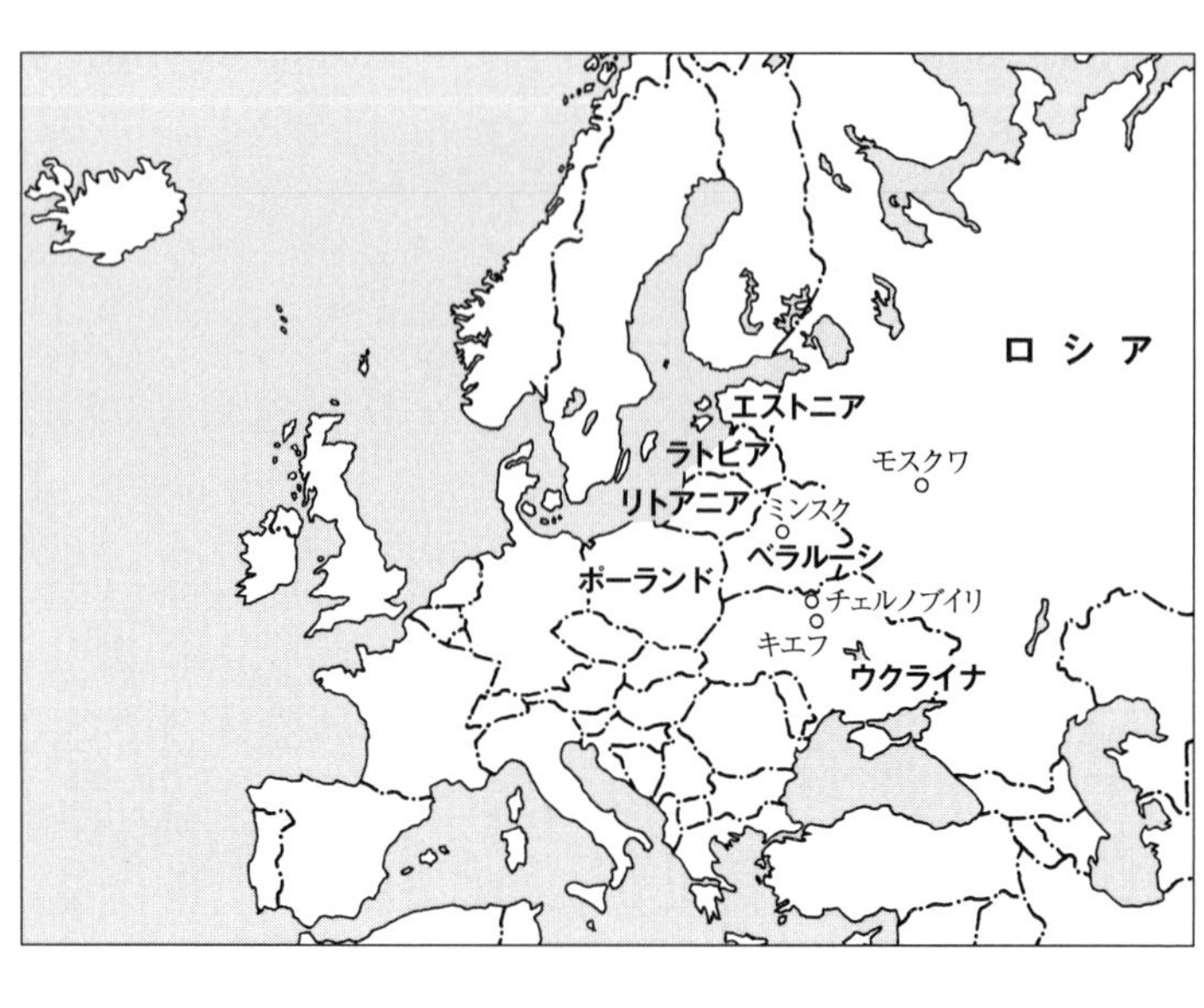

の第一の要因は放射能である。チェルノブイリの惨事の被害がもっとも大きかったゴメリ州とモギリョフ州では、死亡率が出生率を二〇パーセント上まわっている。

事故の結果、大気中に五〇〇〇万キュリーの放射性物質が放出され、そのうち七〇パーセントがベラルーシに降った。国土の二三パーセントが放射性物質に汚染され、セシウム137が一平方キロメートルあたり一キュリー以上である。ちなみに、ウクライナでは国土の四・八パーセント、ロシアでは〇・五パーセントが汚染されている。汚染密度が一平方キロメートルあたり一キュリー以上の農地・牧場面積は一八〇万ヘクタールを超え、約五〇万ヘクタールはストロンチウム90の汚染密度が一平方キロメートルあたり〇・三キュリー以上である。二六万四〇〇〇ヘクタールの土地が農業利用から除外された。ベラルーシは森の国である。しかし、森の二六パーセントと、プリピャチ川、ドニエプル川、ソジ川の冠水牧草地の大半が放射能汚染区域に属している。

低線量放射線の恒常的な影響の結果、わが国では、がん疾患、知能の遅れや神経・精神障害、遺伝子変異を持つ子どもの数が年をおってふえている。

『チェルノブイリ』集、ベラルーシ百科事典社
一九九六年、七、二四、四九、一〇一、一四九頁

観測データによると、大気中の高い放射線量が記録されたのは、一九八六年四月二九日にポーランド、ドイツ、オーストリア、ルーマニア、四月三〇日にスイス、イタリア北部、五月一日から二日にかけてフランス、ベルギー、オランダ、イギリス、ギリシャ北部、五月三日にイスラエル、クウェート、トルコ……。

上空高く放出されたガス状および揮発性物質は地球規模で拡散した。五月二日に日本、五月四日に中国、五日にインド、五月五日と六日にはアメリカとカナダで記録された。

チェルノブイリが世界全体の問題となるのに一週間かからなかったのである。

『ベラルーシにおけるチェルノブイリ事故の影響』集
ミンスク、サハロフ国際放射線生態学大学、一九九二年、八二頁

構造物「シェルター」と呼ばれる四号炉は、その鉛と鉄筋コンクリートの内部に、いまでもおよそ二〇〇トンの核物質を蔵している。しかも、燃料の一部は黒鉛やコンクリートと混ざり合っている。今日それになにが起きているのか、だれも知らない。

石棺は急ピッチで建設され、その構造は類がなく、おそらくピーテル〔サンクトペテルブルグ〕の設計技師たちは誇りにしていいだろう。三〇年はもつはずだった。しかし、「遠隔操作」で組み立てられ、パネルの接合にロボットやヘリコプターが用いられたため、隙間が生じてしまった。今日いくつかのデータによると、間隙および亀裂の総面積は二〇〇平方メートルを超え、そこから放射性エアロゾルが噴出しつづけている。北風がふくと、南側では、ウラン、プルトニウム、セシウムといった放射性物質をふくむ塵が舞う。それだけでなく、灯りが消された原子炉室には、晴れた日に上方からいく筋かの光がさしこむのが見える。これはなんなのか。雨水も内部に流れこんでいる。水分が燃料デブリにかかると連鎖反応が起きる可能性がある……。

石棺は、呼吸している故人である。死の息をしている。あとどのくらいもつのか。この問いにはだれも答えられない。いまだに多くの接合部分や建造物に近づくことができず、強度がどれほどのこっているか、知ることができないのだ。しかし、「シェルター」が崩壊すれば一九八六年よりも恐ろしい結果になることは、だれもが理解している。

『アガニョーク』誌、一七号、一九九六年四月

チェルノブイリ事故以前……腫瘍疾患はベラルーシ国民一〇万人あたり八二人であった。今日の統計では、一〇万人あたり六〇〇〇人。ほぼ七四倍に増えている。

死亡率はこの一〇年で二三・五パーセント高くなった。老衰による死亡者は一四人に一人で、残りのほとんどは四六歳から五〇歳のまだ働ける人たちである。汚染がもっともひどい地域では、健康診断で一〇人中七人が病人であることが明らかになっている。車で村々を走ると、拡張した墓地の敷地

に呆然とさせられる。

現在にいたるまで多くの数字が不明である……。それらは驚くべきもので、いまだに機密あつかいにされたままだ。ソヴィエト連邦が事故現場に派遣した兵士の数は八〇万人、現役勤務の兵士および事故処理作業のために召集された兵士で、後者の平均年齢は三三歳だった。また、少年たちは高校を卒業後すぐに兵役にとられた……。

事故処理作業員の名簿にはベラルーシだけでも一一万五四九三人が載っている。保健省のデータによると、一九九〇年から二〇〇三年までに死亡した事故処理作業員は八五五三人。毎日二人ずつ亡くなったことになる……。

このストーリーはこんなふうにはじまった……。

一九八六年……。ソ連および諸外国各紙の一面に、チェルノブイリ事故の責任者の裁判のルポルタージュが載った……。

で、いま……無人の五階建てアパートを想像していただきたい。住人のいないアパート、そこには品物や家具、衣類があるが、それはもう二度とだれも使用することができない。なぜなら、このアパートはチェルノブイリにあるのだから……。しかし、原発事故責任者の裁判をすることになっている人たちが、ジャーナリストのためにささやかな記者会見を開いたのは、ゴーストタウンのまさにこのようなアパートだった。最高機関の、ソ連共産党中央委員会において、事件を犯行現場で審理することが決定されたのである。まさにこのチェルノブイリで。裁判は地元の文化会館でひらかれた。被告席には六人――ヴィクトル・ブリュハーノフ原子力発電所所長、ニコライ・フォミーン技師長、アナトリイ・ディアトロフ副技師長、ボリス・ロゴシキン・ソ連国家原子力監督委員会監督官がいた。ユーリイ・ラウシキン交代当直班長、アレクサンドル・コワレンコ原子炉部門長、ユーリイ・ラウシキン・ソ連国家原子力監督委員会監督官がいた。

傍聴席はがらがら。ジャーナリストだけがすわっていた。ちなみに、この町は「厳重放射線管理区域」として「封鎖」されており、住民の姿はすでになかった。ここが裁判の地に選ばれたのは、これもまた理由ではないだろうか――目撃者が少なければ少ないほど騒ぎも小さくてすむのだ。テレビカメラマンもいないし、西側のジャーナリストもいない。もちろん、全員が見たかったのは、モスクワの役人を含む数十人の責任重大な役人たちが被告席にいるところである。現代科学もまた自らの責任を負うべきだ。しかし、彼らは「現場の下っ端」たちで折り合った。

判決……。ブリュハーノフ所長、フォミーン技師長、ディアトロフ副技師長にそれぞれ一〇年の刑がいいわたされた。他の三人の刑期はもっと短かった。ディアトロフ氏とラウシキン氏は強い放射線被曝の結果、服役中に死亡。フォミーン技師長は精神に異常をきたした……。ブリュハーノフ所長は一〇年の刑期を最後までつとめあげて出所。彼は、身内と数人のジャーナリストに出迎えられた。このできごとは話題になることなくすぎた〔ブリュハーノフは三年間服役し一九九一年に出所したとされている〕。

元所長はキエフに住み、ふつうの事務員としてある会社で働いている。

このストーリーはこんなふうに終わりつつある……。

ウクライナではまもなく壮大な建設がはじまる。一九八六年に崩壊したチェルノブイリ原発四号機をおおう石棺のうえに、「アーチ」と呼ばれる新シェルターがあらわれることになっている〔二〇一六年一一月設置〕。このプロジェクトのために近々二八の出資国が初期資金――七億六八〇〇万ドル余りを拠出する。新シェルターの耐久年数は三〇年ではなく、一〇〇年になるはずだ。シェルターは、内部で廃棄物再埋葬作業をおこなうための十分な容積がなくてはならず、さらに大掛かりなものが考えられている。巨大な土台が必要で、実際にコンクリートの柱と板で人工岩盤が作られる。また、旧石棺の下から取りだした放射性廃棄物を移すための貯蔵施設を用意しなくてはならない。新シェルターはガンマ線に耐えうる高品質の鋼鉄で建造される。金属だけでも一万八〇〇〇トンが必要となる。

「アーチ」は人類史上類を見ない建造物になるだろう。なによりもその規模――高さ一五〇メートルの二重のおおいに圧倒される。芸術性においてはエッフェル塔に迫るものだ……。

ベラルーシのインターネット新聞の記事から
二〇〇二―二〇〇五年

エピローグの代わりに

……キエフ旅行社はチェルノブイリ観光を提供しております……。

死の町プリピャチ市からはじまるコースをご用意いたしました。旅行者が見学するのは、捨てられた高層住宅の棟々、ベランダには黒ずんだ洗濯物、ベビーカーがあります。かつての警察署、病院、共産党市委員会だった建物。ここには共産主義時代の標語がいまも残ったままです。放射能でさえもそれらに害を与えていません。

コースはプリピャチ市から廃村めぐりへとつづき、そこでは昼日中オオカミやイノシシが家から家へとかけまわっています。大繁殖し、無数にいます。

ツアーのクライマックス、すなわち、広告に書かれているような「目玉」となるのは、構造物「シェルター」、つまり「石棺」の見学です。爆発した四号機のうえに突貫工事で建設された石棺は亀裂におおわれて久しく、そこから致死的内容物——核燃料の残りが強い放射線を出しています。家に帰ったら、友人へのみやげ話になることでしょう。これはカナリア諸島、あるいはマイアミを訪れるのとはわけがちがうのです……。見学の最後に、自分が歴史にかかわっていることを感じるために、亡くなったチェルノブイリの英雄たちの石碑の前で記念写真を撮りましょう。

また、エクストリームツーリズムを愛好する方々には、旅の終わりに汚染されていないきれいな食べ物と赤ワインの昼食付きピクニックを提供しております。ロシアのウォッカもあります。立入禁止区域ですごす一日の被曝線量は、レントゲン検査以下であることをお約束します。しかし、水浴することや、捕まえた魚や小動物を食べることはおすすめできません。キイチゴやキノコをとってたき火で焼くことも、女性に野の花を贈ることも。

ばかばかしい話だと思いますか。そうではありません。核ツーリズムは、とくに西側の旅行者に大人気なのです。人びとは新しくて強烈な印象を求めてでかけるものです。そういうものに出会える場所は世界にもうほとんどみられません、どこへ行っても人が住みついていて、どこにでも行けるのです。生きることが退屈になっています。でも、なにか永遠のものが欲しい……。

核のメッカにお越しください……。お手頃料金です……。

ベラルーシの新聞記事による、二〇〇五年

一九八六―二〇〇五年

訳者あとがき

タエコさん
原稿はきょうあなたのもとへ飛びたちます(文字通り、飛行機で!)。受けとってお読みになったら、そのことを知らせてください。わたしは一一月二八日から一二月二日まで、そして一二月二八日から一月一五日までミンスクにいます。いま、残念ながら、出かけることが多いのです。わたしには代理人がいますので、いつでも連絡がとれるようになっています。(以下、代理人の名前と電話番号)
あなたがこの本をどんなふうに読むのか、とても興味があります。つまり、日本で生まれ育った人間としてのあなたが、ということです。あなたがたにはすでによく似た経験があるのですから。そのことについても、いつかお話しする機会があればいいですね。わたしは、この本がみんなのためになればと願って書きました。この悲劇的な知識のなかには未来の答えがあるのですから。
わたしの本、そして着想に関心をよせてくださってありがとう。
ミウラミドリさんによろしく。あなたを抱きしめます。

スヴェトラーナ・アレクシエーヴィチ
一九九六年一一月一六日

この手紙とともに『チェルノブイリの祈り』全編の原稿がわたしのもとに飛んできた。茶色い包み紙には切手が百枚きれいに貼られていた。タイプ打ちの原稿には、ペンによる加筆と削除のあとがあちこちにあって、個性あふれる筆跡は、慣れるまでわたしを悩ませた。

二週間後、おどろいたことに、ふたたび原稿が届いた。手紙には「これが最終版です。翻訳にはこちらを使ってください。まえのは使わないで」と記されていた。

一九九八年の最初の単行本の翻訳には「最終版です」と彼女が書いてきたその原稿を使った。ところが、それは「最終版」にはならなかったようだ。それからさらに一〇年近く、アレクシエーヴィチは書きつづけていた。それが本書「完全版」である。新たな証言者も加えられ、全体として深みを増し、より広がりを感じさせる作品となっている。

「完全版」の翻訳には、二〇一六年版(モスクワ、ヴレーミャ社)を用いた。

『チェルノブイリの祈り』と最初に出会ったのは、事故から一〇年目の一九九六年四月、『イズヴェスチヤ』紙に掲載された「チェルノブイリの祈り・事故処理作業者の妻の告白」を読んだときである。当時、著者スヴェトラーナ・アレクシエーヴィチの名をわたしは知らなかった。全編の原稿を受けとることができたのは、三浦みどりさんのおかげである。みどりさんはすでに『アフガン帰還兵の証言』(一九九五年、日本経済新聞社)を訳されていて、アレクシエーヴィチと親交があることを人づてに知ることができた。全編を翻訳したいという思いは日に日に募り、思いきって手紙を書いたら、すぐに電話をくださった。アレクシエーヴィチの電話番号を教えられ、おそるおそるミンスクに電話をかけると、「ミドリから聞いてるわ。待っててね、原稿を送るから」とあっけにとられるような展開で話が進んだ。みどりさんとはまだ面識がなかったものの、わたしのためにすっかり整えてくださっていた。

それから多くの歳月がながれ、二〇一二年の二月、新宿のホテルのカフェにロシア語仲間数人が集ったときのこと。みどりさんに会うのは久しぶりで、体調がよくないことは知っていたが、思ったよりも元気そうでうれしかった。席に二人だけになったほんの数分、みどりさんがボソッといった。「アレクシエーヴィチがノーベル文学賞を取るかもしれないんだって」「えっ？　まさか。ほんとに？」。その一瞬の会話のことは、その後、完全に忘れ去っていた。訃報が届いたのは、その年の暮れだった。

そのときの一瞬の会話を思い出したのは、翌二〇一三年の九月、ある通信社の記者とメールのやり取りをしていたときだった。彼は、もしアレクシエーヴィチがノーベル文学賞を受賞したら評論を書いてほしいといってきた。とはいっても、候補者が公表されるのは五〇年後であり、だれが候補にあがっているかなどいま知ることは不可能。だからマスコミ各社が注目するのは、イギリスの賭け屋の予想で人気が高い作家なのだという。そして昨年までは三浦みどりさんに依頼していたとも。ああ、そういうことだったの、と納得。でも、評論？　むりむり、そんなの荷が重すぎる。逃れられないものかと考えあぐねていると、娘がひとこと。「ひとりしか残っていない訳者として、責任があるでしょ」。いけない、忘れるところだった。

受賞が決まったのは二〇一五年。アレクシエーヴィチはノーベル文学賞作家となった。よろこびをいちばんわかちあいたい相手がいないことが、どんなに悲しかったことか。みどりさんは、早くから評論依頼を受け、信じて待っていたような気がする。みどりさん、アレクシエーヴィチがノーベル文学賞を受賞する日がきっとくると、思っていましたよね？　それと、もうひとつ。知りあったころからあなたがたいせつにたいせつに訳していた『戦争は女の顔をしていない』、いまコミックになって大人気ですよ。

ここから先は、訳者あとがきに書いてよいものかどうか、迷いに迷ったが、やはり書いておこうと思う。最初の単行本の翻訳から二十数年という長い年月を経て、いまなら書けそうな気がしている。『イズヴェスチヤ』紙で「事故処理作業者の妻の告白」を読んだあと、じつは、すぐにそれを訳したのだった。訳さずにはいられなかった。辞書をひきひき、なにかに急かされるように訳した文は、縁あって小さな雑誌に掲載してもらうことができた。原稿料代わりに掲載誌を受けとり、一冊を妹に送った。母には送らなかった。どういう読み方をするか、手に取るようにわかっていたから。

しばらくすると、母から電話があった。妹が雑誌を持ってきたので読んだと。「きのうは眠れなかった」と少し涙声だった。「あなたのことを一晩じゅう考えていた」。ほらね、やっぱり……。だから、読ませたくなかったのよ、おかあさん。

最初の単行本のあとがきに、わたしはこう書いた――「チェルノブイリの祈り・事故処理作業者の妻の告白」を一読したが、すぐには書いてあることが信じられず二回読み返し、「これはたいへんなものがでてきた」と落ちつかない気持ちになった。もちろん、ほんとうのことである。うそではない。しかしもっとほんとうのことをいうなら、あのとき、わたしの心めがけてまっすぐ飛びこんできて、わたしの心をひどく揺さぶり、なにがなんでも翻訳しなくてはと思わせたのは、書き出しの、日本語にしてわずか十数行の部分だった。夫を失った底のない喪失感、夢にでてきてはすぐに消えていく夫、子どもたちがいる、生きていかなくちゃ……。そのころ、わたしはそういうものからすでに立ち直りつつあり、日常の景色をほぼとりもどしていた。だから単なる感情移入ではなく、いま振り返るとそれもあったような気がしないではないが、もっとべつの、使命感のようなものを柄にもなく抱いてしまったのだ。そばによって、そっと声をかけてあげたかった。「だいじょうぶ、あなたの身に起きたことはわたしが日本語にして、みんなにちゃんと伝えるからね」

『イズヴェスチヤ』紙上では文中で「ワリューシカ」としか明かされていなかった語り手の名前は、この本の最後にでてくる「孤独な人間の声」の、ワレンチナ・チモフェエヴナ・アパナセヴィチさんである。アパナセヴィチさんの悲しみだけでなく、彼ら彼女ら多くの声をひとかたまりにして日本の読者に届けることができて、いまようやく肩の荷がおりたような気がする。証言者一人ひとりの人生に思いを馳せてもらえれば、と思う。

これはすべて、多くのよき出会いにめぐまれたおかげでもある。ロシア語をやめようとしたとき、「ロシアのにおいを知っているんだから、やめちゃだめだ」と、時事翻訳の特訓できたえてくださった中川研一さん。「ふつうの人のことばのなかに真実があるんですよ」と教えてくださった、市民エネルギー研究所の松岡信夫さん。松岡さんのもとでチェルノブイリのロシア語資料をいっしょに読んで勉強した友人、山岸順子さんと野畑正枝さん。アレクシエーヴィチとの橋渡しをしてくださり、グルッパ501の勉強会の仲間に入れてくださった三浦みどりさん。ロシアの新聞を読む会でご指導くださり、『チェルノブイリの祈り』と出会うきっかけをくださった小川正邦先生。小川先生は、翻訳した原稿を長く手許にかかえていたわたしに「岩波書店に知っている編集者がいますよ」と救いの手をさしのべてくださった。最初の担当編集者である大塚茂樹さん、本にしてくださってありがとうございます。『セカンドハンドの時代』と本書を担当してくださった奈倉龍祐さん、訳文のていねいなチェックと的確なアドバイス、ありがとうございます。そして、早稲田大学で長年ロシア語を教えてこられた石井ナターシャさん、どんなに感謝しても感謝しきれません。みなさん、心からお礼を申しあげます。

わがことと読む日の来ると思はざりき友の訳せし『チェルノブイリの祈り』

（野畑正枝第一歌集『たましいのカプセル』より）

松本妙子

二〇二一年一月

解説

梨木香歩

チェルノブイリの二〇年

「チェルノブイリ、これはわたしたちがこれから解くべき謎です。読み解かれていない記号です」

この言葉は、著者・スヴェトラーナ・アレクシエーヴィチによる、自身へのインタビューの章、「見落とされた歴史、そしてなぜチェルノブイリはわたしたちの世界像に疑いをおこさせるのか」の一節である。本著は、「チェルノブイリ」を体験した人びとへのインタビューで構成されている。そのなかにはベラルーシ人である著者自身も含まれている。

一九九七年、あの大惨事から約一〇年後、最初の『チェルノブイリの祈り』がロシアで出版された。翻訳者の松本妙子さんが後にこの本の一部となる原稿に出会われたのは、一九九六年四月であったということだが、そのわずか二年後には日本語版『チェルノブイリの祈り』も翻訳刊行されている。そして二〇〇〇年代、大惨事から約二〇年後、『チェルノブイリの祈り』は大幅に加筆された。先述した自身へのインタビューは、およそ四ページから一三ページ余りにまで、三倍以上の分量に書き足されている。「謎」は少しでも解かれたのか。否、冒頭の言葉からも、謎はまだ「読み解かれて」いない。チェルノブイリの閃光は、社会を、科学を、政治を、哲学を、神話をさえも貫き、そして、太陽風が太陽圏の境界を変化させていくように、時間の流れにまで作用しているかのようだ。加筆された一三ページ余りには、この戸惑いも滲んでいる。結論ではないし、統括でもない。そういうことのできない類のことが起こったのだと、時を経てまざまざとわかってくる（結論が出せたり統括ができたりするのは、「そこ」を潜り抜けた後だ）。

「わたしは長いあいだこの本を書いていました……。ほぼ二〇年間……」

チェルノブイリ人はまだチェルノブイリ人であり、二〇年経っても「そこ」にいる。

本書のなかでは、人びとによって、また彼女自身によって、いくつもの問いがたてられている。問うという行為だけが、「謎」の在り処を示す唯一の手段であるかのように。答えの見えない謎の「在り処」を、彼女は、問う言葉によって穿ち続けている。一つ一つ、頭のなかの観念によってでなく、手触りだけを信じて探し当てた、語り手たちの確かな言葉によって。

そういう二〇年であったのだろう。

「わたし」のチェルノブイリ体験

「大惨事が起きた時とそれを語りはじめた時とのあいだに間がありました。ことばを失っていた時期が……。そのことがみなの記憶にのこっている」

やがて人びとは身近な言葉を集め始め、トルストイにもドストエフスキーにも無縁だった老いた農民たちが、哲学的思考を深める。日常のなか、生活のなかから紡ぎ出したそれらの言葉を、かき分けかき分けして、著者は記す。聞き手が現れるのを待っていたかのように、埋もれていた言葉が、瓦礫のなかで輝きを放つ。著者の天才性はそこにこそ発揮される。「我々ソヴィエト人は」など、複数の単位でしか語ってこなかった人びとが、「わたし」の物語を始めるのだ。著者・アレクシエーヴィチが彼女たちに語りかけ言葉を引き出す現場にこそ、実は書かれていない、最も緊迫するいのちの生まれる瞬間があるのだろう。

著者は問い続ける。あなたにとっての、チェルノブイリ体験とは。

心理学者のピョートル・Sは、「それに答えることができないでいる」と語る。代わりに彼が話したのは、自分の子ども時代に起こった、死と誕生にまつわることだった。いずれも、自分のなかに残る、鮮烈で名付けようもないもの、解釈のしようもないものについて、（チェルノブイリ体験の）代わりに語ったのだった。「（…）ぼくは崩壊しつつある。自分のこの無力さのせいで。すっかり変わってしまった世界を見てもわからないせいで」。『わかる」ための感覚がそもそもわからない。新しい言葉とともに、新しい感覚をも模索し続ける。

サマショールのジナイーダ・エヴドキモヴナ・コワレンコは、村の皆が出て行ったあと、七年間一人暮らしを続けた。セシウムとは、畑に転がっていたきらきらしたかけらであった、と確信している。彼らは自分なりの「感覚」で見えない放射能を可視化していく。誰もいない孤独な生活の中で、彼女はどこか知らないところへ連れて行かれる夢を見る。「そこは町でもない、村でもない。そして、地球でもないのよ……」

一旦村を出て行っても、老人たちはまた帰ってくる。そこに彼らの生きた歴史があり、生活のすべてがあるからだ。長年模範労働者だった、スタハーノフ運動をやった、スターリン時代を、戦争を生き抜いた、ベルリンまで行った、あるいはパルチザンだった、そういう過去の自分の、存在の基盤ともなった「生きてきた証」が、意味をなさない「新しい」現実が立ちはだかっている——どちらが夢なのか、夢だったのか。著者は彼らの声を記録し続ける。

教師をしていた女性は、善は常に勝つのだと、子どもたちに教えてきた。しかしそれは、ほんとうにそうだったのか。すべての規範が揺らぐ。

「チェルノブイリ……。戦争に輪をかけた戦争よ。人にはどこにも救いがない。大地のうえにも、水のなかにも、空のうえにも」

「(…)もしかして、神さまはいなさらんのかもしれん、ほかのだれかかもしれん」

例えば「愛について」語ること

「彼らは死んでいきますが、だれも彼らの話を真剣に聞いた人はいない」

原子炉爆発直後の消火活動にあたり、致死量の四倍ものレントゲンを浴びてしまった消防士、ワシーリイ・イグナチェンコの妻、リュドミーラの証言が、著者自身の証言より先に置かれている。その場所を絶対に動かせないほど、圧倒的な「個人」の話なのだ。医者に隠れ、看護師に頼み込んで、「あれはもう、人間でなく原子炉よ」と呼ばれる夫に、夜昼となく付き添う。

この大惨事が起こった一九八六年から一三年経った一九九九年九月三〇日、日本の茨城県東海村で核燃料の加工作業中に作業員が被曝する事故が起きた。国内で初めての臨界事故だとされ、この患者を生かすべく、前例のない壮絶な治療が行われた。治療の初期の方こそ普通の生活者同士のように患者と応対していた看護師は、今までに見たことも聞いたこともない「病状」へと変化する患者を、ついに「肉塊」という言葉で表現するに至る。その凄まじさ(NHK「東海村臨界事故」取材班による『朽ちていった命』に詳しい)には言葉もない。苦痛を緩和するため強度の麻酔が使われていたというが、本人にどの程度「感知力」があったのか、意識がまったくなかったのかどうかは結局本人にしかわからない。家族の接触はおろか、親しく声をかけるひととてなく、もし感じていたのなら実験室のような病室での、その孤独の壮絶さたるや言語に絶する。それに較べれば——こういう比較が、どれだけ意味をなさないことか、ひしひしと感じながらも、それでもやはり、おずおずと呟かずにはいられない、それに較べれば、と——絶命するその寸前まで、呼べば妻がそばに来てくれると信じ、傍らで自分を気遣う妻の存在を、愛を信じ続けていられた消防士、ワシーリイ・イグナチェンコは——幸福だったのではないかと書こうとして、やはり書けない——少なくとも孤独の幾分かは救われていたのではないか。リュドミーラにとって死と愛はもはや一体化してどちらかを抜き出して語ることはできない、個人の物語であり、チェルノブイリそのものの物語なのだろう。

チェルノブイリ人とは誰か

ソヴィエト連邦が崩壊した後、タジキスタンやキルギス、チェチェンから内戦を逃れてチェルノブイリにくる人びともいた。それまで親しく暮らしていた隣人から向けられる殺意、ゲームのような殺戮の現場から逃れて、チェルノブイリで心からほっとし、人間の生活を取り戻すことができた、ここが自分たちの故郷だと語る。人間ほど恐ろしいものはない、とも。事故後のチェルノブイリに移住した彼女たちの証言も、事故体験者の証言とともに淡々と記録されている。彼女らもまた「チェルノブイリ人」である、と無言のうちに断言する、著者の意思が感じられる。政治体制の瓦解、そして起こるはずのなかったチェルノブイリの臨界事故。それらがなぜ起こったかについて説明しようとする出版物、記録フィルムは十分に巷に出た。が、あくまで小さな人間の一人として、日常の、個人のごく周囲の、生活の感覚から記録していくことに著者は徹しようとする。結局それが、人間に起こったものごとの本質というものに、一番肉薄する道筋ではないかと信じていることが伝わり、それが真実であろうことも伝わる。

著者は、「スターリンの強制収容所、オシフィエンチム(アウシュヴィッツ)……チェルノブイリ……。そして、ニューヨークの九月」と、人間の理解を越えた大惨事を並べる。今ならきっと、3・11、そしてこの新型コロナウイルスによるパンデミックもあげることだろう。放射能と同じように目に見えない脅威、人と人との絆に入り込むような、不気味なパンデミックを。

何千年もの間、世を統べていた摂理が今、変わろうとしている。違うコンテキストが剝き出しになって迫ってきている。しかし私たちにはそれを理解するコードがなかった。コロナ禍の現在、私たちはまたしても、「全く新しい時代」に直面している。それも、当事者として。情報や移動の速度の驚異的な変化により狭くなった世界において、人種を超え、国を超え、私たちそれぞれが、皆「コロナ人」なのだ。そういう「新しい」認識もまた、著者・アレクシエーヴィチが手探りしてきた、「新しい」感覚の端緒の一つなのかもしれない。我々もまた、「新しい」チェルノブイリ人——当事者——になったのか。

この本の日本語版タイトル、『チェルノブイリの祈り』が示唆するところを思う。今まで使ってきた言葉が、直面する現実に追いつかない——そういう事態を表す「記号」でもあったのだ、「祈り」とは。この本は、「チェルノブイリの祈り」以外の何ものでもない。次元を超えるようなまったく新しい意識の目覚め、まったく新しい言葉の獲得——否応なく、「人類の」時代は、それに向かっているのだろう。古くからひとが、人知を越えたものに捧げてきた、「祈り」とともに。

スヴェトラーナ・アレクシエーヴィチ
(Светлана Алексиевич)
1948年ウクライナ生まれ．国立ベラルーシ大学卒業後，ジャーナリストの道を歩む．綿密なインタビューを通じて一般市民の感情や記憶をすくい上げる，多声的な作品を発表．戦争の英雄神話をうち壊し，国家の圧制に抗いながら執筆活動を続けている．ほかの作品に，『戦争は女の顔をしていない』『ボタン穴から見た戦争――白ロシアの子供たちの証言』(原題：最後の生き証人)『アフガン帰還兵の証言――封印された真実』(原題：亜鉛の少年たち)『セカンドハンドの時代――「赤い国」を生きた人びと』など．本作および上記四作をあわせて，「ユートピアの声」五部作と位置づけている．2015年ノーベル文学賞受賞．

松本妙子
1973年早稲田大学第一文学部露文科卒業．翻訳家．アレクシエーヴィチの『死に魅入られた人びと――ソ連崩壊と自殺者の記録』『セカンドハンドの時代』を翻訳．

完全版 チェルノブイリの祈り――未来の物語
スヴェトラーナ・アレクシエーヴィチ

2021年2月17日　第1刷発行
2021年4月15日　第2刷発行

訳　者　松本妙子（まつもとたえこ）

発行者　岡本　厚

発行所　株式会社　岩波書店
〒101-8002 東京都千代田区一ツ橋2-5-5
電話案内 03-5210-4000
https://www.iwanami.co.jp/

印刷・理想社　カバー・半七印刷　製本・牧製本

ISBN 978-4-00-061452-8　　Printed in Japan